U0105334

群智创新设计

罗仕鉴　张德寅　著

科 学 出 版 社

北 京

内 容 简 介

随着数字化、网络化、智能化时代的到来,社会产业的创新逻辑迎来了重要变革,以互联网、大数据、人工智能为基础的科技革命带动了全球价值链和国际分工的变化。本书充分顺应产业需要和时代需求,将人工智能与创新设计相结合,系统地研究了创新设计活动的发展历程、创新设计模式的演变与迭代,梳理了群智创新设计的概念与内涵,构建了群智创新设计理论与方法体系,建立了群智创新设计新范式,讲好中国故事,宣扬中国设计,为国内人工智能、创新设计和设计学科的交叉融合发展提供新的思路和借鉴。

本书的特别之处在于以群智创新设计理论为核心,以创新方法和技术为路线,并整合实际案例与群智创新设计的其他相关知识,实现理论与实践的相辅相成。本书面向高等学校设计学、计算机科学、社会学等相关专业的学生和教师,以及产业创新实践者、公司管理者等社会专业人士。

图书在版编目(CIP)数据

群智创新设计 / 罗仕鉴, 张德寅著. — 北京:科学出版社,2024.6
ISBN 978-7-03-078253-3

Ⅰ. ①群… Ⅱ. ①罗… ②张… Ⅲ. ①智能控制-研究 Ⅳ. ①TP273

中国国家版本馆CIP数据核字(2024)第060327号

责任编辑:朱英彪 / 责任校对:崔向琳
责任印制:肖 兴 / 封面设计:无极书装

科 学 出 版 社 出版

北京东黄城根北街 16 号
邮政编码:100717
http://www.sciencep.com

北京中科印刷有限公司印刷
科学出版社发行 各地新华书店经销

*

2024 年 6 月第 一 版 开本:720 × 1000 1/16
2024 年 6 月第一次印刷 印张:19 1/2
字数:393 000
定价:168.00 元
(如有印装质量问题,我社负责调换)

作 者 简 介

罗仕鉴，1974 年 5 月生，博士，浙江大学计算机科学与技术学院工业设计系教授，博士生导师。浙江大学宁波校区国际合作设计分院院长。教育部"长江学者奖励计划"特聘教授(2022)、青年学者(2018)。获 2021 年光华龙腾设计创新奖中国设计贡献奖银质奖章，2021 年中国十佳设计推动者和 2019 年中国十佳设计教育工作者。2002～2003 年在香港理工大学设计学院作访问研究，2008～2009 年在芬兰赫尔辛基艺术与设计大学作访问研究。

任中国工业设计协会用户体验产业分会理事长，中国人工智能学会理事，浙江省计算机学会副理事长，浙江省交互设计专业委员会副主任兼秘书长。

负责国家级项目 20 余项，为 100 多家企业进行过产品创新设计。任国际社会科学引文索引(SSCI)和科学引文索引(SCI)双检索期刊 *International Journal of Industrial Ergonomics* 编委，《计算机集成制造系统》第七届编委。在国内外学术期刊和会议上发表论文 120 余篇，在《人民日报》纸媒和《中国教育报》纸媒上发表文章 4 篇，出版教材和著作 10 部。

获国家级教学成果奖二等奖 1 项，浙江省科学技术奖二等奖 1 项，浙江省教育成果奖一等奖和二等奖各 1 项；获国际著名设计竞赛大奖如德国红点奖、iF 设计奖和美国 IDEA 奖等 20 余项。负责的"用户体验与产品创新设计"课程于 2010 年被评为国家精品课程，2013 年被评为国家精品资源共享课程，2020 年被评为国家线下一流课程。2021 年上线全英文课程"User Experience Design"，被评为浙江省线上一流课程。

张德寅，1998 年 5 月生，浙江大学计算机科学与技术学院工业设计系设计学博士研究生。曾获国家奖学金、蒋震奖学金、重庆市自立自强先进个人。2021～2024 年参与国家及省部级项目 6 项，在国内外学术期刊和会议上发表论文 14 篇，参与撰写教材和著作 4 部。

获国际/国家级设计奖项 29 项，包括德国红点奖、中国设计智造大奖、意大利 A'Design 设计奖、全球华设计大奖金奖、美国新概念设计艺术奖全球一等奖、欧洲产品设计奖、全国青年设计师大赛二等奖、全国大学生工业设计大赛银奖等。设计项目在 5 个国内外重要设计展（周）参展。

序

随着数字化、网络化、智能化时代的到来，人类社会、物理、信息三元空间中的各群体已经在云端以群智方式呈现，社会产业的创新逻辑迎来了重要变革，以互联网、大数据、人工智能为基础的科技革命带动了全球价值链和国际分工的变化。随着数字经济的崛起，群体的商业往来更加顺畅广泛，社会的生产协作空前紧密，大众文化思想的交流更加丰富而迅速。人类的创新设计从表达与追求个体智慧，转变为重视基于互联网的群体智能，形成智慧群体共同参与的协同设计，呈现出强大的创新设计活跃性。

2013 年，中国工程院设立了"创新设计发展战略研究"重大咨询研究项目。项目聚焦创新设计制造，面向经济社会全局，除向国家提出政策建议、为制定发展战略和规划提供决策依据外，也为产、学、研、用、媒、金紧密协同，提升我国创新设计能力，促进创新驱动发展，提出新策略、新技术和新路径，形成全社会重视、支持、激励创新设计的良好环境。2015 年，中国工程院设立了"中国人工智能 2.0 发展战略研究"重大咨询项目，指出了人工智能正走向 2.0（新一代人工智能）。新一代人工智能基于当代泛在、互联、综合的信息系统探索由人、物、信息交织的更大更复杂的系统的智能行为，提出了"大数据智能""跨媒体智能""群体智能""人机混合增强智能""自主无人系统"五大发展方向，将新一代人工智能和创新设计的结合带向了一个更广阔的发展空间。人工智能和创新设计的结合将从各个角度发挥信息技术与设计的结合优势，进而强化我们的知识、生活、生产，改变我们的发展方式。2017 年，该项目成果被纳入国家《新一代人工智能发展规划》（国发〔2017〕35 号）。

《群智创新设计》正是值此时代背景，以互联网、大数据和人工智能为基础，将群体智能与创新设计相结合，对人工智能与创新设计交叉领域的前沿探索。该书提出了一种有效整合设计产业资源、协同设计产业网络、多维汇聚各方创意资源和知识的创新范式，以及群智创新设计理论与方法体系；从时代背景出发，逐步阐述了群智创新设计的理论模型及构成体系、技术特征及学习路径，结合大量案例剖析了三元空间视角下群智创新的特征及演化机制，并构想了群智创新设计的未来发展方向，为国内人工智能、创新设计和设计学科的交叉整合发展提供新的思路和借鉴。

群智创新不仅仅是一种设计创新方式，更是一种现代新的思维潮流。在群智创新设计的思维、表达与实践过程中，该书作者引用了全球学者在这些方面的成果，为读者提供全球前沿视野；这些成果文献不仅具有需要的学术价值，并且十分有趣和具有创新实践代表性，读者可以充分了解在独特情境下，商界、学界甚至是政府层面的群智创新思索与社会实践。

"其作始也简，其将毕也必巨"。希望该书能够为创新设计和人工智能的交叉型研究与人才的培养做出一定的贡献。相信群智创新设计新范式的探索将进一步拓展人工智能与创新设计的学科研究范畴，催生新的学科发展方向，为人类登上集成创新的新高峰作出贡献！

潘云鹤

中国工程院院士，浙江大学教授

2023 年 11 月于求是园

前　言

自然界中潜藏着超乎寻常的智慧，一直以来都是人类各种科技原理及重大发明的不竭源泉。通过对蚁群的观察，人类第一次发现了群体决策的优越性，由此逐渐探明了群体智慧的力量，并将其应用于社会学、计算机、设计学等多个研究领域。随着大数据、区块链、人工智能、云计算等前沿技术的发展，世界演进到"人类社会空间-物理空间-信息空间"三元空间，人类社会从基于 Web 的传统互联网、移动互联网，逐渐进入虚拟空间的元宇宙（metaverse）时代，数智化使得协作和创新方式走向"云端-线下"融合，推进"物理世界-数字世界"的云端变革和升级，国内外著名企业如 Meta、亚马逊、苹果、谷歌、华为、阿里巴巴、腾讯等都在抢占这一阵地。

在三元世界的智能化时代，社会的群体性已经在云端以群智方式呈现，用户与设计师的边界日趋模糊，各方参与者齐力挑战复杂设计任务已然成为新时代的常态。人类的创新设计从强调与追求个体智慧，转化为重视基于网络的群体智能，形成群体智能的互联网协同设计，表现出强大的创新活跃性。在迈入云共生新时代后，设计完成了从现实世界到虚拟世界，再到虚实结合的空间转换。设计协作由"人与人"之间的协作转向"人与人、人与机、机与机"多种协作并存，呈现出全球、跨界、贯通、多模态及自组织等特点的群智创新模式。现有的创新设计理论与方法需要紧跟时代步伐为设计研究和设计实践提供有效指导，亟须构建一套新的群智创新设计理论方法体系。

群智创新设计以互联网为平台，以大数据为基础，以区块链、人工智能及云计算等数字技术为支撑，聚集设计学、计算机、管理学等学科知识，关注设计活动本身、群智方案的生成与迭代，通过建立具有包容性和友好性的用户体验连接桥梁，形成包括个人价值、社会价值和产业价值的共创价值，促进社会集成创新。

全书共 7 章，第 1 章介绍群智创新设计的时代背景与要素；第 2 章阐述群智创新设计的理论模型及构成体系；第 3 章从群智计算角度，阐述群智创新设计的技术特征及学习路径；第 4 章结合具体案例从"设计＋技术＋商业"的三元视角深入剖析基于群体智慧的创新设计；第 5 章着重阐述群智创新设计"自组织""自适应""自优化"的特征，探索其自适应演化范式及基于知识生态自优化机制；第 6 章阐述以知识创新为目的的群智创新设计平台及其案例；第 7 章结合学术研究及产业发展，构想了群智创新设计的未来发展方向。

在群智创新设计的研究过程中，得到了国家重点研发计划项目课题

（2021YFF0900603）、国家社科基金艺术学重大项目子课题（20ZD09-5）、国家自然科学基金面上项目（52075478、51675476）、国家社科基金重点项目（21AZD056）及浙江省社科基金重大项目（21XXJC01ZD）的支持，其中一些学术研究成果和案例已陆续在国内外重要学术期刊上发表。

本书由罗仕鉴提出思想，罗仕鉴和张德寅梳理整体框架并撰写、配图及统稿。邵文逸、钟方旭、卢杨等参与了第 1 章的撰写；郭和睿、陈霆等参与了第 2 章的撰写；成加豪等参与了第 3 章的撰写；罗成、陈霆等参与了第 4 章的撰写；王晨、罗成等参与了第 5 章的撰写；刘长奥、于慧伶等参与了第 6 章的撰写；吴玥、卢杨等参与了第 7 章的撰写；张德寅完成了本书封面的视觉创意设计。此外，还要感谢浙江大学博士研究生沈诚仪、王瑶、崔志彤、龚何波及硕士研究生余艾琳、陈逸、朱佳莹、王元玥、易佩琦、张泷予，浙江工业大学李文杰博士，浙大城市学院边泽博士和张宇飞博士，宁波诺丁汉大学博士研究生王镟与等对本书做出的贡献。

由于作者的知识水平有限，加之人工智能与创新设计相关领域仍在不断迅速发展，知识更新迭代速度快，书中难免存在不足之处，热忱欢迎专家、学者提出宝贵的意见和建议，共同推动这一领域的发展。

我们相信，在人工智能 2.0 时代，群智创新设计的理论、方法与范式将进一步拓展人工智能与创新设计的学科研究范畴，催生新的学科发展方向；促进社会全面创新，创造社会共赢价值，为人类登上新高峰作出贡献！

作　者

2023 年 10 月

目　　录

第1章 绪 论

近三十年来，随着互联网、大数据、区块链、人工智能(artificial intelligence, AI)、云计算等智能技术的发展，世界逐渐从原来的"人类社会(human society)空间-物理空间(physical space)"二元空间演进到"人类社会空间-物理空间-信息空间(cyberspace)"三元空间。当前的信息社会正在向着"信息直接来自物理世界"的新时代演进：虽有很多信息由人产生，但更多的信息绕过了人类而直接来源于外部物理世界。

2020年以来，世界信息流发生了重大变化，在线工作、在线教育、在线医疗等信息传播形式得到了极大的发展，"人-信息"的虚拟交互替代了过去"人-人"的现实交流。当前世界中三元空间的互动关系得到了空前加强，信息技术成为人类深入了解世界和改造世界的重要手段。

在三元空间的智能化时代，社会的群体性逐渐在云端以群体智能方式呈现，用户与设计师的边界日趋模糊，各方参与者齐力挑战复杂设计任务逐渐成为新时代下社会创新的常态。人类的创新设计从强调与追求个体智慧，转变为重视基于互联网的群体智能，形成群体智慧共同参与的协同设计，呈现出强大的创新活跃性。

1.1 群智创新设计的时代背景

智能时代，社会的群体性已经在云端以群智方式呈现，设计产业的创新逻辑迎来了重要变革，以互联网为基础的信息科技革命推动了以全球价值链为基础的国际分工。随着数字经济的崛起，群体的商业活动比以往更加广泛，社会的生产联系空前紧密，大众文化思想传播较以往更加迅速。国内外以微软(Microsoft)、Facebook(现已改名为Meta)、腾讯、阿里巴巴、百度为代表的信息科技公司的问世，创造了数字时代下新的生产工具及生产模式；人工智能、云计算、区块链等技术的成熟为社会提供了新的创新方向和创新生态；万物互联(internet of everything, IoE)与边缘智能等技术的突破成功联系了世界万物。当下，大众处于数字化生存的社会客观环境之中，数字社会环境赋予了大众更多生存选择的权力和空间。

1.1.1 设计全球化

"全球化"自古有之，如中国古代丝绸贸易、哥伦布四次航行等。但"全球化"作为成文的具体概念，最早于 1985 年由 T. Levy 提出。其最初是指人类社会经济领域中全球联系不断增强、相互依存的客观发展现象，随着 20 世纪 90 年代之后全球化的发展趋势逐步扩展到政治、文化、环境、意识形态等各个方面。

工业革命的爆发及资本主义萌芽的出现客观上促进了世界经济全球化。两次工业革命以来，人类先后进入蒸汽时代和电力时代，机械工具批量生产的方式替代了手工制造，社会生产效率大大提高。随着现代交通及通信工具的出现，各国之间的物资、人员、信息的交流变得日益频繁，商品的流通成本被再次降低。第二次世界大战以后，世界经济得到了迅速发展。在科技创新浪潮的推动下，发达国家的产业结构得到了进一步优化，一些行业明显呈现出跨国合作的趋势，大型跨国企业的出现和成长促进了国际分工与跨界贸易的深入发展。

18 世纪 60 年代，第一次工业革命开创了机器取代手工业的时代。蒸汽机的发明推动了机器生产和大规模生产的出现，这导致了工业化和城市化的迅速发展。随着生产力和贸易的增长，国家和地区之间的联系越来越紧密，贸易和人口流动增加，从而推动了全球化进程。19 世纪 60～70 年代，电力技术的发明带来了更为广泛的技术进步。在交通和通信领域，电话、内燃机的发明与各类交通工具的发展缩短了信息、人员、货物的流通时间。这进一步促进了国际贸易和资本流动，使不同国家和地区之间的联系更加紧密，包括跨国企业的崛起、移民和国际旅游人数的增长。20 世纪 70 年代，信息技术的发展推动了数字化和智能化的浪潮，这又一次加速了全球化进程。随着互联网的出现和普及，信息和知识的流动变得更加容易和快速，这使不同国家和地区之间的交流更加密切，包括知识和技能的交流、文化和价值观的交流以及金融和商业的交流。21 世纪初诞生的第四次工业革命，是由人工智能、生命科学、物联网(internet of things, IoT)、机器人、新能源、智能制造等诸多技术对物理、网络、生物空间的融合与进步。图 1.1 呈现了工业的变革。

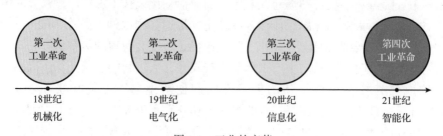

图 1.1　工业的变革

当今世界，设计已经成为全球化的重要组成部分。全球化促进了设计和创意产业的发展，同时也带来了各种文化和设计风格的交流和融合。设计全球化为设计团队带来了市场、文化等方面的新机遇与新挑战。全球化大大扩大了各类产品进入国际市场和接触各国客户的机会，促成了更多设计需求的诞生。设计团队可以调动全球的制造资源，利用不同地区的制造优势，从而降低制造成本，提高产品的价格竞争力。随着互联网技术的兴起，设计团队可以选择在不依赖于物理工作空间的情况下异地甚至跨国工作，在无数行业中与各种规模的品牌和企业合作。全球化环境下的设计团队可以获得来自不同文化和地区的灵感和创意，从而提高设计的质量和创新性。设计全球化也给设计团队带来了诸多挑战：①全球化的设计要求各设计团队理解日益复杂的市场，时刻关注处于不断变化状态的市场，挖掘快速变化的市场环境，抓取新需求；②设计创新者亦需要培养快速反应和适应的能力，在科学技术不断发展及社会审美变化下及时了解前沿理论，及时更新设计策略与知识储备，完善设计与服务；③在全球化的环境下，设计团队需要面对来自不同文化背景的客户和合作伙伴，建立有效的跨文化沟通机制。

1.1.2　新一代人工智能

人工智能的概念最早于 19 世纪 50 年代被提出[1]。被誉为人工智能之父的 John McCarthy 将这种机器模拟智能取名为"人工智能"。经过六十多年的发展，人工智能领域出现了很多细分领域，包括群体智能、机器学习、人机协同、自主控制等。这些研究不断扩展人的智能，不断深入了解智慧的本质，并制造出与人类智能类似的新型智能机器，加速新一轮技术革命和产业突破，成为新时代世界社会发展变革的驱动力[2]。

随着移动终端、穿戴设备、传感器等设备的发展以及互联网技术的普及，网络将个人与团体联结起来，将人们的需求、发现、创意、行为等各类知识数据进行汇集与整合。与此同时，世界由二元空间向三元空间演化，三元空间内的各式元素相互影响，产生了许多新的计算方式，包括感知融合、增强现实（augmented reality, AR）、虚拟现实（virtual reality, VR）、跨媒体计算（cross-media computing）等。人工智能成为城市、医疗、交通、物流、机器人、无人驾驶、手机、游戏、制造、社会、经济等领域的新技术、新目标。至此，人工智能从 1.0 时代迈入 2.0 时代。

人工智能 2.0 相对于人工智能 1.0 有显著的区别[3]。第一，人工智能 1.0 主要研究如何使用计算机模拟人类的智能行为，人工智能 2.0 则致力于解决智能城市、智能医疗、智能制造等现实问题，其研究需求存在显著差异。第二，信息环境发生了巨大变化。六十年前的人工智能研究主要依赖于计算机，而现在人类面对的是一个由互联网、移动计算、超级计算、可穿戴设备和物联网等构成的复杂信息系统。因此，人类必须充分利用这样的新信息环境，才能发展出更为强大的人工智能。第三，人工智能 1.0 研究如何使计算机变得聪明。经过六十多年的发展，人类发现在大量数据处理、模式识别、图像处理和逻辑推理等方面，计算机比人类更聪明；在情感认知、创造性思维、社交等方面，计算机不如人类。因此，人工智能 2.0 时代的目标是将机器和人类的优势相结合，形成一个更聪明的智能系统。新一代人工智能将催生更多的新技术、新产品、新业态、新产业、新区域，使生产生活走向智能化、供需匹配趋于优化、专业分工更加生态化。2015 年 12 月，中国工程院设立了"中国人工智能 2.0 发展战略研究"重大咨询研究项目，提出了"大数据智能""跨媒体智能""群体智能""人机混合增强智能""自主无人系统"五大发展方向。2017 年 7 月，国务院颁发了《新一代人工智能发展规划》（以下简称《规划》）。作为我国 21 世纪第一个全面的人工智能战略规划，《规划》提出了面向 2030 年人工智能发展的指导思想、战略目标、重点任务和保障措施，明确了我国新一代人工智能"三步走"的战略目标：到 2020 年，人工智能总体技术和应用与世界先进水平同步，人工智能产业成为新的重要经济增长点，人工智能技术应用成为改善民生的新途径；到 2025 年，人工智能基础理论实现重大突破，部分技术与应用达到世界领先水平，人工智能成为我国产业升级和经济转型的主要动力，智能社会建设取得积极进展；到 2030 年，人工智能理论、技术与应用总体达到世界领先水平，成为世界主要人工智能创新中心。《规划》多次提及群体认知、群体集成智能等概念，提出了人工智能五大技术形态：从人工知识表达到大数据驱动知识学习，从聚焦研究"个体智能"到基于互联网的群体智能，从处理单一类型媒体数据到跨媒体认知、学习和推理，从追求"机器智能"到迈向人机混合的增强智能，从机器人到智能自主系统。在科技部发布的《科技创新 2030——"新一代人工智能"重大项目 2018 年度项目申报指南》与《2019 年人工智能发展白皮书》中，"群体智能"被列入关键研究方向。国家战略高度重视人工智能技术和产业发展，并在技术创新、标准制定、人才培养等方面都给予了大力支持和帮助，促进社会经济创新氛围。表 1.1 呈现了近年来我国群体智能的发展及展望。

表 1.1　近年来我国群体智能的发展及展望

时间	代表性成果	核心内涵
2015 年 12 月	"中国人工智能 2.0 发展战略研究"重大咨询研究项目	提出包括"群体智能"的新一代人工智能的五大发展方向
2017 年 7 月	《新一代人工智能发展规划》	多次提及"群体认知""群体集成智能"等概念，群体集成智能、大数据驱动知识学习、自主智能系统、跨媒体协同处理等技术是未来人工智能的研究热点
2018 年 10 月	《科技创新 2030——"新一代人工智能"重大项目 2018 年度项目申报指南》	"群体智能"被列入关键研究方向
2020 年 1 月	《2019 年人工智能发展白皮书》	
2025 年	人工智能基础理论实现重大突破，部分技术与应用达到世界领先水平	
2030 年	人工智能理论、技术与应用总体达到世界领先水平，成为世界主要人工智能创新中心	

目前，社会已经出现了五大发展趋势：①基于大数据的深度学习与知识图谱等多重技术相结合；②基于群体智能的计算网络萌芽发展；③人机融合增强智能迅速发展；④跨媒体智能兴起；⑤自主智能装备涌现。这五大趋势与5G、工业互联网、区块链等领域融合，将会成为推动实体经济与虚拟经济融合发展的重要力量。新技术、新产品、新业态、新产业、新区域的出现，促进了大众的生产、生活、供求关系的优化以及职业分工的生态化。

人工智能 2.0 时代，智能浪潮席卷世界，国内外的人工智能产业均处于高速发展阶段，越来越多的高技术公司也将受益于人工智能的发展。除了科技巨头在大力发展人工智能技术，传统公司也在不断地利用人工智能技术来提升自己的实力，人工智能技术在各行各业中得到了广泛的应用。谷歌云(Google Cloud)是谷歌推出的云计算平台，其能够快速构建、部署和扩展应用程序和服务。Azure 是微软公司提供的云计算平台，它可以提供一系列的云服务，包括计算、存储、数据处理和分析等方面的服务。用户利用 Azure 可以快速地部署和扩展应用程序及服务，无须管理基础设施和硬件，从而更专注于开发和创新。亚马逊公司的机器学习算法使很多相关服务得到了极大改善。无论是数据科学家，还是人工智能研究者，亚马逊云科技(Amazon Web Services, AWS)都可以为其提供自定义的机器学习服务和工具，帮助不同客户在全球范围内构建和运行各种应用与服务。大疆是世界无人机行业的领军企业，其将人工智能技术应用于无人机自主飞行、计算机视觉(computer vision, CV)、目标跟踪等方面，提升了无人机的智能和安全性能。近几年来，百度公司不断与社会共享人工智能领域的领先技术，加快了行业的智能化落地，在智慧城市、政务、金融、制造、医疗、智能家居等各方面都有广泛的应用。百度公司以人工智能技术助力产业智能化变革，站在产业智能化前端，为各个行业智能化转型提供解决方案，成为我国工业智能化的领军人物。百度创始人李彦宏认为，工业界将会迎来更大的、更深刻的变革，它将融入各个领域，从而引发一场新的智能化浪潮。作为计算机视觉领域领军企业的商汤科技，是智能视觉领域新一代人工智能开放平台的建设者。

人工智能是未来科技领域的主要发展方向，各大科技公司都非常重视这种尖端技术并进行大力开发，在资金、技术、人才等方面开始了人工智能领域的新一轮竞争。

1.1.3 万物互联与边缘智能

随着物联网技术的飞速发展和智能终端的加速普及，人类社会进入万物互联新时代：一切事物都能在社会环境系统中被感知并协同生成庞大的链接网络；一切联系都被赋予创造社会价值的可能性，能更协调、更方便、更快速地被调用，以解决各类问题。

万物互联的主要特点是分散式处理数据，将外部数据直接作为输入输出，与其他技术互联互通：①在万物互联的环境中，数据不再由单个系统或中心处理，而以分散的方式处理，其中多个分布式节点起着关键作用；②万物互联基于网络环境，因此设备可以使用外部数据作为输入，并在需要时与其他网络组件进行交换；③万物互联与其他技术是互联互通的，它可以与云计算、人工智能、大数据等技术相结合，创造更加智能化的系统和应用程序。此外，这些技术也为万物互联提供了更多的可能性，如更高效地处理和存储数据、更精确地预测和控制设备行为等。图 1.2 呈现了万物互联的特点。

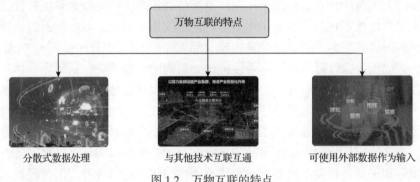

图 1.2　万物互联的特点

组成万物互联的支柱包括人、事物、流程及数据，如图 1.3 所示。对于人（person），万物互联环境中的人通过智能手机、平板电脑、计算机和健身手环等设备链接到互联网。当人与这些设备、社交网络、网站和应用程序交互时，生成数据。因此，人们转变为万物互联网络上的各个节点，帮助企业通过理解"人类问题"来解决关键问题或做出决策。

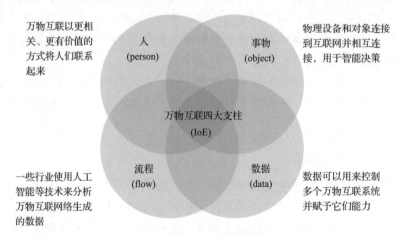

图 1.3　万物互联四大支柱

对于事物(object)，物理设备和对象通过互联网相互连接，具备进行智能决策的能力。这涵盖消费产品、工具、机器或植入传感器的设备等，它们通过网络进行通信。这些设备不仅可以生成数据，还能从周围环境中获取信息，使这些事物更具上下文感知性、智能性和认知性。

对于流程(flow)，一些行业已经开始利用基于物联网的人工智能来分析万物互联网络生成的大量数据。这些流程能够确保将正确的信息通过网络准确地传递到目标位置，使企业能够优化其工作流程，微调策略，从而更快地利用数据，超越竞争对手。

对于数据(data)，万物互联环境下的每一个设备都会生成原始数据，但这些来自独立设备的数据本身并没有实际价值，只有对从所有设备收集到的数据进行分析、分类和汇总，这些数据才成为有价值的信息。这些有价值的信息可以用来控制多个万物互联系统并赋予它们智能化的能力。

1.1.4 数字化生存与知识生产转型

数字化、网络化、信息化社会为大众带来一种全新的社会生存方式——数字化生存。数字化生存的概念来源于美国麻省理工学院媒体实验室创办人 Negroponte 在 1996 年出版的 *Being Digital*(《数字化生存》)一书中。数字化生存是指大众生活在一个虚拟、数字化的生存环境中，在这个环境中大众通过数字化技术进行娱乐、工作、学习等活动。Negroponte 对数字化生存的界定准则是：人类从生存在原子组成的世界逐渐进入到由比特组成的世界，比特正在迅速代替原子成为人类世界的基本组成。在他所指的数字化空间里，计算随处可见，并为这个虚拟世界的沟通提供渠道，使大众能够有被平等对待的机会，并使大众能遵循内心的想法。此书出版后，Negroponte 的设想在很长一段时间里并未受到大众的重视。随着互联网的迅猛发展，数字化生存的方式正在现实生活中得到验证。云计算、物联网、人工智能等数字化技术革命纷纷登上历史舞台，与此同时，工业互联网、5G、人工智能等新型社会基础设施正在为广大公众所熟知和使用。在这个以信息技术为基础的现代社会中，大众的生产、生活、交往、思维和行为方式都在向全新的数字化模式转变。

数字化赋予了参与数字世界的大众更多的选择权利和选择的自由空间。各种社会资源以更加平等高效的形式重新配置，大众可以不受时间和空间的局限，根据个人需求，低成本、快捷地在网络数字世界中获取物质和精神资源。数字化世界的发展和更新速度快、开放程度高等特点也有利于推动大众思想解放。

数字化生存给予企业创新变革难得的机会。20 世纪 90 年代以来，社会涌现了一批优秀的数字技术企业，它们在利用数字化技术的同时，也推动着数字化的进程。从发展的视角来看，数字化的技术正剧烈变化，商业变化的复杂性和多样性正交织在一起。虚拟经济和实体经济的数字化结合是目前企业所追求的，也是当下数字化生存的趋势。在巨头公司和国家政策的双手推动下，数字技术将持续推动各个行业的发展。

政府不仅是数字技术的推动者、需求者，更是数字经济的管理者，需要对数字经济野蛮生长中存在的不正当现象进行规范和纠正。政府是数字化建设的重要推动力量，从"数字政府"到"智慧城市"，再到政府的各项具体计划、政府机构数字化改革，数字政府的建设助推了政府治理方式的现代化，进而实现产业数字化的强国之路，最终实现建设"数字中国"的宏伟蓝图。

书籍、报纸、广播和电视曾是主要的信息传播渠道，信息的产生和流通速度相对缓慢。随着移动网络技术的飞速发展，信息的产生和传播方式发生了翻天覆地的变化。现在，大众可以随时随地成为信息的生产者和传播者，信息的制作流程也变得简单快捷。数字内容变得越来越丰富，信息的传播速度得到了前所未有的提升。针对当前数字原生的发展趋势，科技企业开始落地媒体云服务。华为云为各个行业提供了云媒体生产基础设施，并不断开发相关的媒体制作技术，包括虚拟制作、云制作、云渲染、数字影棚和 4K 视频等。这些技术的发展和应用，进一步加速了数字内容的发展和信息传播的速度，图 1.4 呈现了华为云的官网。SparkRTC 业务为诸多国家提供全球范围内的实时音频和视频通信服务，具有低延迟和高可靠性等优点。MetaStudio 生产线包含核心引擎层、工具平台层和应用场景层三个层次。在核心引擎层，华为拥有云计算引擎，目前已在影视、数码、家居设计等领域得到广泛的应用；在工具平台层，华为与合作伙伴共同打造了一款 4K 云桌面，能够实现 60 帧/s 的高帧率，能够满足影视产业后期的跨部门协作，以及高算力、弹性算力的需要。与此同时，MetaStudio 还提供区块链、非同质化

图 1.4　华为云的官网

通证(non-fungible token, NFT)、媒体 AI 等技术，支持工业领域中数字内容的高效生产和经营。例如，在电视直播《山东新闻联播》、电视综艺节目《你好，星期六》中使用数码人主持，网飞(Netflix)、HBO 等公司在云端制作影片等。

数字化生存的浪潮中，数字居民不断探索与时代相适应的生存方式，社会的生产方式日益朝向信息化发展，大众的知识生产发展手段在数字化进程中越发丰富。在学术界，科学家的研究范围扩大到各类终端设备实时收集大量数据，并通过计算机进行协助分析统计，挖掘研究对象数据之间的关联。科学知识生产方式从之前的假设驱动逐渐转变为数据驱动，广泛应用于生物医学、高能物理、地理探测等科学领域。不同学科领域正逐渐建立学科科研服务平台，利用数字化技术如监测系统、数据收集设备和超级计算机等，打造一体化的科研平台以应对处理指数级数据信息增长的需求。此外，科学家从宏观上提出了分析海量数据关系的研究方法，拓展了以往深入分析单个数据或者部分数据和其他数据之间关系的思路。

1.2 群智创新设计的发展历程

1.2.1 设计活动的演进

设计是指人们在进行有目的性的创造性实践活动时进行的创意、设想、计划行为。设计是将信息、知识和技术转化为包容性创新以及实现应用价值的发明和应用创新过程的整体解决方案[4]。

设计创新贯穿于人类的全部历史活动中，推动了人类社会迈向工业化、现代化和信息化的进程。当前，设计创新已成为许多国家的重要发展战略。迄今为止，人类社会发生了三次巨大变革，每次变革都会产生新的设计趋势与创新生态，图 1.5 呈现了每个时代下设计活动的演进过程。

1. 传统造物时代：点式创新

早在远古时期，人类就不断摸索改进石器的制作方式及形式，从而制作出适合渔猎、采摘的工具，以满足生存需求。进入农耕社会后，人类的活动范围扩大，生产劳动日益多样，原始手工业逐渐与农业分离，出现了专门从事产品生产制造的手工艺者。手工艺品生产一般以个人或小作坊为生产单位，手工艺品主要提供给富人、官僚和贵族。在民间市场，大众消费水平普遍较低，消费需求主要集中在满足生存需要，设计尚未形成行业。手工艺者的设计内容主要是与人类的生产生活密切相关的产品，如农具、器皿、家具等，这些产品的功能和形式通常比较简单，以实用性为主。设计的主要目的是通过手工艺的制作方式提高产品的实用性和美观程度，以吸引消费者的注意并满足他们的需求。同时，由于生产工具和

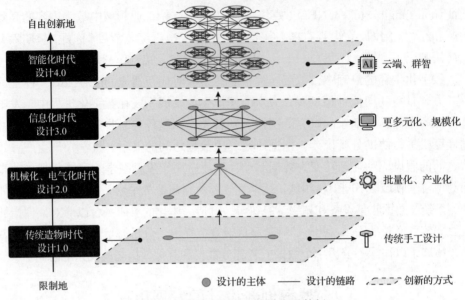

图 1.5　设计创新的四个阶段及特征

材料的限制，手工艺者的设计内容比较局限，创新程度相对较低[5]。在农耕时代，人们使用人力手工设计和制造产品。手工艺品的生产通常由个人或封闭式的小作坊承担，手工艺者既承担生产者的工作，也负责设计产品。他们主要使用陶瓷、金属、木材等材料，采用手工艺制作方式，生产与人类衣食住行息息相关的产品。此时，设计创新活动是点状的，创新主体以个人为主，他们相互独立，呈离散的形式。农耕时代的设计生产效率水平低下，新材料、新技术、新生产方式的发展速度较慢，创新的程度也相对较低。设计的工作主要集中在设计对象的功能和形式上。

2. 机械化、电气化时代：链式创新

18 世纪中叶，随着蒸汽机、纺织机械、火车、轮船等机械设备的相继发明，机器开始大量替代人的体力劳动，人类逐步进入机械时代；19 世纪 70 年代后，随着电器和内燃机的广泛应用，电灯、汽车、电车、飞机、核电等发明创造的诞生，人类进入了电气时代。

在机械化、电气化时代，设计对象发生了很大的变化。设计对象不再局限于个人或家庭，而是包括大量的企业、机构等社会群体。随着大规模生产的出现，企业需要设计出能够批量生产、高效率、低成本的产品以满足市场需求，设计对象也从个人转向了企业。随着社会结构的变化和人民消费水平的提高，人们对生活品质的追求和对个性化的需求也越来越高，这进一步推动了设计对象的多样化和个性化。设计内容不再是单纯的产品形态、功能和材料的设计，而是涵盖了更多的方面。随着市场竞争的激烈化和消费者需求的多样化，设计内容逐渐扩展到了品牌、市场营销、用户体验、服务等方面。设计要考虑产品和品牌形象的一致性、市场定位、产品差异化等问题，同时要考虑用户的心理需求和体验感受，为用户提供更好的使用体验和服务。

在机械化、电气化时代，设计手段的多样性和高效性得到了很大的提升，手绘、工业制图等纸质设计工具逐渐普及。随着计算机的发展，各种设计软件和工具走上历史舞台，设计师可以更加便捷、高效地进行设计和创作。计算机辅助设计(computer aided design, CAD)、计算机辅助制造(computer aided manufacturing, CAM)、计算机辅助工程(computer aided engineering, CAE)、三维建模等技术的应用，大大提高了设计的精度和效率。同时，由于工业化生产的需求，设计和生产的衔接也得到了很大的改善，设计师需要更加注重生产工艺和成本等问题，从而提高产品的生产效率和经济效益。产品的制造变得更加复杂，需要通过更多的供应链环节来实现，设计过程需要考虑到整个供应链中的各个环节，呈现链式结构。图 1.6 呈现了机械化、电气化时代下代表性的设计学院及设计作品。

包豪斯学校旧址　　　　　　机械化、电气化时代的代表设计作品

图 1.6　机械化、电气化时代下代表性的设计学院及设计作品

3. 信息化时代：网式创新

信息化时代以互联网的兴起为标志，21 世纪初迎来了高度发展的阶段。工业的格局伴随计算机、互联网、移动通信等技术的发展发生了转变，企业向数字化、信息化方向发展。设计对象由传统实体产品向系统设计转变、由实体产品向虚拟产品转变、由产品向服务设计转变、由功能向用户体验转变。它们都依赖于互联网这一交互媒介，为用户提供各种各样的信息和服务。互联网的设计内容与其服务的设计对象密切相关。设计内容包括信息架构与交互设计、用户界面设计、视觉设计等信息化领域，这些专业领域的设计内容更加注重人机交互和用户体验等

方面。

计算机和互联网技术的发展为设计师提供了新的设计工具。相较于机械化、电气化时代，信息化时代的设计手段具有以下四点优势：

(1)信息化时代的设计手段更加数字化，设计师可以利用计算机软件进行更加个性化、多样化的设计工作。

(2)信息化时代的设计手段更加注重用户体验和人机交互。交互设计成为一个重要的设计领域，设计师需要考虑用户需求、行为习惯、心理感受等因素，设计出易用、直观、有效的界面和交互方式[6]。

(3)信息化时代的设计手段更加开放，设计师可以利用网络中的共享设计资源获得更多的设计灵感。

(4)信息化时代的设计手段更多媒体化，产品可以利用音频、视频、动画等方式进行设计和展示。

基于上述优势，信息化时代的设计效率得到了大幅提高。设计师不仅可以通过互联网进行搜索、交流与合作，获取更广泛的设计素材、资讯和灵感，还可以利用互联网进行设计稿的在线分享、评估和交流，提高了设计的透明度和公正性。此外，互联网使设计和生产的各个环节都能够紧密衔接，实现从设计到生产的无缝对接，大大提高了生产效率和质量。信息化时代的设计被称为网式创新，它涉及多种互联的设备、平台、软件和服务等。这些设计要素相互交织、相互依存、相互影响，构成了一个庞大的信息网络。在这个网络中，设计师需要考虑各种因素的影响，从而设计出更加综合化、系统化、智能化的产品和服务。

4. 智能化时代：群智创新

大数据、区块链、人工智能等前沿技术的发展推动人类进入数据智能时代，虚拟世界中的数据资源成为与物理世界中的实体物质同等重要的产业生产资源[7]，信息产业快速发展，促进其他领域发生群体性的技术革命。该技术革命以智能化、服务化、绿色化为特征，推动了新一轮产业结构变革和全球经济增长。

在此背景下，基于智能设计的设计对象范围边界进一步拓宽，广泛融合智能技术、社会文化、商业模式等知识信息大数据，由产品、内容和服务构成的复杂系统成为新的设计对象。设计作为一项跨学科的活动，成为创新和变革的起点。智能化时代下的设计内容除了更加注重对人工智能算法和技术的应用，还扩大了系统的设计体量。智能城市、智慧管网等概念的提出将诸多元素纳入设计的范围内，人类世界变得更加数字化、智能化[8]。智能化时代的设计手段也发生了重大转变[9]。利用人工智能技术，设计师不再需要花费大量的时间进行重复的工作，更多的是将想法融入创意的生成当中。

在智能化时代，智能化工具和平台能够为广泛的人群提供设计服务，充分利用社会的创造力，使更多的人参与到设计中，形成群体智慧。平台也从中收集到大量的用户数据并进行分析，挖掘用户的需求和行为，为设计师提供更多的设计信息和指导。社会中的每一个个体都参与到设计活动中，群体协作地链接每一个个体。因此，智能化时代的设计是群智创新的全链接创新。图 1.7 呈现了百度利用 AI 技术"补全"的《富春山居图》。

图 1.7   百度利用 AI 技术"补全"的《富春山居图》

1.2.2   创新范式的演进

希腊哲学家和历史学家 Xenophon 最早对创新这个概念展开讨论与叙述。20 世纪 90 年代，经济学家 Joseph Schumpeter 将创新的概念引入经济学领域，创新一词开始流行，人们开始谈论技术创新、产品创新，并将其与经济增长、竞争优势等概念联系起来。关于创新的定义有许多种，Baregheh 等[10]根据几十种创新的定义总结得出：创新是一个多阶段的过程，通过这个过程，组织将想法转化为先进的产品、服务或流程，以便在市场中成功进行推广与竞争。Edison 等[11]基于经济合作与发展组织(Organisation for Economic Co-operation and Development, OECD)手册所提出的定义被公认为是最完整的：创新是生产或采用、吸收和利用经济及社会领域的增值新事物；创新是更新和扩大产品、服务和市场；创新是开发新的生产方式；创新是建立新的管理制度；创新既是一个过程，也是一个结果。

"范式"(paradigm)一词源于希腊语。在科学与哲学领域中，范式可以被理解为是一套独特的概念或思维模式，包括理论、研究方法、假设及构成对某一领域合法贡献的标准。创新范式从 20 世纪 90 年代开始被广泛提及，众多日本学者对这个组合概念展开了讨论与研究，将创新范式用于阐释技术、经济、文化、组织和制度因素之间的交互作用，解析国家层面的技术发展和经济增长现象[12]。创新范式随着社会与技术的进步不断更新迭代完善，根据创新范式关注维度及所处时间的不同，创新范式的演进可简单划分为四个阶段，即封闭式创新阶段、开放式创新阶段、生态化创新阶段与群智创新阶段。

1. 封闭式创新阶段

封闭式创新阶段处于互联网发展的起步时期，因此该阶段的创新主体单一，创新活动不具备成熟的交互与协作性，创新动力通常源于企业内部需求，聚焦于技术与市场，总体呈现出单向、独立的链式特征。企业依靠内部持续、高强度的技术研发获得强大的竞争优势，即企业通过自身基础和应用研究产生新创意和开发新产品，通过内部渠道确保对技术、知识产权的严格控制和垄断，以维持其核心竞争力[13]。这个阶段的创新范式有朴素式创新、知识创新、颠覆式创新、自主创新、精益创新、模仿创新与追赶等。

下面介绍两种封闭式创新阶段的代表性创新范式。

1）朴素式创新

朴素式创新（frugal innovation）概念的起源可追溯到 20 世纪 50 年代的适当技术运动（appropriate technology movement），其目的是降低商品及其生产过程的复杂性和成本。直到 2010 年，朴素式创新的概念在 *The Economist*（《经济学人》）中被正式提出[14]，由此出现了各种有关朴素式创新的定义与理解。Gupta[15]认为朴素式创新是一种新的管理理念，它将金字塔底部的市场需求整合为一个起始点，以挖掘与众不同的解决方案；Basu 等[16]将朴素式创新理解为一种创新流程设计，其中客户是开发易于获取、适应性强、经济实惠和合适的产品的关键点；Weyrauch 等[17]提出朴素式创新应包括三个方面，即大幅度降低成本、专注于核心功能和优化性能水平；Rosca 等[18]则认为应基于区域内经济水平、制造业水平、创新发展部分与创新方向等标准来定义朴素式创新。这些观点虽侧重点有所不同，但都体现了朴素式创新以市场为导向的特点，试图通过新产品、新技术、新工艺获得竞争优势，创造市场价值。

2）颠覆式创新

1995 年，美国学术商业顾问 Christensen 等创造了颠覆式技术（disruptive technology）一词[19]，并在后续出版的著作 *The Innovator's Dilemma: When New Technologies Cause Great Firms to Fail*《创新者的窘境：新技术导致伟大企业失败的原因》中对颠覆式技术的概念进行了阐述，指出颠覆式技术是某一新技术超越了特定市场的主导技术，颠覆了市场格局，而这种新技术并不一定是激进的或前沿的[20]。由此，Christensen 意识到大多数在市场竞争中胜出的新技术并不具有颠覆性或可持续性，于是在续作 *The Innovator's Solution: Creating and Sustaining Successful Growth*《创新者的解决方案：创造并维持成功增长》中将颠覆式技术一词替换为颠覆式创新(disruptive innovation),其中包括技术、产品与商业模式等多方面的颠覆性突破[21]。

Christensen 等只是简单地定义了颠覆式创新这个术语,而缺乏系统性的理论解释,于是各方学者开始从不同视角对颠覆式创新展开探讨。第一种视角是基于四种主要的创新活动类型,将颠覆式创新分为颠覆式商业模式创新、颠覆式技术创新、颠覆式产品创新与颠覆式战略创新,如 Snihur 等[22]提出颠覆式商业模式创新是建立一个新的创新活动系统,以前所未有的方式配置新合作伙伴和创新活动。第二种视角是基于不断演进的过程,强调颠覆式创新不仅仅只是一个结果,而是一个完整、渐进的过程,过程中任何要素的缺失与错误都会导致创新失去颠覆性属性[23]。第三种视角是基于创新的效应,这个视角下的理论观点较为零散,缺乏系统性,如 Ramani 等[24]将颠覆式创新视为可以颠覆整个行业的产品、流程或商业模式的新设计。第四种视角是基于颠覆式创新的关键特征,如 Govindarajan 等[25]提出了颠覆式创新的四个标准:①在主流消费者看重的属性方面表现不佳;②提供新的价值主张,以吸引新的客户群或对价格更敏感的客户;③以较低的价格出售;④从利基市场渗透到主流市场。不同视角下对颠覆式创新的定义各种各样,但都围绕着最初颠覆式创新的核心内涵,即对固有市场的颠覆。

2. 开放式创新阶段

在信息技术的推动下,企业逐步意识到了内部创新力的不足,开始整合外部资源进行创新:关注点由技术与市场转向用户,注重用户体验,进行以用户为中心的创新活动;强调协同创新,通过并购整合、战略联盟、产业集群、产学研协同创新等方式进行合作共创,提升创新能力。开放式创新阶段呈现出知识社会背景下以人为本的用户参与创新的创新民主化盛况,以社会实践为舞台的与多方组织资源共同创新的协同创新局面[26]。该阶段的代表性创新范式有用户创新、大众创新、协同创新、全面创新、开放式创新等。

下面介绍两种开放式创新阶段的代表性创新范式。

1) 全面创新

2002 年,我国创新管理领域的创始学者浙江大学许庆瑞院士提出了全面创新管理(total innovation management, TIM)的概念,旨在以战略为导向,通过各创新要素协同创新,提升企业价值增值、创新绩效与竞争力;同时,提出全面创新的内涵是全员创新、全时创新、全方位创新,其中全员创新是全面创新的主体维度[27]。与国外学者对于全员创新停留在概念层面的研究不同,许庆瑞院士深入挖掘了基于全面创新管理的全员创新的特征内涵、实现方法与运行机制,提出全员创新与组织各要素创新的协同机制需以战略创新为引导,以文化创新为基础,以组织创新为保障,以制度创新为动力[28]。2004 年,许庆瑞院士总结了创新管理的战略主导性发展趋势，进一步完善与论述了以战略为主导的全面创新管理范式，将理论内涵"三全"创新确定为全要素创新、全员创新、全时空创新，以全要素创新为内容，以全员创新为主体，以全时空创新为形式[29]。总而言之，全面创新以科技创新为核心，以管理创新为基础，从而进行体制机制和制度创新，实现全民创新和全民创业，通过激活微观经济来支撑宏观经济的稳定发展。

在此理论框架之下，各方学者进行了更为细化深入的研究与理论发展。郑刚等[30]提出了全时创新理论框架，将全时创新分为即兴创新、即时创新、持续创新三种模式，构建了全面协同过程模型，强调了协同在创新过程中的关键作用；梁艳等[31]聚焦于全面创新管理中的全要素创新，对技术要素(产品和工艺)的创新及其协同机制、非技术要素(战略、组织、市场、文化和制度等)的创新及其协同机制以及技术与非技术的协同创新机制进行了研究。此后，对全面创新理论实践的研究开始涌现，全面创新范式被广泛应用于各个领域企业的创新发展之中。林仁红等[32]研究了全面创新管理引导下新能源装备产业的转型升级；张家林[33]提出了中小型饲料企业应用全面创新管理提升创新能力与竞争力的方法路径；蒋春燕[34]论述了全面创新管理模式如何帮助 X 基因企业进行科技创新，推动基因行业发展等。

2) 开放式创新

2003 年，Chesbrough[35]首次提出了开放式创新(open innovation)这个概念，强调企业应该充分利用外部资源进行技术创新，整合内部与外部资源以获取更大效益；2006 年，Chesbrough 等[36]撰写了 *Open Innovation: Researching a New Paradigm*(《开放式创新：研究一种新的范式》)，提出开放式创新范式旨在通过有目的性的知识流入与流出，有机结合内部资源与外部资源，打破传统的封闭式创新模式，提升企业创新能力；随后基于开放创新范式，Chesbrough 等[37]提出了适用于企业商业实践的开放战略，综合传统战略优势与开放式创新思维，平衡价值创造与价值获取；2014 年，Chesbrough 等[38]进一步将开放式创新定义为一种符合组织商业模式且基于有目的跨组织知识流动管理的分布式创新的过程，阐述了企业如何利用知识的流入与流出提高创新成功率。

现代互联网技术的发展为这种有目的性的知识流动提供了有利条件，企业的开放式创新实践可以通过产品平台化、创意比赛、创新网络、协同设计与开发等多种方式获取社会创新资源，并进行内化再产出；同时，丰富冗杂的创新资源也带来了管理方面的难题，由此开放式创新研究开始从实践研究转向创新管理与创新生态系构建研究。Ollila 等[39]对开放式创新中创新参与者管理进行了研究，揭示了开放式创新管理领域面临的三大类挑战，即创新参与者或组织间对接方面的挑战、参与者间合作方面的挑战以及领域本身存在的挑战；贾立萍等[40]从创新管理与开放式创新的关系出发，提出了三条创新管理促进开放式创新的路径，即知识产权管理、外部创新合作网络与跨部门创新协作；凌君谊等[41]提出了开放式创新管理平台设计思路，包括平台建设目的、平台结构设计与技术路线；Xie 等[42]将开放式创新生态系统分为六种模式，研究了开放式创新生态系统对产品创新的促进作用；胡琳娜等[43]认为应构建主体边界模糊、跨界合作的开放式创新生态系统，并对该系统中组织的资源挖掘和资源整合能力提出更高的要求。

3. 生态化创新阶段

随着数字经济时代的到来，创新范式演进到了第三个阶段——生态化创新阶段。随着生产消费者的崛起，产学研用社区生态化创新的新模式应运而生。在这个模式下，政府、企业、高校院所及用户共同参与，形成了协同创新的"四螺旋"格局。创新逐渐以社群为中心，关注可持续性发展、经济增长水平、社会效应与价值等，形成由"产消者"粉丝社区、利益相关者社区、实践社区以及科学社区所构成的创新生态系统[44]。生态化创新阶段的主要创新范式有众包、社会创新、公共创新、责任式创新、整合创新、引领性创新、有意义的创新等。

下面介绍两种生态化创新阶段的代表性创新范式。

1）众包

Howe[45]于 2006 年正式提出众包的概念。最初，众包指的是一家公司或组织机构将以前由雇员完成的工作，以自由、自愿的方式外包到大众网络中。2008 年，Brabham[46]对众包的应用案例进行了分析与研究，发现众包的本质是对集体智慧的运用，可用群体智慧理论解释，具有更广泛的应用潜力，而并不只是一种营利的商业模式。2012 年，Estellés-Arolas 等[47]提出了任何特定众包倡议的八个共同特征，即人群（crowd）、参与的任务（task at hand）、获得的补偿（recompense obtained）、众包活动的完成人及发起人（crowdsourcer or initiator of the crowdsourcing activity）、在众包过程中的收获（what is obtained by them following the crowdsourcing process）、过程的类型（type of process）、对于参与的号召（call to participate）以及媒介（medium）。

近年来，有关众包的研究大多是关于众包模型在各种领域的应用，如医学、媒体、交通等，以及众包模型与前沿技术的融合，如区块链、机器学习、群智技术等。在跨领域应用研究方面，Peña-Chilet 等[48]建立了关于西班牙人群遗传变异性的众包数据库；安奕全等[49]分析了医疗众包平台的商业模式，为国内互联网医疗服务创新平台行业的可持续发展提出了政策建议；Tucker 等[50]发现公众可以成为形成性研究、临床前研究和临床研究的中心力量，医学领域的众包可以带来高质量的成果与更为广泛的参与度，形成开放性学科格局；蓝桂强[51]发现众包新闻具有汇聚个体力量、促进多元协作、平衡报道来源、改善同质化现象等优势与特征；王诣铭等[52]提出了公众群体参与应对社交媒体虚假信息的众包模型；Lin 等[53]

通过众包的方法同时获取交通事故和流量数据，对交通事故的后续影响进行了预测等。

在前沿技术融合的众包模型研究方面，Tan 等[54]提出了有助于 5G 智能城市发展的基于区块链授权和分布式可信服务机制的众包系统；Zhu 等[55]搭建了混合型区块链众包平台 zkCrowd，集成混合的区块链结构，保证通信、交易和隐私安全；李玉等[56]对众包机器学习进行了综述研究，总结了众包情境下的预测学习范式；Herfort 等[57]提出了一种结合深度学习和众包的新型工作流程；吴垚等[58]研究了群智感知网络中移动众包系统的激励机制；程时伟等[59]结合使用众包技术与群智环境上下文感知服务技术提高了回忆注视点精度，开发了注视点回忆众包应用系统。

众包相关研究涵盖广泛，跨越各种领域，可将多种技术进行结合，其核心都是聚集群体的智慧，充分发挥社会群体的创新活力与潜能。

2) 责任式创新

责任式创新强调社会责任与创新之间的关系，源于欧盟项目框架中的一个术语：责任研究与创新(responsible research and innovation, RRI)。2013 年，欧盟受荷兰发起的"社会责任创新"计划的启发，在 *Horizon 2020*(《地平线 2020》)发展报告中最先开展了对创新责任的研究。von Schomberg[60]提出责任式创新是一个透明的互动式创新过程，社会实践者和创新者及所有利益相关者共同参与其中，以保障创新过程与创新成果符合社会道德伦理要求，具有可持续性与可取性。2014年开始陆续出版的"责任式创新"系列书籍对责任式创新展开了系统性研究，从不同维度理解与研究了责任式创新。Stahl 等[61]将责任式创新抽象地理解为一种能让创新研究结果符合社会期望的社会结构或归属；Koops[62]从创新管理与社会利益的角度出发，将责任式创新理解为管理当下科学创新过程以对未来社会集体利益负责；Setiawan 等[63]聚焦于创新者问责，关注创新的全周期，包括预想、测试、反思、采用，以及创新对环境、社会与经济的影响，认为创新者应对其在创新过程中承担的角色与任务所产生的影响负责。随着责任式创新理论的发展，相关研究数量不断增加，范围也日渐广泛，各方学者开始注意到责任式创新治理、责任式创新生态系统构建、责任式创新实践与应用等多个维度。Stahl[64]认为应将伦理道德与社会责任纳入创新生态系统的研究范围，基于人工智能伦理学提出责任式创新生态系统；Bacq 等[65]发现责任式创新缺乏有效治理机制，无法合理分配创造的经济及社会价值，因此提出基于责任式创新的价值分配三阶段模型；Bronson[66]从责任式创新视角看待数字农业分布不均的问题，提出责任式数字农业过渡；de Reuver 等[67]研究了数字化平台中的责任式创新实践等。

2010 年以后，国内学者积极地对责任式创新相关理论框架进行总结与提炼，开展了一系列实践应用研究。梅亮等[68]提出责任式创新是一个不断演进的动态过程，需要多方利益攸关主体进行协同决策，构建科技治理制度体系，引导创新满足社会需求与道德伦理；薛桂波等[69]认为责任式创新模式有利于促进创新活动符合社会期望，推动科技治理范式重构；陈劲等[70]提出责任式创新的核心是创新的社会意义与价值，通过对创新活动制定社会化的责任规范，确保创新成果兼具经济效益、道德伦理与社会期望，最大限度地服务社会。在实践研究方面，于岩[71]从技术、经济、社会及伦理四个层面构建了责任式创新视角下高技术制造业创新与伦理责任耦合度评价指标体系；卢超等[72]以疫苗研发为例，构建了基于企业、消费者和政府的责任式创新行为演化博弈模型等。

创新既需要从市场和技术的角度进行纯粹分析，也需要深入考量其社会价值与意义，它依赖于集体的力量和社会各方的共同参与。当前，大数据、区块链、人工智能、虚拟现实等新兴技术的不断涌现，加之创新思维的活跃涌现和参与者众多的社会创新环境，正推动着创新模式向群智创新阶段演进。

1.2.3 群智创新设计的发展

数据智能时代，消费者与开发者的界限越来越模糊，新场景、新服务、新商业模式、新产业生态正处于萌芽阶段，以增长为导向的企业可以充分利用互联网平台的跨地域优势，吸引尽可能多的创作者以低成本提供创意，进而以更低的成本获益。因此，以群体智慧与科学技术相结合的群智创新，已成为学术界和业界研究与实践的热点。群智创新设计(crowd intelligence innovation design)的演进大致分为群体智慧、机器智能、群智辅助、群智创新四个阶段[73]，如图 1.8 所示。

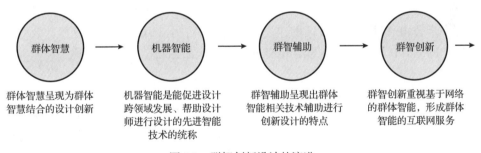

图 1.8 群智创新设计的演进

1. 群体智慧

群体智慧这个概念可以追溯到 1785 年 Condorcet 提出的陪审团定理(jury theorem)[74]。该定理指出，如果一个投票团体的每个成员都有可能做出正确决定，那么随着团体成员数量的增加，该团体的最高票数是正确决定的概率也会相应增加。可见，相较于个体判断，群体决策极具优越性。Durkheim[75]指出社会构成了一种更高的智慧，因为它超越了个人认知的时间维度与空间维度，实现了群体智慧。

有关群体智慧的研究主要集中于群体智慧的方法论与技术。Christakis 等[76]

提出构建民主合作实验室,以充分利用群体智慧与力量。Wolpert 等[77]发现,随着互联网技术的兴起,社会出现多种群体智慧的新组织形式,提出一个使用生物学中基因(gene)的概念来理解互联网群体智慧系统的新框架。

群体智慧阶段作为群智创新设计发展的起点,主要呈现为群体智慧结合的设计创新。在去中心性的群体中,每个个体的认知负荷和范围有较大的差别,所以自发地对某一特定的设计问题所生成的动态设计解决方案具有更广泛的覆盖面和更高的场景适配性。群体智慧结合的设计创新模式强调市场、用户和参与者反馈与设计内容的自发自主性,其试错成本低,且创新结果更为客观、高效、多样。

为了强化创新实力,实现竞争优势,越来越多的企业开始利用群体智慧促进自家产品或服务的创新,其中许多企业选择建立高垂直度的品牌社区,拉近与用户的距离。2011 年成立的小米社区是目前国内发展最具规模的品牌社区之一,社区中汇聚了一大批小米产品的资深用户。社区中每天都会有用户分享小米产品的使用经验,评价小米产品的优缺点,反馈使用小米产品时遇到的问题,并对未发布或新发布的小米产品发表意见和建议。这些广泛真实的信息能够极大地帮助小米的开发团队为新产品挖掘用户需求和市场空缺,也有助于已发布产品的迭代优化。为鼓励用户积极发布内容,小米社区建立了完善的积分激励和荣誉制度,增强用户参与社区建设的积极性。为进一步聚集群体智慧,小米官方会在社区中举办广泛的竞赛活动。例如,在新产品研发期间,收集用户对新产品的期望和建议,并从中选出提交内容最有价值的用户赠送小米产品作为奖励。

小米公司通过对小米社区的建设,广泛聚集了小米用户的群体智慧,既增加了用户的品牌认同感和忠诚度,也有助于小米产品创新链的良性发展。

2. 机器智能

机器智能属于智能科学与技术学科。机器智能的研究途径是在机器上模拟人类的智能(智能模拟),代表性的智能模拟有四种:结构模拟、功能模拟、行为模拟和机制模拟。目前,学界还没有形成对机器智能概念的明确界定。Legg 等[78]试图通过研究大量关于人类智力的定义,用数学术语定义机器智能;Sanders[79]认为机器智能是通过结合多种先进技术,赋予机器学习、适应、决策和展现新行为的能力。

在设计领域,机器智能是能促进设计跨领域发展、帮助设计师进行设计的先进智能技术的统称。在机器智能阶段,设计师可以将不同行业的设计方案利用线上公有云和私有云部署、爬虫和线下场景计算等方式进行汇聚,利用机器学习技术对解决方案进行机器衍生和动态处理,大大降低了设计师的工作量,产生了巨大的社会效益,带来了商业模式的变革。

Adobe Sensei 是 Adobe 公司旗下的底层人工智能工具，可为客户提供设计开发与数字体验服务，如图 1.9 所示。Adobe Sensei 以人工智能技术为基础，充分利用 Adobe 公司的大量内容与数据资产，整合计算创意、智能体验和内容理解三大领域，实现设计师行为预测与受众群精准定位，缩短营销构思和执行之间的时间。Adobe Sensei 可服务于 Adobe 体验云、创意云和文档云等各种云服务产品，以技术助力智能化创新过程。

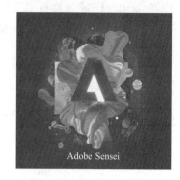

图 1.9　Adobe Sensei

在体验云中，Adobe Sensei 通过用户大数据分析智能划分受众群体，通过归因算法预测营销活动的效果与消费者行为，提供最优的营销策略与投资建议，为体验云服务增加多种预测及个性化功能。在创意云中，Adobe Sensei 能自动执行特定任务。例如，通过智能面部感知，实现人像图片的面部编辑或表情改变，而不破坏整体图像，设计师能更专注于灵感创意与设计创造，有效提升创意云服务的效率与用户体验。在文档云中，Adobe Sensei 不仅可以利用自然语言处理(natural language processing, NLP)技术理解文本，构建主题模型并分析文字情感，还能通过对语义结构的分析分解文本结构，识别出标题、段落、图标等内容，进一步提高文档云的工作能力。

3. 群智辅助

"群智"是"群体智能"（美国学者习惯用 swarm intelligence 表示，也有学者用 collective intelligence 表示，本书采用 crowd intelligence)的简称，由 Beni 等[80]提出，用于描述细胞机器人系统，表示系统的集体行为。而后随着计算机技术的进一步发展，出现了人工群体智能(artificial swarm intelligence)、集群机器人(swarm robotics)等概念，这些新兴的概念是群体智能理论与技术的衍生，实现了人与人、机器与机器之间的高效协同。Rosenberg 等[81]发现人工群体智能协作可以增强人类群体智慧，提高群体预测、评估及决策能力；Beni[82]将集群机器人定义为一群相对简单的实体代理，它们可共同完成超出单个个体能力的任务，强调集群机器人的自组织性与涌现性。

群智创新设计发展至第三阶段——群智辅助阶段，主要呈现出群体智能相关技术辅助进行创新设计的特点。例如，群智创意推理，在各参与者的创意激发和交互过程中，利用人脑群智、人机群智或智能机器群智方式发现、识别、记录创意想法，形成群智创意设计流，辅助设计师进行创新；群智协作系统构建，通过互联网组织架构和大数据驱动的人工智能系统，吸引、汇聚和管理大规模参与者，以竞争和合作等多种自主协同方式共同应对复杂的挑战性任务；群智辅助决策，利用大数据和人工群体智能算法，开展用户调研、需求确认、方案评价与迭代等设计流程，提高预测准确性与决策有效性，提升创新效益与价值。

4. 群智创新

人工智能 2.0 时代，社会由注重个人智能向注重以网络为基础的群体智能转变，从而形成具有群体智能的互联网服务[83]；通过与多媒体、互联网、大数据、物联网、虚拟现实相结合，群体智能技术从原有的人群智能、机器智能整合升级为人机融合智能。在此时代背景下，人类的创新方式发生了深刻的改变，人类更加注重通过互联网技术利用大众智慧来解决特定的问题，将群智关键技术融入创新全流程。由此，创新发展进入了最后一个阶段——群智创新。

群智创新是指将大数据、区块链、人工智能、群智感知计算等技术应用于互联网平台，突破学科壁垒，集合社会大众智力，实现并完成复杂任务。群智创新强调诸多先进人工智能技术和群体智慧共同创新的共存和融合，强调感性和理性认知的有效结合，注重以用户为中心的群智创新生态建设及其社会效益，特别是商业创新、模式创新和社会创新，实现立体的、网络的和多源异构的协同价值共创。

ChatGPT(chat generative pre-trained transformer)是美国 OpenAI 公司研发的聊天机器人程序。ChatGPT 是一种专注于对话生成的语言模型，它能根据用户的文本输入，像人类一样聊天交流，智能生成相应的回答，甚至可以完成撰写邮件、视频脚本、文案、翻译、代码、写论文等任务。ChatGPT 通过学习大量由文本和对话构成的数据集，使用人类反馈强化学习(reinforcement learning from human feedback, RLHF)对其进行训练，通过理解和学习人类的语言进行对话，还能根据聊天的上下文进行互动。利用 ChatGPT，设计师不仅可以快速地获取产品目标相关背景、已有的解决方案、设计方案的建议，还可以获得有关客户行为和偏好的分析，从而改进产品和服务，更好地定位产品。此外，设计师还可以利用 ChatGPT 获取对设计目标优化后的描述并结合生成式人工智能(artificial intelligence generated content, AIGC)平台智能生成设计方案。

1.3 社会变革下的群智创新

世界经济论坛的创始者 Schwab 指出，当今物理世界、数字世界和人类世界的融合正在从根本上改变整个世界的生产、消费和管理方式。数字经济正在高速增长、快速创新，越来越广泛地影响其他经济领域。世界之变、时代之变、历史之变、社会之变也以前所未有的方式推动着设计产业的变革，一个以计算能力为基础，万物感知、万物智能、万物互联的智能化数字设计产业正在加速到来。群智创新背景下的设计产业链各环节已从比拼业务能力与市场空间，转而开始较量算力与服务力。

1.3.1　生产力的乘数式增长

算力，即计算能力(computing power)，是通过对信息数据进行处理，实现目标结果输出的计算能力，它的大小代表着对数字化信息处理能力的强弱。万物互联时代下，全球信息数据总量呈爆炸式增长，算力成为影响数字经济发展的核心要素，直接影响和制约人工智能及认知技术、机器深度学习、3D 打印等新技术的发展。2015 年，英国 *The Economist* 杂志发文指出，摩尔定律的传统理解正逐渐失效。这背后的原因是单一的 IT 架构已无法满足急剧增长的算力需求。因此，算力的优化利用与不同计算单元间的协同合作变得至关重要。随着多元化的场景应用和新一代计算技术的不断涌现，计算和算力的范围不再局限于传统的数据中心，而是向云、网络、边缘和终端等全场景扩展。计算已经超越了其单纯的工具属性和物理属性，正在演变为一种具有乘数效应、广泛存在的能力，并成为数字经济时代的新兴生产力。

算力是指人类对数据的处理能力，集中代表了人类智慧的发展水平。数字经济时代的算力，由大数据、云计算、人工智能、区块链等数字化技术综合体形成，主要包含五个方面：①计算速度(计算机、服务器、芯片、超算系统均可反映这方面的能力)；②算法；③大数据存储量；④通信能力(包括 5G 基站数量、可靠性、通信的速度、带宽、能耗)；⑤云计算服务能力(包括数据处理中心服务器的数量等)。

算力越高代表生产力越强，意味着在群智创新场景中，能够以更低的成本获取更多来自全球的创新资源、知识资源和技术资源，更快速地将个人智慧汇聚，形成产业的群体智能，引发产业变革，突破产业发展天花板。这在未来会极大地提高社会生产效率，降低大众交付某一类产品或服务的成本，提升服务能力，推动数字经济向更高阶智能发展。

观察者明，趋势者智，一家致力于迅速增加其内容供给的企业，能够从吸引更多的内容创作者中获益良多。企业在具有强网络正效应的情况下，能够在竞争中建立起较大的贡献网络，从而产生差异化，形成竞争优势。越来越多的企业着眼于云计算，或者是全新的计算机架构来提升自身的算力，以适应群智创新趋势下生产资料数字化以及生产工具、生产主体多元化的变革。例如，以亚马逊 AI 平台、腾讯 AI 开放平台为代表的群智设计平台，运用群智数字技术，拓展设计产业的服务生态，通过数字化的方式打通复杂的设计流程和产业链。

从牛顿发现三大定律、人类进入近代社会以来，社会经历了技术生产力革命、劳动生产力革命、知识生产力革命三次重要的组织生产力革命。企业要想以创新驱动为引领实现高质量发展，就需要进行群智创新生产力的革命，充分运用互联网平台和人工智能群智感知计算技术，通过大数据链路开展立体、网络状的和多源异构的协同价值共创，这将会是近现代历史上，组织生产力第四次至关重要的变革。表1.2呈现了社会变革与时代演进。

表 1.2   社会变革与时代演进

时代划分	体力革命时代		智力革命时代	
	蒸汽时代(18世纪)	电气时代(19世纪)	信息时代(20世纪)	智能时代(21世纪)
四次科学革命	牛顿力学	电磁力学	量子力学	智能科学
四次技术革命	蒸汽技术	电子技术	信息技术	智能技术
四次算力革命	机械式计算	机电式计算	电子计算机	数字计算

1.3.2   生产关系的互惠共生

历史上的科技革命无一不推动社会生产力的进步，而当生产力发展到一定阶段时，生产关系也必然随之变革。在数字经济时代，算力成为新的生产力，而互联网代表着一种新的生产关系。互联网+作为全球化的产物，使无数的个人和组织能够通过互联网平台建立新的生产关系，形成跨空间、跨领域、跨维度的紧密合作关系。对于以人为主体的设计产业，这个时代的特点是不同类别的设计产业扩充了设计主体的层次，形成了多维度、多领域的网状生产关系。各生产组织之间也由原来的割裂、竞争的利益冲突关系转向互惠、共生的利益平衡关系。这种转变将人类社会从欠连接状态推向超连接状态，为设计产业带来了前所未有的发展机遇和挑战。

从宏观角度来看，社会企业借助互联网信息技术普惠赋能，使设计产业初步形成了整体化格局。这种格局相较于传统的产业格局，发生了巨大的转变，产业内部的竞争与合作不再是企业间的针锋相对，更多的企业开始谋求从产业整体价值链出发以获取垂直竞争中的主动权，寻求更多的合作关系；各地区设计行业的竞争关系也从原来的生产能力和市场扩展能力的竞争，变成了以设计为支撑的产业群落所处区域之间的位置竞争[84]。以小米生态链为例，其生态链覆盖超过200家企业、上千种消费产品，其产业规模已经远远超出单个企业的范围，从多个场景、数百家企业不同的产品定位与联动、全生态链企业供应链资源统筹、营销渠道共享的战略顶层加以规划，建立了具有闭环功能的"米家"品牌产品体系[85]。

从中观角度来看，不同的设计制造企业间的竞争已由相互间的生产效率和市场收益的竞争演变为以智能技术为导向的融合互动、群聚协作的生产共生关系。设计行业的集群发展往往会形成一个综合性的、专业化的设计产业园区，在产业园区中的设计企业可以充分发挥其资源、设施、信息、技术等优势，提升产品和服务的价值，从而达到协同发展和提升经济效益的目的[86]。长三角和珠三角区域中规划的设计园区、工业设计小镇以及其他在产业网价值链中相互融合的设计生产主体，构成了新的产业集群间的共生单元。

从微观角度来看，无论是企业间的协作，还是企业内部网络的构建，以及部门间的协同，都有助于在企业内部更高效地共享创新技术、知识和创新主体。这种内部的资源整合能够促成不同产业单元之间的共生关系，进而在互惠互利的基础上激发创意生产。例如，面向设计制造的小米生态链，通过构建互惠商业模型、共享产品流量解决供应链问题，通过产品创新寻求新的市场，这就是新型产业共生的一种模式。

1.3.3　生产资料的数字变革

数字资源已成为产业生产的重要资源，如图 1.10 所示。数字资源是大量的、高速的、变化的信息集合。利用云计算、大数据、深度学习等技术，根据不同消费者的个性化需求从数字资源提炼用户需求，分析当代大众的审美趋势和标准。利用对数据的反应分析、智能计算、自行组织等方法，设计产业实现数字化生产制造。通过生产资料的数字变革为数字化商业模式赋能，推动设计产业的商业模式和工作流程上的创新。

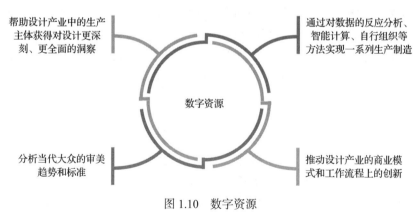

帮助设计产业中的生产主体获得对设计更深刻、更全面的洞察

通过对数据的反应分析、智能计算、自行组织等方法实现一系列生产制造

数字资源

分析当代大众的审美趋势和标准

推动设计产业的商业模式和工作流程上的创新

图 1.10　数字资源

通过利用数字资源，企业能够更深入地洞察用户行为和偏好，准确把握用户需求，并深刻理解企业外部环境的动态变化。总体来说，数字媒介是一种可供选择的数字个性化。数字资源将数据视为生产的一类资源，为设计行业的生产主体提供了一种具有前瞻性的认识与利用价值机会的手段，使企业做出正确的经营决

策，更好地把握行业发展趋势，快速地适应市场的变化。优步(Uber)是一家出租车服务公司，它建立了一个数据库与信息管理平台，深入挖掘和分析了用户的数据，并对用户需求进行了预测，为用户量身定制出租车服务，并在全球范围内实现了对出租车全链路的订单配发与管控。优步把工业数据作为生产资源，把传统的出租车业务进行数字化整合，使传统的出租车产业实现了数字化的飞跃。

数字资源还可以帮助企业内部规划产品供给，检测产品质量，量化生产效率。数字资源能够链接产品生命周期数据的全过程，利用数字资源同步的信息流实时辅助产品开发。阿里巴巴旗下的犀牛智造是一个利用数字资源进行制造开发的智能制造平台，该平台利用数字资源获取目标用户数据，运用云计算、IoT、AI 等技术为工厂赋能，协助中小型企业解决生产供应链中的问题，进而解决预售预测难、供需不匹配、商家快速反应难等问题，使我国服装制造业实现智能化、定制化、个性化的升级。

1.3.4 生产工具的智能升维

现代设计生产工具包括具体的设计工具和智能设计平台。设计是一种具有创造性的活动，但是在实际工作中具有许多简单的重复劳动。数字设计工具可以辅助减少重复工作，提升设计工作的效率，加快设计知识的产生，减少制造成本，促进设计行业的蓬勃发展。设计工具主要包括利用人工智能辅助进行创意的启发工具、图形生成和处理工具、界面设计工具、三维建模工具等。

数字化智能设计平台是设计创意、智慧集聚、知识外溢的主要场所，是随设计与智能技术深度融合、设计产业演变而不断变化的数据生态系统，如图1.11所示。数字化智能设计平台具有以下特点：

(1)数字化智能设计平台根据用户需求智能地汇聚各类型创意及生产方式，依据用户发布的需求智能汇集相关类型且满足用户期望的设计创意，方便用户的思维发散。利用数字化智能设计平台，用户仅需要通过简易的操作就能根据自身的需求完成设计工作。

(2)数字化智能设计平台中的设计知识在内部进行高效传递。各类设计人才在平台中高效集聚，多效完成设计作品，因此设计数据也可以得到高效管理。

(3)数字化智能设计平台可使经济、产业、社会价值在设计活动中得到增值。利用数字化智能设计平台的智慧生成，可以丰富产品的展现形式、文化内涵、产品构造等，进而提高产品的价值。

此外，通过数字化智能设计平台，新产品的研发设计效率得以提高，降低了设计创新成本与市场风险，增强了品牌的自主创新能力，提升了品牌价值。

目前，数字化智能设计平台主要包括以下三种：

(1)集成开放型智能设计平台，如苹果 Create ML、华为 ModelArts 等。此类

数字化智能设计平台特征

智能性

智能创意汇聚
智能生产方式

高效性

设计知识高效传递
设计人才高效集聚
设计作品高效生成
设计数据高效管理

价值性

经济价值增值
产业价值增值
社会价值增值

数字化智能设计平台案例

创意输出型智能设计平台

Adobe Sensei智能设计平台

集成开放型智能设计平台

华为ModelArts平台

商用型智能设计平台

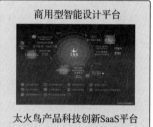

太火鸟产品科技创新SaaS平台

图 1.11　数字化智能设计平台

平台集成了各类机器学习框架，并提供各类云服务器，用户可以根据自身需求能动地选择各类数据预处理、模型训练及生成、端-边-云模型部署方案，快速创建和部署模型，但需要用户具备一定的编码能力。

（2）商用型智能设计平台，如特赞设计平台、太火鸟产品科技创新 SaaS（software-as-a-serve，软件即服务）平台等。此类平台提供图片视频智能生成、内容素材管理、营销内容审批等在线创作工具，帮助企业在线进行数字化内容生成的全流程服务。

（3）创意输出型智能设计平台，如 Adobe Sensei 等。此类平台可以利用简单的命令简化用户的任务，将更多的时间用于创意的生成，大大提高了用户的工作效率。

数字化智能设计平台建设的核心是在云端建立协同设计环境，通过智能技术来缩短产品设计与制造之间的产业链接距离。

1.3.5　生产主体的多元共创

产业的数字化演进符合产业升级的总体趋势，其促进设计产业的文化和产品供给效率的提高，并提高了设计产业的生产灵活性。科技与社会的发展，促进了设计业态向智能化方向发展，将消费者的行为习惯纳入设计工业的生产主体中。产业生产主体逐渐发展，出现由个人到组织、由平台到社会、由企业到消费者等多个层面的结构。随着数字传输技术、用户体验设计、现代通信技术、短视频平台的不断发展，视频等多媒体的制作主体从最初的媒体设计剪辑者转向了大众，每个人都有了通过多媒体创造、传播和盈利的机会。消费者在购买、使用产品后将产生大量各类用户行为数据。企业基于精确的消费者信息将消费者行为融入设计中，基于用户行为进行用户体验设计，用以评估和完善设计方案，将消费者转变为一种生产方式。

数字智能创意平台在设计行业中起到激发创意、创造设计的重要作用。该平台有助于企业的独立个体聚集，形成企业集群效应，创新产业业态，提高设计创造的效率和质量。特赞是一个汇集平面插画、三维动画、包装、视频、电商和新媒体设计等数万设计团队的数字化智慧创意供给平台，专注于内容与数字营销的创新，并将科技创新与内容创意相结合。该平台通过积极发展数字创意技术的底层能力，使创意内容的生产、管理、流通和分发得以信息化、平台化和智能化。

Figma 是近几年来在界面设计领域引人注目的一款基于网络、提倡实时协作、跨平台和云端创作的数字设计工具，如图 1.12 所示。Figma 改变了原有传统数字设计软件需要通过文件进行有滞后的协作，可以直接进行在线的编辑，减少了人员间的交流成本，提高了设计的协同效率。2022 年 9 月，创意领域知名企业 Adobe 宣布收购 Figma，将旗下产品中的成像、摄影、插图、视频、3D、字体等功能引入 Figma 平台，用以完善 Figma 的使用体验，扩展 Figma 的用户人群，使设计师、产品经理、开发人员等利益相关者都能在使用 Figma 时受益。Figma 构建了设计生产力发展的新形式，使用户可以有更充足的时间进行设计创造，同时还利用社

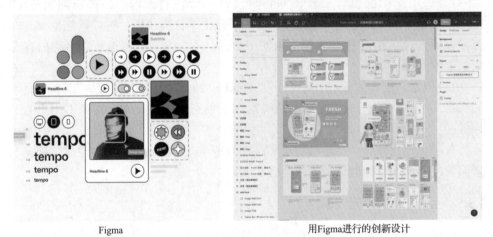

Figma　　　　　　　　　　　　　　　　用Figma进行的创新设计

图 1.12　Figma 协同创作平台

区促进了网络的创作传播，推进产品设计并激发全球创作者、设计师和开发者社区的灵感，实现多主体的多元共创。

1.4 基于云共生的创意生成

随着大数据、人工智能、云计算等技术的快速发展，与数字经济发展密切相关的各类基础软件云端转型得到了飞速发展[87]。云共生，指利用云端资源池重新构建虚拟空间中资源数据的层次结构，使计算、存储、网络等资源彻底解耦，从而灵活运用资源池的弹性来适应各类业务的变化，其具备弹性、灵活性、高可用性的特点，并能够基于云端服务为企业带来创新、产品体系的丰富、高效的部署以及按需付款的支付模式。云共生的创意生产方式能够实现个人及各组织在动态环境中对云数据和云服务的共惠、共用、共生。当前阿里巴巴、腾讯、华为等多家公司纷纷布局云产品开发、云服务供给业务，助力多行业业务发展。

人工智能 2.0 时代，数据驱动人类的创新方式发生深刻变化，智能载体的类型和数量日趋多元，交互手段更加普及、多样。在云共生虚拟空间中利用群体智慧、群体智能来解决复杂设计问题的方式空前凸显[88]。利用互联网的组织架构和基于大数据的人工智能系统，吸引、聚集和管理大量的参与者，以竞争和协作等协同方式，共同应对具有挑战性的任务。群智创新设计是互联网科技创新设计生态的智力内核，推动技术创新、应用创新、管理创新和商业创新等。得益于智能技术的赋能，设计创造完成了从现实世界到虚拟世界，再到虚实结合的设计空间过渡。设计协作主体由"人与人"之间的协作转向"人与人、人与机、机与机"多种协作并存，协作方式呈现全球、跨界、开源、贯通、多模态及自组织性等特点[89]。

1.4.1 设计领域中的云共生

云共生借助云端数字资源池，链接实体、虚拟空间，使有设计需求的个人、团体、机构等利用数字资源进行协作，突破企业、地域、文化等多重边界，形成云共生的协调设计创新。云共生背景下，智能设计能够针对性地采用人工智能技术解决用户需求分析、设计创意发散、设计内容生成、设计评价等设计过程中的问题，并产生创意解决方案。在设计领域的云共生主要分为以下四个阶段。

1. 用户需求分析阶段

用户需求分析指的是在系统设计具体架构之前针对用户需求所做的调查与分析，是系统设计、系统完善和系统维护的重要依据。Salminen 等[90]从在线社交媒体和内容平台收集数据，并使用数据分析工具进行角色研究。Perera 等[91]提出了一种新的生成式对抗网络(generative adversarial nets, GAN)模型，即 CnGAN。该模型学习用户在社交网络的单独部分的复杂偏好，生成跨网络的用户偏好。Wang 等[92]和 Bharadhwaj 等[93]分别设计了 IRGAN 和 RecGAN，用于生成相关的用户信息片段，如文档或用户行为的模型，用于潜在用户肖像的生成。

2. 设计创意发散阶段

云共生旨在通过算法为设计人员提供潜在想法、基本组件和原材料，基于刺激的创意启发。创意发散阶段是设计过程中产生创意最多、效率最高的阶段，通过文本语言、图片及听觉、触觉等可以有效刺激创意的产生。例如，Park 等[94]提出了一种视觉刺激生成模型，该模型利用文本描述、图像等，刺激不同方式的创意生成与潜在解决方案的产出。Liu 等[95]创造的设计创意发散工具可以帮助设计师将草图转化为视觉刺激，进一步提高构思的质量。Strohmann 等[96]提出了一个智能虚拟主持人，以促进设计头脑风暴会议。

3. 设计内容生成阶段

设计内容的生成可分为基于设计元素的方法和基于语义的方法两种。基于设计元素的方法，其终端用户为有经验的设计师。Chen 等[97]提出了一种数据驱动的采样方法，其使用给定的具有隐式约束的初始设计数据集利用决策边界有效地探索无界空间中的可行区域。Dogan 等[98]提出了一种以轮廓相似性和原始形状作为约束，得出现有产品设计轮廓的采样方法，从而进行生成式设计。基于语义的方法，其中设计用具体的形容词表示，这样即使不是专家也很容易理解，并且很容易为用户表达目标设计。Yumer 等[99]提出了一种基于语义的设计探索，但在这项研究中，给定的形状会变形以产生新的形状，而不是组合现有的装配部件。Serra 等[100]提出了一种与普通用户生成提案匹配的形状生成算法，即根据普通用户的简单输入也可自动生成具体的构件。Dang 等[101]还收集了偏好分数来学习形状语法的概率密度函数，并使用它们生成尽可能多的反映偏好的新模型。

4. 设计评价阶段

正确且及时的设计评价可以作为指导性的反馈，提高设计者、决策者以及用户的鉴赏水平，判别设计方案的优劣。总体而言，设计的评价旨在为不同类型的设计计算得分，包括图像[102]、网页[103]、标识[104]、服装[105]等方面。设计美学评价与美学神经网络的构建是近年来学术界研究的热点，如 Lu 等[106]于 2015 年首次将卷积神经网络(convolutional neural networks, CNN)应用于计算美学；Mai 等[107]开发了一个美学神经网络等。

1.4.2　云共生群智创新设计的认知

云共生群智协同设计是一种低损耗、高创新、基于多元协作的普惠设计，是借助云端数据库的特性动态在虚实设计空间中开展立体网络化协同共创设计活动的设计模式。云共生创新依托认知主体生物性感官与技术媒介的结合，基于群智感知的协作频谱感知算法、群体智能的多域立体协同感知技术、群体智能的动态资源优化技术、群体智能的多维动态路由技术、群体智能的多域立体协同感知技术等，挖掘群体成员、机器或人机间的相互协作，以提高在解决复杂设计问题时所展现出的高于任意设计主体的能力。

智能物联网、边缘智能、群体智能的兴起，使"以人为中心"的群智认知拓展为"人-机-物"融合的群智认知。云共生群智协同设计基于异构群智能体的有机交互、协作、竞争与对抗，进行任务分配和参与者选择，通过异构群智协作的协同方式，在云共生空间协作的设计参与者根据任务需求贡献数据。认知数据经过跨静态数据关联、群智知识聚合与发现及多维群智融合情境预测，实现智能个体技能和群体认知能力的提升，从而达到云上产品创新群智设计共创的目的。图 1.13 呈现了云共生群智创新设计的认知机理。

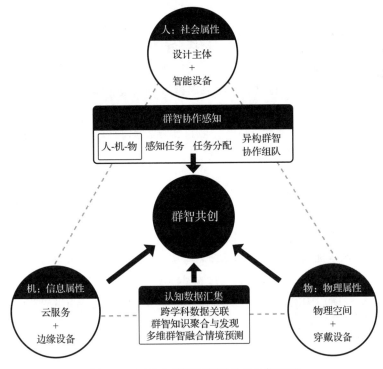

图 1.13　云共生群智创新设计的认知机理

1.4.3 云共生群智创新设计的推理及演算

通过云共生链接的大规模群体，在特定环境支持下能够爆发远超个体能力的群体智能。群体的设计分析和量化可以采用许多不同的方法，可以归纳为两个机制，即推理机制和演算机制，如图 1.14 所示。

1. 推理机制

推理机制是指通过重构、分层和自组织各种来源的异构数据，构建产品生成性设计系统。各种来源的异构数据包含来自社交网络、制造互联网、CAD/CAM、相关知识管理系统中产生的与用户、制造、产品和服务等要素密切相关的数据。"重构自组织"是将上述数据进行严格的数据处理和分析，并将用户相关的知识类型及产品的特征知识进行映射，建立用户与设计目标间的映射模型，最终形成产品生成性设计系统。具体的流程可以分为两个阶段，即数据收集和预处理阶段、数据重构和再组织阶段，如图 1.15 所示。

第一阶段是数据收集和预处理阶段，包含产品特征数字化、用户需求聚合与数字化、其他要素数据收集和数字化。

产品特征数字化是指将产品的外形、材质、工艺等特征进行数字化和参数化，并建立产品数字化生成模型。这需要设计师或工程师利用专业知识来输入产品的设计参数建立产品数字化生成模型，包括材料特性（如重量、强度和成本）、荷载工况和约束，还可能包括最终设计占用的体积或空间。最终实现任何产品都可以用一组特征参数以及对应的数字化参数模型进行表达。

用户需求聚合与数字化是指互联网环境下的用户数据理解为非封闭的活跃状态，具有结构异质、来源多样、高度分散且快速增长的特点，将互联网端碎片化、无序以及隐性、显性的用户原生数据转变为聚合、有序的用户数据，并形成不断动态演化的用户画像数据。

其他要素数据收集和数字化是指将与设计相关的生产、市场等要素数字化并整合为聚合、有序的要素数据。

第二阶段是数据重构和再组织阶段，包括数据的重构和数据的重组两部分。其中，重构是将产品的具体特征与用户的某项特征以及其他要素的特征形成离散、连续的对应关系，建立用户对产品特征的偏好测量模型；重组是将用户对产品特征的偏好测量模型与第一阶段中的具体产品数字化生成模型共同构成产品生成性设计系统。

2. 演算机制

演算机制先通过直接、间接方式获取用户的设计需求，再基于需求构建生成性设计系统进行自动化和半自动化设计，以满足用户的设计需求。具体的流程可

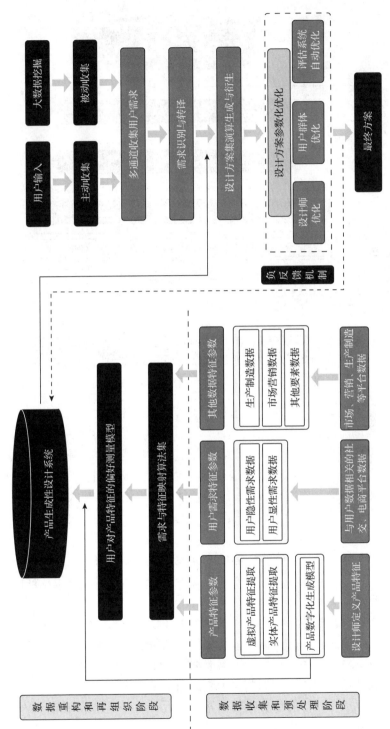

图1.14 基于云共生群智创新设计的推理机制与演算机制

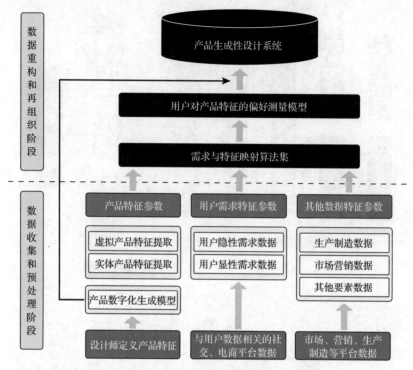

图 1.15　基于云共生群智创新设计的推理机制

大致分为多通道收集用户需求、需求识别与转译、设计方案集演算生成与衍生、设计方案参数化优化等，如图 1.16 所示。

多通道收集用户需求：分为主动收集与被动收集两部分。其中，主动收集主要为用户的主动输入，被动收集则是基于大数据的需求挖掘。但无论是何种收集形式，用户的个体之间在文化背景、专业技能等方面都存在巨大的差异性，这种差异性会对需求收集的渠道、内容产生很大的影响，因此需要灵活利用多通道多形式的方式收集。

需求识别与转译：由于需求内容的多样性，系统需要将原生的数据根据其原生的格式和内容进行识别和转译，并转化为聚合、有序的且能被生成性设计系统所计算的数据。

设计方案集演算生成与衍生：系统将识别和转译后的需求数据输入生成性设计系统。系统会根据产品的具体特征与用户的某项特征以及其他要素的特征，形成离散、连续的对应关系，演算衍生出推荐的设计方案。

设计方案参数化优化：包含设计师优化、用户群体优化、评估系统自动优化。首先，在收到生成性设计解决方案的初始结果后，设计师和用户群体会根据自动化评价系统的建议研究各种选项，修改参数和目标，以改进问题。然后，生成性

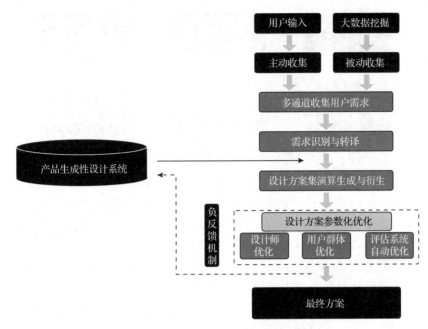

图 1.16　基于云共生群智创新设计的演算机制

设计系统将持续迭代，直到使用人类直觉和设计方案自动化评价系统共同确定最相关的解决方案。

负反馈机制：用户的需求用户对产品的认识是一个动态演化的过程。脱离演化过程而孤立的分析将导致结果片面、不准确，需要从联系和发展的视角对映射模型持续优化和迭代，确保生成的产品方案向预期目标演化。负反馈机制是一种自调节的机制。基本操作是对系统的输出进行预测、评估，根据比对结果对设计系统进行调整，减小输出与需求之间的差异。

1.4.4　云共生群智创新设计的生成

云共生群智创新设计的生成阶段重点研究云共生群智协同的需求特征映射系统构建、云共生群智协同的设计方案生成式演进研究等部分，探究在云端"自动提取-自动生成-自动提炼"的云共生群智产品创新设计。

1. 云共生群智协同的需求特征映射系统构建

云共生群智协同的需求特征映射系统构建主要是利用自然语言处理技术及群智知识生成的深度学习模型和数据挖掘算法，建立融合想法流、数据流与知识流的用户"需求提炼-特征生成-设计要素提取"匹配模型，如图 1.17 所示。

基于群体智慧的自然语言处理技术需要对用户需求语言提炼并整理，从而进行分析、理解、表达与转化，为后续生成提供语用素材资源。Chaudhuri 等[108]利

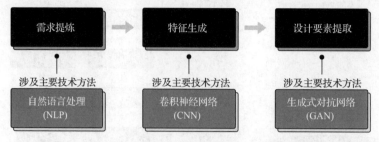

图 1.17　云共生群智协同的需求特征映射系统流程及技术方法

用 CNN 对语用素材进行表征学习，并对其进行平移不变分类，最大化释放设计者和参与用户之间的能力，实现创意方案修改、补充、完善及迭代间的多感知交互。Kalogerakis 等[109]利用由两个网络组成的神经网络 GANs，通过训练生成受类和表征学习的二维草图。草图以用户语言描述作为输入，把生成的二维草图作为输出，用户想法和描述组成的需求将实时控制设计特征的生成，从本源上形成融合想法流、数据流与知识流的用户"需求-设计特征"匹配模型，做到高效、准确地提炼用户需求，实现"需求提炼-特征生成-设计提取"的三步转化。系统通过分析用户、决策者、设计师和设计链路中的设计知识流模式，在维事实模型(dimensional fact model, DFM)的基础上构建设计方案生成式模型，并在产品开发过程中用于设计选择的集成多标准决策(multi-criteria decision making, MCDM)方法。

2. 云共生群智协同的设计方案生成式演进研究

云共生群智协同的设计方案生成式演进研究需要把用户需求的设计二维草图动态三维化，在云端自动生成符合设计规范及满足后续修改与呈现等需求的三维设计方案，供后续评估及实时修改，主要步骤如下。

(1)对模型进行实质性的简化以缩短分析时间。使用平面抽取技术对模型进行清理、归一化和缩小尺寸。

(2)基于深度学习和感性工程的产品概念生成方法框架的三维物体概念初步呈现,把二维草图转化为三维模型,使产品图像可以被训练有素的模型自动识别,并标记为情感偏好标签[110],公式如下：

$$L(\theta) = -\frac{1}{m}\sum_{m}^{i=1}\left[\lg h_\theta(x^{(j)}) + (1-y^{(j)})\lg\left(1-h_\theta(x^{(j)})\right)\right] \tag{1.1}$$

式中，θ 为使损失函数最小化要调节的参数；m 为样本总数；$h_\theta(x^{(j)})$ 为模型在参数 θ 下第 j 个样本的预测值；y 是预测值对应的真实值。

(3)利用混淆矩阵准确预测生成的三维物体尺度,对正在三维生成的模型进行实时校准并做出实时修改[111],其准确率预测公式如下：

$$accuracy = \frac{TP + TN}{TP + TN + FP + FN} \tag{1.2}$$

式中，TP 为被模型预测为正类的正样本；TN 为被模型预测为负类的负样本；FP 为被模型预测为正类的负样本；FN 为被模型预测为负类的正样本。

（4）采用生成式对抗网络在现有模型尺度的基础上生成三维模型，公式如下：

$$\min_G \max_D V(D,G) = E_x \sim P_{data}(x)[\lg D(x)] + E_z \sim P_z(z)[\lg(1 - D(G(z)))] \tag{1.3}$$

式中，D 为生成式对抗网络的判别器；G 为生成器；E_x 为所有实际数据样本的期望值，这些样本服从真实数据的分布 $P_{data}(x)$；E_z 为生成器所有随机输入的期望值；$D(x)$ 为判别器估计 x 为真的概率；$G(z)$ 为给定随机噪声矢量 z 作为输入的生成器输出，这些噪声服从分布 $P_z(z)$；$D(G(z))$ 为判别器估计生成的假样本为真的概率。

（5）选择 DCGAN(deep convolutional generative adversarial network，深度卷积生成式对抗网络)模型作为基本生成式对抗网络模型，并为该模型添加判别器及辅助分类器检验生成效度，公式如下：

$$L_{adv}(D) = -E_x \sim P_{data}(x)[\lg D(x)] - E_z \sim P_z(z), n_c \sim P_{nc}(n_c)[\lg(1 - D(G(z, n_c)))] \tag{1.4}$$

$$L_{cls}(D) = E_x \sim P_{data}(x)[\lg PD(cx \mid x)] + E_x \sim P_z(z), n_c \sim P_{nc}(n_c)[\lg PD(n_c \mid G(z, n_c))] \tag{1.5}$$

$$L_{gp}(D) = E_{\tilde{x}} \sim P_{data}(\tilde{x})\left[\left(\|\nabla \tilde{x} D(\tilde{x})\|2 - 1 \right)^2 \right] \tag{1.6}$$

式中，L_{adv} 为基本生成式对抗网络的损失函数；n_c 为情感偏好类型；L_{cls} 为辅助分类器的损失函数；L_{gp} 为 WGAN-GP(Wasserstein GAN with gradient penalty，带梯度惩罚的 Wasserstein 生成式对抗网络)的损失函数，WGAN-GP 是 DCGAN 模型的一部分。

1.4.5 云共生群智创新设计的评价

在云共生环境下，基于云端多组织、多角色、多任务的群体智能评价体系，采用神经网络及群体智能优化算法，达到多方案选优排序、多目标整合的目的，为智能设计过程提供可量化、可复制的评价规范。

1. 云共生群智协同的产品造型体验评估计算

体验评估计算的研究可以将情感分析技术引入认可度评价体系，将智能生成的模型投放到群智评价平台中，收集用户评论数据，寻找出与产品概念、设计和体验有关的关键词。在数据分析阶段，平台通过收集用户评论数据训练支持向量机(support vector machine, SVM)分类器，使用该数据集训练 SVM 模型，并计算出每条评论相关或不相关的概率。在情绪分析阶段，采用前沿的情感分析方法，根据每条评论的情绪将其分类为正面、负面和中性。在优缺点分析阶段，使用的词典自动提取包含有关体验和产品优缺点信息的短语，最终得到基于优缺点的认可度定量评价列表。图 1.18 呈现了云共生群智协同的设计交互体验评价流程。

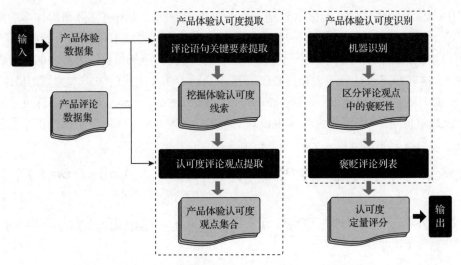

图 1.18　云共生群智协同的设计交互体验评价流程

2. 云共生群智协同的多目标设计方案优选排序

在基于产品造型美学度量和体验评价等多维评价的基础上，研究者可以构建共识模型，以测量用户认知一致性程度，如图 1.19 所示。具体而言，可以借助自适应大邻域搜索(adaptive large neighborhood search, ALNS)算法实现非共识条件下用户设计评价矩阵的优化与共识达成，并通过逼近理想解排序法(technique for order preference by similarity to ideal solution, TOPSIS)对产品造型方案进行优劣排序[112]。

共识是参与产品造型方案美学评价的用户大多数意见形成的共同认知或态度偏向，是产品造型方案决策的前提。设 $D=\{d_1, d_2, \cdots, d_q\}$ $(q \geqslant 2)$ 为参与产品造型感性评价的用户群体集合，$X=\{x_1, x_2, \cdots, x_n\}$ $(n \geqslant 2)$ 为待评价的产品造型方案集合，指标一 $C=\{c_1, c_2, \cdots, c_m\}$ $(m \geqslant 2)$ 为待评价的产品设计美学评价指标集合，指标二 $F=\{f_1, f_2, \cdots, f_m\}$ $(m \geqslant 2)$ 为待评价的产品设计体验评价指标集合。假设有 100 个方案，每个方案都有一个美学标准评分及每个方案的优缺点得分，设置各指标的权重,通过指标一和指标二加权平均获得评价共识矩阵 $A(k)$ 和 $A(r)$ $(k, r=1, 2, \cdots, q)$，设置共识度的阈值，判断评价是否达成共识。$A(k)$ 与 $A(r)$ 之间的共识度为

$$\text{CON}(A(k), A(r)) = 1 - d(A(k), A(r)) \tag{1.7}$$

式中，$d(A(k), A(r))$ 为两个评价共识矩阵之间的距离测度。对于所有用户的美学评价集 $\{A(1), A(2), \cdots, A(q)\}$，其群体共识度为

$$\text{CON} = \frac{1}{q(q-1)} \sum_{k=1, k \neq r}^{q} \sum_{r=1}^{q} \text{CON}(A(k), A(r)) \tag{1.8}$$

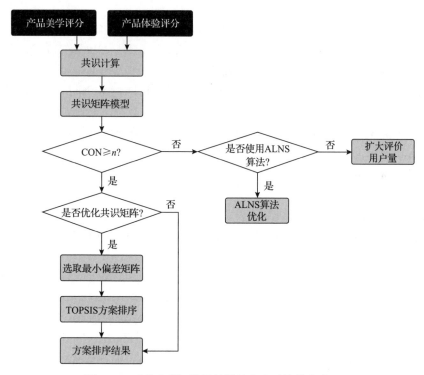

图 1.19 云共生群智协同的设计方案寻优排序流程

借助自适应大邻域搜索算法实现非共识条件下用户设计评价矩阵的优化与共识达成，通过逼近理想解排序法对产品造型方案进行优劣排序，引入贪心算法获得产品设计评价矩阵的初始解，即 $f(x_0)$，通过对初始解的破坏及修复获取更优解，即 $f(x_1)$，若 $f(x_1) > f(x_0)$，则更新当前解，多次反复执行，直至获取最优解。

参 考 文 献

[1] McCarthy J, Minsky M L, Rochester N, et al. A proposal for the Dartmouth summer research project on artificial intelligence[J]. AI Magazine, 2006, 27（4）: 12-12.

[2] 王宗尧. 群体智能在分布式网络系统中的应用[M]. 大连: 东北财经大学出版社, 2015.

[3] 潘云鹤. "迎接人工智能 2.0 时代" [J]. 上海信息化, 2018,（10）: 22-23.

[4] 路甬祥. 创新设计与中国创造[J]. 全球化, 2015, 45（4）: 5-11, 24, 131.

[5] 王敏. 1949—2021 年中国设计发展回顾与展望[J]. 工业工程设计, 2022, 4（2）: 11-22.

[6] 周煜啸, 罗仕鉴, 朱上上. 手持移动设备中以用户为中心的服务设计[J]. 计算机集成制造系统, 2012, 18（2）: 243-253.

[7] 罗仕鉴, 张德寅. 设计产业数字化创新模式研究[J]. 装饰, 2022, 345（1）: 17-21.

[8] 祝帅, 张萌秋. 国家战略与中国设计产业发展[J]. 工业工程设计, 2019, 1（1）: 16-27.

[9] 潘云鹤. 人工智能走向 2.0[J]. Engineering, 2016, 2（4）: 51-61.

[10] Baregheh A, Rowley J, Sambrook S. Towards a multidisciplinary definition of innovation[J]. Management Decision, 2009, 47（8）: 1323-1339.

[11] Edison H, Bin Ali N, Torkar R. Towards innovation measurement in the software industry[J]. Journal of Systems and Software, 2013, 86（5）: 1390-1407.

[12] 郭斌, 蔡宁. 从"科学范式"到"创新范式": 对范式范畴演进的评述[J]. 自然辩证法研究, 1998, 14（3）: 8-12.

[13] 周立群, 刘根节. 由封闭式创新向开放式创新的转变[J]. 经济学家, 2012, 162（6）: 53-57.

[14] Hossain M. Frugal innovation: A review and research agenda[J]. Journal of Cleaner Production, 2018, 182: 926-936.

[15] Gupta A K. Innovations for the poor by the poor[J]. International Journal of Technological Learning, Innovation and Development, 2012, 5（1-2）: 28-39.

[16] Basu R, Banerjee P, Sweeny E. Frugal innovation: Core competencies to address global sustainability[J]. Journal of Management for Global Sustainability, 2013, 1（2）: 63-82.

[17] Weyrauch T, Herstatt C. What is frugal innovation? Three defining criteria[J]. Journal of Frugal Innovation, 2017, 2（1）: 1-17.

[18] Rosca E, Arnold M, Bendul J C. Business models for sustainable innovation—An empirical analysis of frugal products and services[J]. Journal of Cleaner Production, 2017, 162: 133-145.

[19] Bower J L, Christensen C M. Disruptive technologies: Catching the wave[J]. The Journal of Product Innovation Management, 1995, 1（13）: 75-76.

[20] Christensen C M. The Innovator's Dilemma: When New Technologies Cause Great Firms to Fail[M]. Cambridge: Harvard Business Review Press, 2013.

[21] Christensen C M, Raynor M. The Innovator's Solution: Creating and Sustaining Successful

Growth[M]. Cambridge: Harvard Business Review Press, 2013.

[22] Snihur Y, Thomas L D W, Burgelman R A. An ecosystem-level process model of business model disruption: The disruptor's gambit[J]. Journal of Management Studies, 2018, 55（7）: 1278-1316.

[23] Ansari S, Garud R, Kumaraswamy A. The disruptor's dilemma: TiVo and the US television ecosystem[J]. Strategic Management Journal, 2016, 37（9）: 1829-1853.

[24] Ramani S V, Mukherjee V. Can breakthrough innovations serve the poor（bop）and create reputational（CSR）value? Indian case studies[J]. Technovation, 2014, 34（5-6）: 295-305.

[25] Govindarajan V, Kopalle P K. Disruptiveness of innovations: Measurement and an assessment of reliability and validity[J]. Strategic Management Journal, 2006, 27（2）: 189-199.

[26] 宋刚, 张楠. 创新 2.0: 知识社会环境下的创新民主化[J]. 中国软科学, 2009, 226（10）: 60-66.

[27] 许庆瑞, 郑刚, 喻子达, 等. 全面创新管理(TIM)：企业创新管理的新趋势——基于海尔集团的案例研究[J]. 科研管理, 2003, 1（5）: 1-7.

[28] 许庆瑞, 贾福辉, 谢章澍, 等. 基于全面创新管理的全员创新[J]. 科学学研究, 2003, 1（1）: 252-256.

[29] 许庆瑞, 谢章澍, 杨志蓉. 全面创新管理(TIM)：以战略为主导的创新管理新范式[J]. 研究与发展管理, 2004, 1（6）: 1-8.

[30] 郑刚, 梁欣如. 全面协同: 创新致胜之道——技术与非技术要素全面协同机制研究[J]. 科学学研究, 2006, 24（S1）: 268-273.

[31] 梁艳, 彭灿. 全面创新管理中的全要素创新[J]. 商业时代, 2006, （26）: 48-49.

[32] 林仁红, 刘会武. 关于新能源装备产业发展战略的思考与建议——基于全面创新管理的新视角[J]. 中国高新区, 2014, 156（8）: 136-141.

[33] 张家林. 全面创新管理视域下中小饲料企业创新能力提升路径[J]. 中国饲料, 2020, 665（21）: 98-100, 104.

[34] 蒋春燕. X 基因科技企业全面创新管理刍议[J]. 技术与市场, 2019, 26（2）: 187-188.

[35] Chesbrough H W. Open Innovation: The New Imperative for Creating and Profiting from Technology[M]. Boston: Harvard Business School Press, 2003.

[36] Chesbrough H, Vanhaverbeke W, West J. Open Innovation: Researching a New Paradigm[M]. New York: Oxford University Press, 2006.

[37] Chesbrough H W, Appleyard M M. Open innovation and strategy[J]. California Management Review, 2007, 50（1）: 57-76.

[38] Chesbrough H, Vanhaverbeke W, West J. New Frontiers in Open Innovation[M]. New York: Oxford University Press, 2014.

[39] Ollila S, Elmquist M. Managing open innovation: Exploring challenges at the interfaces of an open innovation arena[J]. Creativity and Innovation Management, 2011, 20（4）: 273-283.

[40] 贾立萍, 闫春. 创新管理促进开放式创新的路径研究[J]. 企业改革与管理, 2014, 245(24): 4-5.

[41] 凌君谊, 高海波. 企业开放式创新管理平台设计[J]. 科技创新与应用, 2022, 12(26): 41-46.

[42] Xie X M, Wang H W. How can open innovation ecosystem modes push product innovation forward? An fsQCA analysis[J]. Journal of Business Research, 2020, 108: 29-41.

[43] 胡琳娜, 陈劲. 整合式创新的框架及机理分析[J]. 科学管理研究, 2020, 38(4): 2-9.

[44] 李万, 常静, 王敏杰, 等. 创新 3.0 与创新生态系统[J]. 科学学研究, 2014, 32(12): 1761-1770.

[45] Howe J. The rise of crowdsourcing[J]. Wired Magazine, 2006, 14(6): 1-4.

[46] Brabham D C. Crowdsourcing as a model for problem solving: An introduction and cases[J]. Convergence, 2008, 14(1): 75-90.

[47] Estellés-Arolas E, González-Ladrón-De-Guevara F. Towards an integrated crowdsourcing definition[J]. Journal of Information Science, 2012, 38(2): 189-200.

[48] Peña-Chilet M, Roldán G, Perez-Florido J, et al. CSVS, a crowdsourcing database of the Spanish population genetic variability[J]. Nucleic Acids Research, 2021, 49(D1): D1130-D1137.

[49] 安奕全, 李恩平, 薛亚军. "互联网+医疗健康"模式下的服务创新研究——基于画布模型的医疗众包平台商业模式分析[J]. 价格理论与实践, 2020, 438(12): 35-38.

[50] Tucker J D, Day S, Tang W M, et al. Crowdsourcing in medical research: Concepts and applications[J]. PeerJ, 2019, 7: e6762.

[51] 蓝桂强. 社交媒体时代众包新闻生产模式探析[J]. 新闻研究导刊, 2022, 13(16): 93-95.

[52] 王诣铭, 夏志杰, 戴志宏. 公众参与应对社交媒体虚假信息的众包模式及激励策略研究[J]. 信息资源管理学报, 2021, 11(5): 84-95.

[53] Lin Y D, Li R M. Real-time traffic accidents post-impact prediction: Based on crowdsourcing data[J]. Accident Analysis & Prevention, 2020, 145: 105696.

[54] Tan L, Xiao H, Yu K P, et al. A blockchain-empowered crowdsourcing system for 5G-enabled smart cities[J]. Computer Standards & Interfaces, 2021, 76: 103517.

[55] Zhu S D, Cai Z P, Hu H F, et al. zkCrowd: A hybrid blockchain-based crowdsourcing platform[J]. IEEE Transactions on Industrial Informatics, 2019, 16(6): 4196-4205.

[56] 李玉, 段宏岳, 殷昱煜, 等. 基于区块链的去中心化众包技术综述[J]. 计算机科学, 2021, 48(11): 12-27.

[57] Herfort B, Li H, Fendrich S, et al. Mapping human settlements with higher accuracy and less volunteer efforts by combining crowdsourcing and deep learning[J]. Remote Sensing, 2019, 11(15): 1799.

[58] 吴垚, 曾菊儒, 彭辉, 等. 群智感知激励机制研究综述[J]. 软件学报, 2016, 27(8): 2025-

2047.

[59] 程时伟, 蔡红刚, 曹斌. 基于群智感知服务的眼动数据众包计算[J]. 计算机集成制造系统, 2017, 23(5): 1103-1112.

[60] von Schomberg R. A vision of responsible innovation[J]. Responsible Innovation, 2013, 82(4): 51-74.

[61] Stahl B C, Eden G, Flick C, et al. The Observatory for Responsible Research and Innovation in ICT: Identifying Problems and Sharing Good Practice[M]//Koops B J, Oosterlaken I, Romijn H, et al. Responsible Innovation 2. Cham: Springer, 2015.

[62] Koops B J. The Concepts, Approaches, and Applications of Responsible Innovation[M]//Koops B J, Oosterlaken I, Romijn H, et al. Responsible Innovation 2. Cham: Springer, 2015.

[63] Setiawan A D, Singh R. Responsible Innovation in Practice: The Adoption of Solar PV in Telecom Towers in Indonesia[M]//Koops B J, Oosterlaken I, Romijn H, et al. Responsible Innovation 2. New York: Springer, 2015.

[64] Stahl B C. Responsible innovation ecosystems: Ethical implications of the application of the ecosystem concept to artificial intelligence[J]. International Journal of Information Management, 2022, 62: 102441.

[65] Bacq S, Aguilera R V. Stakeholder governance for responsible innovation: A theory of value creation, appropriation, and distribution[J]. Journal of Management Studies, 2022, 59(1): 29-60.

[66] Bronson K. Looking through a responsible innovation lens at uneven engagements with digital farming[J]. NJAS - Wageningen Journal of Life Sciences, 2019, 90/91: 100294.

[67] de Reuver M, van Wynsberghe A, Janssen M, et al. Digital platforms and responsible innovation: Expanding value sensitive design to overcome ontological uncertainty[J]. Ethics and Information Technology, 2020, 22: 257-267.

[68] 梅亮, 陈劲. 责任式创新: 源起、归因解析与理论框架[J]. 管理世界, 2015, 263(8): 39-57.

[69] 薛桂波, 赵一秀. "责任式创新" 框架下科技治理范式重构[J]. 科技进步与对策, 2017, 34(11): 1-5.

[70] 陈劲, 曲冠楠, 王璐瑶. 有意义的创新: 源起、内涵辨析与启示[J]. 科学学研究, 2019, 37(11): 2054-2063.

[71] 于岩. 责任式创新视角下高技术制造业创新与伦理责任耦合度研究[D]. 大庆: 东北石油大学, 2021.

[72] 卢超, 邢窈窈, 蒋璐. 责任式创新的多主体演化博弈研究——以新冠疫苗研发为例[J]. 中国管理科学, 2023, 31(1): 226-237.

[73] 梁存收, 罗仕鉴, 房聪. 群智创新驱动的信息产品设计 8D 模型研究[J]. 艺术设计研究, 2021, 98(6): 24-27.

[74] Moore A. Democratic reason: Politics, collective intelligence and the rule of the many[J]. Contemporary Political Theory, 2014, 13 (2) : e12-e15.

[75] Durkheim E. The Elementary Forms of Religious Life[M]//Longhofer W, Winchester D. Social Theory Re-wired: New Connections to Classical and Contemporary Perspectives. London: Routledge, 2016.

[76] Christakis A N, Bausch K C. How People Harness Their Collective Wisdom and Power: To Construct the Future in Co-laboratories of Democracy[M]. Charlotte: Information Age Publishing, 2006.

[77] Wolpert D H, Tumer K. Collective intelligence, data routing and braess' paradox[J]. Journal of Artificial Intelligence Research, 2002, 16: 359-387.

[78] Legg S, Hutter M. Universal intelligence: A definition of machine intelligence[J]. Minds and Machines, 2007, 17 (4) : 391-444.

[79] Sanders D. Progress in machine intelligence[J]. Industrial Robot, 2008, 35 (6) : 485-487.

[80] Beni G, Wang J. Swarm Intelligence in Cellular Robotic Systems[M]//Dario P, Sandini G, Aebischer P. Robots and Biological Systems: Towards a New Bionics. Berlin: Springer, 1993.

[81] Rosenberg L, Willcox G. Artificial swarm intelligence[C]. SAI Intelligent Systems Conference, Cham, 2019: 1054-1070.

[82] Beni G. From swarm intelligence to swarm robotics[C]. International Workshop on Swarm Robotics, Berlin, 2004: 1-9.

[83] 罗仕鉴. 群智创新: 人工智能 2.0 时代的新兴创新范式[J]. 包装工程, 2020, 41 (6) : 50-56,66.

[84] 胡晓鹏. 产业共生: 理论界定及其内在机理[J]. 中国工业经济, 2008, 246 (9) : 118-128.

[85] 童慧明. BDD, 系统设计的中国当代发展目标[J]. 装饰, 2021, 344 (12) : 17-24.

[86] 郑宇, 冯玲, 陈冰. 设计产业: 内涵、领域、特征与发展趋势[J]. 天津经济, 2022, 336 (5) : 3-11.

[87] 李飞飞, 蔡鹏, 张蓉, 等. 云原生数据库: 原理与实践[M]. 北京: 电子工业出版社, 2021.

[88] Bonabeau E, Dorigo M, Theraulaz G. Inspiration for optimization from social insect behaviour[J]. Nature, 2000, 406 (6791) : 39-42.

[89] Li W, Wu W J, Wang H M, et al. Crowd intelligence in AI 2.0 era[J]. Frontiers of Information Technology & Electronic Engineering, 2017, 18 (1) : 15-43.

[90] Salminen J, Sengün S, Kwak H, et al. Generating cultural personas from social data: A perspective of middle eastern users[C]. 5th International Conference on Future Internet of Things and Cloud Workshops (FiCloudW), Prague, 2017: 120-125.

[91] Perera D, Zimmermann R. CnGAN: Generative adversarial networks for cross-network user preference generation for non-overlapped users[C]. WWW'19: The World Wide Web Conference, San Francisco, 2019: 3144-3150.

[92] Wang J, Yu L T, Zhang W N, et al. IRGAN: A minimax game for unifying generative and discriminative information retrieval models[C]. Proceedings of the 40th International ACM SIGIR Conference on Research and Development in Information Retrieval, Shinjuku, 2017: 515-524.

[93] Bharadhwaj H, Park H, Lim B Y. RecGAN: Recurrent generative adversarial networks for recommendation systems[C]. The 12th ACM Conference on Recommender Systems, Vancouver, 2018: 372-376.

[94] Park T, Liu M Y, Wang T C, et al. Semantic image synthesis with spatially-adaptive normalization[C]. IEEE/CVF Conference on Computer Vision and Pattern Recognition (CVPR), Long Beach, 2019: 2332-2341.

[95] Liu M Y, Huang X, Mallya A, et al. Few-shot unsupervised image-to-image translation[C]. IEEE/CVF International Conference on Computer Vision (ICCV), Seoul, 2019: 10550-10559.

[96] Strohmann T, Siemon D, Robra-Bissantz S. brAInstorm: Intelligent assistance in group idea generation[C]. International Conference on Design Science Research in Information System and Technology, Karlsruhe, 2017: 457-461.

[97] Chen W, Fuge M. Beyond the known: Detecting novel feasible domains over an unbounded design space[J]. Journal of Mechanical Design, 2017, 139(11): 111405.

[98] Dogan K M, Suzuki H, Gunpinar E, et al. A generative sampling system for profile designs with shape constraints and user evaluation[J]. Computer-Aided Design, 2019, 111(3): 93-112.

[99] Yumer M E, Chaudhuri S, Hodgins J K, et al. Semantic shape editing using deformation handles[J]. ACM Transactions on Graphics (TOG), 2015, 34(4): 86-92.

[100] Serra G, Miralles D. Human-level design proposals by an artificial agent in multiple scenarios[J]. Design Studies, 2021, 76: 101029.

[101] Dang M, Lienhard S, Ceylan D, et al. Interactive design of probability density functions for shape grammars[J]. ACM Transactions on Graphics (TOG), 2015, 34(6): 206-215.

[102] Datta R, Joshi D, Li J, et al. Studying aesthetics in photographic images using a computational approach[C]. Proceedings of the 9th European Conference on Computer Vision, Graz, 2006: 288-301.

[103] Dou Q, Zheng X S, Sun T F, et al. Webthetics: Quantifying webpage aesthetics with deep learning[J]. International Journal of Human-Computer Studies, 2019, 124(1): 56-66.

[104] Zhang J J, Yu J H, Zhang K, et al. Computational aesthetic evaluation of logos[J]. ACM Transactions on Applied Perception (TAP), 2017, 14(3): 20-27.

[105] Jia J, Huang J, Shen G Y, et al. Learning to appreciate the aesthetic effects of clothing[C]. Proceedings of the 30th AAAI Conference on Artificial Intelligence, Honolulu, 2016: 1216-1222.

[106] Lu X, Lin Z, Shen X H, et al. Deep multi-patch aggregation network for image style, aesthetics, and quality estimation[C]. IEEE International Conference on Computer Vision, Cambridge, 2015: 990-998.

[107] Mai L, Jin H L, Liu F. Composition-preserving deep photo aesthetics assessment[C]. IEEE Conference on Computer Vision and Pattern Recognition, Las Vegas, 2016: 497-506.

[108] Chaudhuri S, Kalogerakis E, Giguere S, et al. Attribit: Content creation with semantic attributes[C]. The 26th Annual ACM Symposium on User Interface Software and Technology, St Andrews, 2013: 193-202.

[109] Kalogerakis E, Chaudhuri S, Koller D, et al. A probabilistic model for component-based shape synthesis[J]. ACM Transactions on Graphics（TOG）, 2012, 31（4）: 55-62.

[110] Mezghanni M, Boulkenafed M, Lieutier A, et al. Physically-aware generative network for 3D shape modeling[C]. IEEE/CVF Conference on Computer Vision and Pattern Recognition（CVPR）, Nashville, 2021: 9326-9337.

[111] Li X, Su J N, Zhang Z P, et al. Product innovation concept generation based on deep learning and Kansei engineering[J]. Journal of Engineering Design, 2021, 32（10）: 559-589.

[112] 王慧冰. 基于概率语言术语集的正交模糊聚类算法[D]. 福州: 福建师范大学, 2018.

第2章 群智创新设计体系

随着人工智能技术的迭代更新，群体智能与人机融合智能技术不断成熟，数字经济产业飞速发展，商业空间不断拓展，新商业模式和消费习惯为商业市场带来全新活力。在此背景下，人类的创新方式发生了深刻的变化，大众智慧越来越受到重视，社会创新逐渐转变为服务整合、用户体验提升、创新生态构筑、社会产业价值共创的综合创新。由此，群智创新范式应运而生。

2.1 群智创新的本质

2.1.1 群智创新：复杂系统层面的螺旋式上升演化

创新是指人们基于已有的资源和条件，引入新的思想、方法、技术、产品或服务等，创造出更加优异、更具价值的新颖事物的过程。创新可以是一个产品、流程、服务或者组织形式的革新，也可以是一种思想、理念或者文化的变革。创新活动强调新颖性和价值性，设计领域的创新不仅是产品的结构、造型和性能的颠覆，也是设计服务、系统及体验的进化。作为引领发展的第一动力，创新始终是推动一个民族、国家不断向前发展和突破的重要力量[1]。

群智创新设计是在新经济背景下，集合多学科角色，运用大数据、区块链、人工智能等先进技术方法，跨越学科壁垒，动态开展立体网络化协同共创的设计活动，是聚集大众智慧、多学科资源完成复杂任务的创新过程。群智创新设计更注重集体智慧和智能技术的结合，强调感性和理性的有机结合，注重以用户为核心的群智创新生态建设和社会效益，特别是商业创新、模式创新和社会创新[2]。智能时代的创新是以较低的成本取得创新资源、知识资源和技术资源。以网络为基础，群智创新设计借助人工智能等数字技术赋能，实现群体层面的协同创新。

群智创新设计通过互联网的组织架构以及以大数据为基础的人工智能系统吸引、聚集及管理大量参与者，经由竞争与协作等自发的行为来应对挑战。群智创新设计是网络技术创新设计生态的核心，辐射了包括营销、运营、技术研发、设计、制造、物流等各个环节的创新网络。

2.1.2 创新设计的发展

Wechsler[3]于1964年提出群体智能的概念，认为群体智能是一群具有理性思维和整体思维能力的个体，它们具有清晰的行为目标，能够有效地适应和应对各种突发事件。随着科技的发展和人类社会的不断进步，社会对群体智能的理解越来越多样化，群体智能也展现出了多质化的研究方向。Eberhart 等[4]从群体智能概念的角度出发，认为无论由何种载体承载，群体智能的成功必须依靠社会间的相互作用。Bonabeau 等[5]在对生物的行为研究的基础上，提出了群体智能的概念。所有由群居昆虫和其他生物的社会行为机理而产生的算法或分散问题解决方案，都属于群体智能的范畴。2017 年，Li 等[6]提出人工智能 2.0 时代下的群体智能是一种以网络为基础的组织架构，由众多独立个体参与计算任务而形成的超越个体智能极限的智能形式。Hackman[7]认为，从事脑力工作者不再是单独工作，而是集体合作，应通过集体的方法来解决问题。Alag[8]认为在集体中，个人之间的合作和竞争会产生一种史无前例的能力，即集体智能(collective intelligence, CI)。Segaran[9]认为一个创新的想法需要把团体的行为、偏好或观念结合起来，并从技术的观点来解释群体智能。

目前，群体智能的研究方向主要集中在计算机领域，在应用方面，群体智能集中于智慧农业、制造业、互联网、智慧城市、健康医疗、服务业等行业领域，如表 2.1 所示。

表 2.1　群体智能的应用领域

领域	学者及发表时间	理论
智慧农业	Bonabeau 等[10]，2001	提出了一种群体智能算法来控制农业无人机，解决粮食安全问题
	Chetty 等[11]，2013	提出了一种在需要种植的各种竞争作物中，为有限数量的农业用地的季节性公顷分配找到最佳解决方案的方法
	Karouani 等[12]，2022	基于群体人工智能的概念寻找和计算单位之间的最短路径，以优化牛奶的收集
制造业	Ghorpade 等[13]，2007	提出了一种群体智能方法，用于对由熔融沉积建模方法生产的零件进行优化定向，以减少主要导致表面光洁度差的体积误差
	Liu 等[14]，2022	提出了一种基于群体算法的神经网络优化方法，加快新材料发现和设计
	Moloodpoor 等[15]，2022	开发了一种同时包含离散和连续设计变量的多变量优化模型，最大限度地降低建筑物的总供暖成本，从而减轻经济负担，减少能源消耗
互联网	张伟等[16]，2017	对利用群体智能技术进行软件开发的问题、现状、可行性及未来挑战进行了全面分析
	Attiya 等[17]，2022	提出了一种新的混合群智能方法，使用改进的蝠鲼觅食优化(MRFO)算法和萨尔普群算法(SSA)来处理云计算中物联网任务的调度问题
智慧城市	Fu 等[18]，2021	为缓解城市交通路口拥堵现象、缓解路通压力，以路通流量为研究对象，采用群体智能算法，以车辆平均延迟时间、车辆平均停车次数和交通容量为评价指标，建立路通信号时序优化模型

领域	学者及发表时间	理论
智慧城市	Kuru[19]，2021	提出了一个由分散的基于代理的控制架构组成的群体智能框架，以满足无人机群在优化城市使用方面的实时要求
	Kaynarkaya 等[20]，2022	利用黏液霉菌寻找到达食物来源的最短路径的行为来评判地铁线路的准确性
健康医疗	Akbar 等[21]，2021	优化了一个卷积神经网络模型，通过基于群体智能和额外的压差层进行优化，进而对宫颈癌细胞的图像进行分类
	El-shafeiy 等[22]，2021	针对医疗物联网各设备无法有效进行交互和协作，提出了一种用于定期发现、聚类、分析和管理有关潜在患者数据的有效技术
	吴辰文等[23]，2022	提出了一种基于最小冗余最大相关(mRMR)和改进磷虾群(IKH)算法的选择算法，对肿瘤基因进行选择
服务业	Bonabeau[24]，2009	公司可以使用群体智能的原则从头开始建立自己的整个业务
	Zhang 等[25]，2021	针对课程选择的有意选择机制，引入了群体智能技术
	Tian 等[26]，2022	提出了服务供应链市场中基于群体智能建模的物流分析管理方法，使供应链能够更有效地运行

在设计领域，群体智能使工业设计的方式和思路更加深化，有利于产品创新和产业创新。王磊等[27]以 Local Motors 公司为研究对象，收集和分析了不同使用者的行为特征，利用聚类方法将不同的使用者进行分类，得到四种不同的使用者类别，并探讨了创新社群使用者的创造力。程时伟等[28]以情境感知技术为基础，完成了注视点记忆任务的发布和推荐。王洋洋[29]不仅对创新过程中使用者的互动和知识贡献的演化特征进行了分析，还运用复合系统协同度模型对创新过程中的用户行为和创新项目的进度和协同度进行了定量分析。Xiao 等[30]提出了一种改进的排序选择模型，从网络中抽取消费者的整体偏好，并将卡诺(Kano)模型推广到群体智能中，利用群体智能分析法对 Kano 模型进行了验证。Liu 等[31]基于万物互联的思想，构建智能站的电力物联网，实现负载感知和数据监控，打通信息交互通道，研究设计了一种基于群体智能技术的交互式智能电力系统。Zhong 等[32]设计了一款工具，该工具允许设计师快速搜索大型设计空间，并利用遗传算法记录设计师在进行界面设计时的反应，帮助设计师以最低的成本快速改进他们的设计。

设计在发展过程中，涌现出和群体智能相结合的创新形式，如社会设计、设计众包等。Dribbble、FlexJobs、Vemploy 与 PeoplePerHour 等服务众包网站就是将互联网、服务与群体智慧相结合，实现了服务众包与设计众包[33]。随着跨学科领域的发展，机器智能技术将促进设计的发展。创新者可以在线进行公共云和私有云的部署、爬虫和离线场景的计算，并利用机器学习技术实现方案的机器生成和动态处理，将此方法运用于海报制作、图片处理等方面，可减少人力重复劳动，为企业的经营模式带来开放创新、共享经济等新变化。

群智创新设计由群体智能演化而来，是群体智能在创新设计领域的概念拓展。群智创新设计的早期阶段主要表现为以群体形式的人的智慧涌现。在中心性人群中，个体的认知能力与范围有很大差别，因此由设计问题引发的动态设计方案具有更广的覆盖面和更好的场景适应性，并且在优化的过程中，更注重市场、用户和参与者的反馈，极大地减少了试错的代价。与群体智能相比，群智创新设计更加注重设计方面的创新。群智创新设计指的是一种开放式的创新模式，通过集合多个参与者的意见和思路来实现产品或服务的创新设计，它强调参与者之间的协作和互动，鼓励参与者发挥创造性和创新性，从而诞生更加创新、优质的设计成果。在群智创新设计中，参与者的背景和专业领域可能会存在差异，但他们都有共同的目标，即为了设计出更好的产品或服务而共同努力。

在群智创新设计过程中，服务平台利用海量数据资源，为设计团队提供全方位的规划辅助和设计资源有序整理，协调感性设计与理性逻辑，保证设计工作高效快速进行[34]。在群智创新设计新时代，人工智能、区块链等智能技术的广泛应用正在逐步改变设计师的工作方式和设计服务系统的工作流。这些智能技术的应用可以帮助设计师更快速、更准确地进行设计活动，设计师更关注产品或服务的内在逻辑、用户行为模式等方面的设计，以提供更加精细化、个性化的设计服务。同时，智能技术的应用也在逐步改变设计服务系统的运作方式和服务模式，使设计服务更加智能化、高效化、透明化，促进设计产业的创新和发展[35]。

2.1.3 创新设计三层次

本书作者团队从 2005 年开始系统地研究基于产品族设计 DNA（基因）的产品创新设计，在设计领域陆续提出了用户知识、设计知识、集成化知识、显隐性知识、产品族设计 DNA 知识等关于知识创新的相关理论。在近十年创新设计及产品族设计 DNA 研究的基础上，于 2009 年提出了设计的三层次理论，将设计分为本体层、行为层和价值层三个层次。本体层着重关注产品原有的特征、设计流程以及用户使用时的第一感受，如用户对产品的外形感受或即刻的情感反应；行为层关注设计成果在"人-产品-环境"整个交互过程中给用户带来的实际使用感受，如用户对产品可用性的感受或是在使用过程中对产品人机性、趣味性、操作效率和人性化程度等指标的反馈；价值层关注设计背后的，体现在情感、社会以及共创层面的深层价值，如设计对个人、社会和产业带来的影响等。

在创新设计的过程中，设计的本体层、行为层和价值层相互关联、互相支撑，形成了以本体层为基础、以价值层为目标、以行为层为连接桥梁的体系结构，如图 2.1 所示。

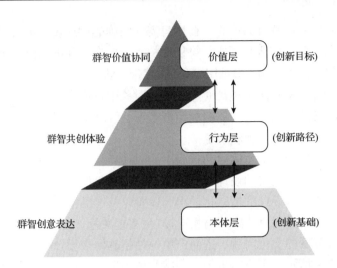

图 2.1 创新设计三层次

本体层：基于本体层的设计关注设计活动本身及设计产品的本体属性，强调通过人体感官对产品本身物理属性的不同感受与用户进行交流。本体（ontology）原是哲学领域的概念，被定义为对客观存在的系统的描述，是一种对概念及其关系系统性的解释或规范说明，是针对外在世界的直观抽象[36]。此处把"本体"的哲学概念扩充到设计领域，将"本体"在设计领域中的概念概括为对设计原本意图、产品本身属性以及为用户带来的感受的描述，如图 2.2 所示。基于本体层的设计思维在设计要素的提取、存储、检索及重用等方面具有优势，有利于创新知识的协同共享[37]。

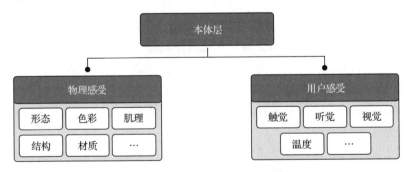

图 2.2 本体层在设计领域的体现

行为层：行为层在设计领域主要涉及产品的功能实现及实现后的整体用户体验[38]。设计师在行为层主要考虑设计作品的功能实现问题，具体包括设计是否满足用户最基本的行为和情感需求、是否通过设计成功传递了优良的用户体验等。设计者进行设计创造时，可根据设计元素的表达形式和内涵语义，在用户研究的基础上预设用户的情感行为体验。在用户需求明确的创新设计项目中，设计师可将产品的外观造型推敲暂时搁置，将设计的重点放在产品的功能实现上，以利用最低的成本创造最优体验，满足用户积极的情感体验。产品的功能、结构、形态、肌理和色彩等可能是从同一模仿对象或不同对象中抽取出来的。总而言之，创新设计的行为层必须从提升用户体验的角度着重关注与不同对象的要素融合，促使其在产品体验的层面上实现和谐统一。

价值层：在设计满足本体层和行为层的需求后，人们的需求将转向满足更高层次的价值需求。价值层的设计目标是为产品赋予价值。作为一种更高层次的情感化设计，其更注重设计的情感化输出、体验以及产品本身的效能。基于价值层的设计需要将产品同用户情感共鸣相连接，更多地关注产品内在传递的隐性信息、故事背景及其背后的文化内涵，进而产生一种超越原来设计作品物理效用的价值观念。如图 2.3 所示，可以将价值层归纳为情感价值、社会价值和共创价值三个层次，它们之间相互依存、相互渗透。

图 2.3　价值层三层次

情感价值(emotional value)是指设计作品传达出的信息经用户获取、理解和沉淀后，与用户产生的情感共鸣价值，其可以使用户获得对产品更深层次的理解，进而留存对产品的长久感受。当一个产品或品牌无限接近消费者内心诉求，在情感上达到契合和关怀，并使用户的个性、社会地位、文化内涵等品质得到彰显时，该产品或品牌必然会在情感上获得用户的理解、认同和忠诚，从而自然而然地产生购买或推荐行为。

社会价值(social value)是指设计作品对社会产生的积极效应，包括产品的关怀价值、文化价值和环保价值等。设计的关怀价值是指设计的产品和服务能够为消费者提供一种生活上的帮助或者精神上的鼓励；设计的文化价值主要表现在设计的产品或服务可以体现一定的文化内涵，体现的文化内涵包括但不限于民族特色、民俗特色和民族精神内涵等方面；设计的环保价值是指设计能够在产品开发及生产的过程中，最大限度地减少对环境的影响，使产品在使用和废弃过程中能够充分体现出产品与环境之间的和谐关系。设计师应该从设计中找到解决社会问题的方法，无论是产品、服务或者是其他行业的设计，都不能一味地考虑自身的利益和成本。设计师要为社会和消费者解决问题，去寻求最大限度地满足需求和解决问题，以设计为媒，为社会创造美好。在满足设计作品功能需求的同时，设计师应更多考虑设计作品的情感层次、社会效益或人文关怀，融入更多内涵去打动人心，创造更广泛的社会价值。

共创价值(co-value)是指由设计师、用户共同创造所产生的协同价值。在此层面上，用户实际上是设计师的合作者，而并不仅仅是被设计师服务的产品购买者。设计师应邀请用户参与设计过程，在产品开发过程中打通设计端-用户端的天然壁垒，在设计师与用户之间建立双向沟通，凭借共创的力量创造更好的产品与服务，为社会创造更大的价值。

2.2 群智创新设计的理论模型及价值体系

群智创新设计是基于互联网环境下的设计思维，通过聚集多学科角色人才，利用互联网、大数据、区块链、人工智能等先进的技术手段，进行协同共创的设计实践。群智创新设计强调以用户为核心，注重群智创新生态的建设及其产生的社会效益。

2.2.1 群智创新设计的理论模型

为了更好地展示群智创新设计的过程，作者团队构建了如图 2.4 所示的群智创新设计模型。该模型依据群智创新设计的体系结构、目标周期和过程，描述了群智创新设计从需求、资源和平台主体出发，经方案集成和资源变现后向需求、资源和平台主体反馈并产生行业应用的过程。

1. 群智创新设计的主体

群智创新设计的主体包括需求主体、资源主体及平台主体。需求主体包含来自社会、集体、个人等各类社会人群提出的需求，这些来自不同主体的需求组成了动态的需求群落。需求群落内的需求将随着社会资源的更新及时间的发展而动态迁移。需求群落是群智创新设计的重要组成部分，其明确了群智创新目标及创新方向。需求主体伴随着社会需求、人群、时间、时代的变化也发生着相应的变化，在不断的迁入或迁出过程中实现需求的最优化。需求主体与设计方案集成是一个动态循环的过程，在该循环中，各个需求会被动态分配至各个群智创新设计过程中，经群智创新设计后生成的最优方案会反馈至需求主体，进一步促进原有需求的升级和社会新需求的产生与发展。以飞机隔板的设计为例，欧洲民航飞机制造公司空客公司(Airbus)与 Autodesk 公司合作，在明确了设计规范、安全规范

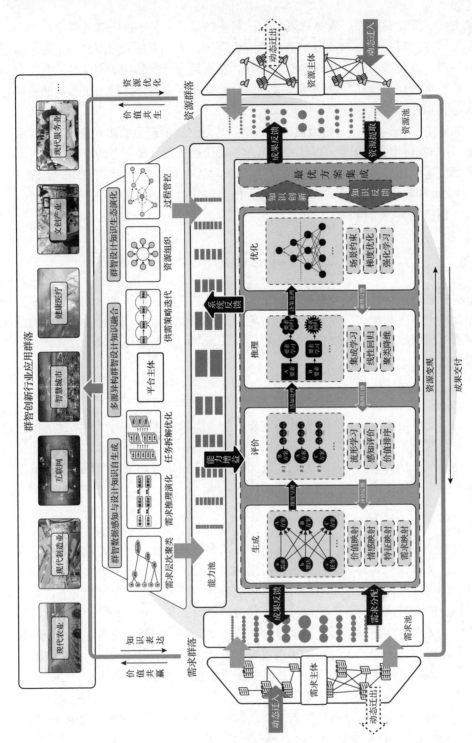

图2.4 群智创新设计模型

及用户需求后，使用生成式设计（generative design）的群智设计方法，为空客 A320NEO 飞机设计满足需求的乘客舱隔板，为旅客出行提供了一个安静、舒适且安全的休息环境。

资源主体是群智创新设计开展的基础，是进行群智创新设计的前提。资源主体由技术资源、信息资源、人才资源、商业资源等各类资源构成。其中，技术资源包括社会中的各类型技术发明及自然发现，为群智创新设计提供技术保障。信息资源包括来自各类传感器等数据信息的集合，利用大数据与人工智能技术分析用户及社会的行为数据。人才资源为群智创新设计需求提供丰富的利益相关者资源，可以向这些利益相关者提问或要求其完成相关任务，挖掘利益相关者的需求。商业资源包含企业、社会各类商业信息，掌握商业信息有助于设计师更好地把握市场需求，占据市场优势，并在其中具有更高的竞争力。群智创新设计产出的最优设计方案对资源主体而言，其本身也是一个优秀的资源，并可以反馈至资源主体中，实现动态的迁入与迁出。以鹿班平台为例，鹿班是由阿里巴巴智能设计实验室自主研发的一个基于图像智能生成技术的创作平台，它改变了传统的设计模式，可以基于通用的设计版式，在短时间内为不同的资源主体完成大量版面图、海报图和会场图的设计，大大提升了工作效率。

平台主体可以发挥全系统的资源管理与过程管控的作用，协调各类设计活动的开展，促成群智创新以最高效率产出最优成果。平台主体不但可以为群智创新设计提供支撑，使其获得能力增益，还可以将最优的设计成果反馈给系统，实现群智设计知识生态的演化。以华为开发者社区为例，其是华为开发者联盟创建的一个全球性项目，为全世界的开发者提供了一个全面沟通支持平台。华为开发者社区聚集了拥有相同技术爱好的开发者群体，为开发者提供了一个深度交流和自我展示的平台，基于平台实现开发者群智知识的共享与升维。

需求主体、资源主体、平台主体在群智创新设计过程中动态循环，如图 2.5 所示。其中，在需求主体中需求实现所产生的利益促使资源变现，资源主体交付相应的满足资源实现需求的成果。需求主体与资源主体共同促进平台主体的价值共生与共赢，并催生出新行业。平台主体的提升可以促进社会的发展，优秀的设计成果可以对社会产生积极效应，发挥产品在人文关怀、传统文化、健康环保、可持续消费等方面的价值。平台主体在设计时不但需要满足设计作品的功能需求，还需要上升到设计作品的情感层次，更多考虑设计作品的社会效益，创造更广泛的社会价值。用户应当是平台主体的合作者，而并不仅仅是被服务的产品购买者。因此，平台主体不能再视顾客、用户为产品与服务的被动接受者，而应该邀请他们参与产品与服务的设计过程，提升设计的共创价值。用户的需求、社会的变革与技术的发展也催生包含现代农业、现代制造业、互联网、智慧城市、健康医疗、文创产业、现代服务业等产业的发展，促进新的社会应用、社会行业的出现。例如，互联网、大数据、云计算技术的发展，以及群智创新、群智创新设计等概念的出现，推动了"猪八戒""太火鸟"等众包、SaaS 协作平台的建立。此外，这些群智创新设计的新行业也会对资源主体和需求主体提出更高的要求，促使资源主体和需求主体得到优化、升级与发展。

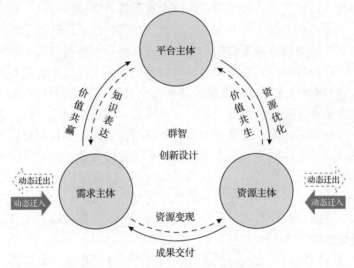

图 2.5　三种创新主体的相互关系

2. 群智创新设计的环节

群智创新设计包含群智创意生成、群智创新方案评价、群智创新设计推理和群智创新结果优化四个环节。四个环节自设计开始动态传递转化，以实现预期设计目标，完成知识创新，产生最优方案。

1）群智创意生成

群智创意生成是指在群智创新设计服务平台的基础上，需求或资源通过在价值、情感、特征和需求四个维度的映射后，明确设计目标并产生方案。随着用户流动性的不断增强，需求和资源的获取呈现社群化、决策场景化及行为碎片化等特征。群智创新设计服务平台的出现为群体智慧、大数据等技术方法的使用提供了载体，用户分布、用户消费和社会交互等信息的获取及用户需求和变化趋势的总结分析变得相对容易，设计师能够更好地把握设计在价值、情感、特征和需求等维度上的目标与要求。在群智创意生成环节，设计参与者需要将群体智慧或大数据中涌现出的新思想、新场景、新需求、新创意等进行对比与标注，对比系统中已有知识体系进行头脑风暴，形成单一领域的知识网络与图谱，以便于机器计算、推理或人为记录、存储，这将有利于各设计参与者更好地以需求和资源为导向建立设计目标。在明确设计目标后，群智创新设计的参与者需要激发创意，依托群智创新设计平台并结合跨领域知识资源和数据资源进行设计方案生成。群智创新设计产生的方案需要满足在价值、情感、特征和需求四个维度上的设计要求，同时兼具前瞻性、有效性和多样性。

2) 群智创新方案评价

群智创新方案评价过程主要进行创新方案的质量判断并决定群智过程是否继续进行、停止或转换，常用于群智创新设计方案评价的技术方法包括流形学习、感知评价、聚类降维、价值排序等。群智创新方案评价从现实问题出发，解决了方案设计中的诸多实际问题，有助于提高方案质量。该环节在创新研究领域具有较强的实用价值，能为项目、企业和社会带来巨大的经济效益和社会效益。例如，基于感知评价技术方法，通过群智计算或专家打分的方式，依靠大量数据和人工智能算法辅助方案评价，设计参与者动态协同判断方案优劣性、潜在价值以及与客户需求的匹配度，从而综合对方案的优劣进行测度，辅助设计进行方案优选；又如，由专业设计师和需求用户共同借助虚拟孪生开展最终方案评价，通过最小可行性产品 (minimum viable product, MVP) 测试、用户体验交互定量分析等方法进行产品使用测试，用户使用产品后的数据和反馈可以帮助设计参与者对产品进行更深入的评价和总结；再如，基于聚类和降维的技术方法，提取方案特征进行筛选和分类，寻找并确定与设计目标最接近的设计方案。此外，基于区块链等技术，群体负责人可以动态协同地保护方案知识产权，确定参与者的贡献并制订激励配置计划，动态刺激群智创新方案生成，确保群智创新顺利开展。以腾讯自研的产研协作类产品 ProWork 为例，该产品让每个团队参与者明确相互之间的工作进度安排。此外，它还具有自动收集工作内容、自动生成工作报告等功能，团队参与者可以自行调用数据，提高了团队整体的工作效率。在商业合作场景下，该产品使团队成员的合作既忙碌又有序，经理可以更加透明地管理团队，确保团队工作的质量和效率。

3) 群智创新设计推理

群智创新设计推理是指设计师基于集成学习、线性回归和逻辑回归等技术方法，对方案进行迭代、汇总和融合的过程，其包含设计方案的发散层面和收敛层面两个层面。在设计方案的发散层面，设计参与者将充分发挥人脑群智、人机群智或智能机器群智的优势，基于群智创新设计服务平台发现、记录、识别创意和设计方案的生成行为，并对数据进行监测和获取，以产生群智创意数据流；设计师通过大数据辅助用户体验、区块链追溯、机器综合推理、用户画像、用户访谈等定性和定量方法，在群智创新设计服务平台的帮助下实现多源异构的群智知识融合推理，提取方案的共性和个性，建立起不同群智创新方案间的网络关系。在设计方案的收敛层面，设计参与者在建立网络关系后对设计全流程进行归纳梳理，将具有共性或潜在研究价值的创意方案、想法等传递到群智创新系统进行分类和存储，以进一步完善和拓展设计知识体系，依托大数据等技术将确认的方案传递至群智创意池,为未来方案的保存、决策以及在网络空间中的传播和推广提供便利。

4)群智创新结果优化

群智创新结果优化是指基于场景约束、梯度优化和强化学习等技术方法对方案进行进一步优化、迭代和发展的过程。在该过程中,设计参与者将总结体验待提升的可优化环节或体验可拓展的新场景,对产品做进一步的迭代,优化产品体验感及拓展产品的多元体验。群智方案经过测试和传递后,基于全方位的产品数据与反馈,设计参与者和体验者可以基于机器学习等技术进行全方位用户数据的记录、整理、分析与归纳,及时提取用户操作共性,在洞察方案的优缺点后确定可优化点,并对改进迭代后的方案进行进一步测试体验与优化迭代。在方案不断决策、优化与迭代后,设计参与者可以在已使用的设计方案相关场景、技术、服务基础上借助群智创新共享创意池衍生发展创意方案,并利用相关设计资源,根据设计需求不断创造、拓展网状的产品族体系。如图 2.6 所示,在设计过程中将有多角度、多角色的群体(如政府、产业集体、研究院、传媒行业、金融行业、学校等)参与,他们可以提出新的想法,并对其他参与者的想法进行评价、补充和拓展,不断优化和迭代以获得更好的群智方案。

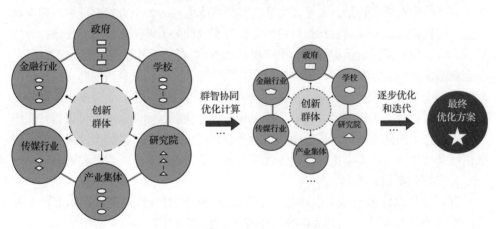

图 2.6　群智创新设计的演化过程

群智创新设计的过程是动态循环的。在群智创意生成环节中,创新主体逐步明确价值、情感、特征和需求四个维度的设计目标,并将目标映射至设计方案中,接着将使用设计语言呈现的方案输入群智创新方案评价环节。在群智创新方案评价环节中逐步完成对创新方案的聚类降维、价值排序及感知评价等工作,并决策群智创新设计过程持续进行或将反馈回群智创意生成环节,基于原映射维度进行设计方案的迭代生成。在群智创新设计推理环节中,创新者对方案进行迭代、汇总和融合,其产生的推理结果一方面将输入群智创新结果优化环节进行推理决策,另一方面将反馈回群智创新方案评价环节进行推理后对方案进行进一步评分、考察与测试。在群智创新结果优化环节中，创新者依据场景、反馈以及多角度、多角色的设计群体要求，基于技术方法对测试推理后的方案进行进一步拓展和迭代，以获得更好的群智方案和优选的创新方案，并向群智创新设计推理环节反馈决策结果，直至得出最优创新方案。

3. 群智创新设计的本体-行为-价值层次

在创新设计三层次模型的基础上，作者团队针对群智创新设计对模型进行进一步深化与改进，提出群智创新设计的本体-行为-价值层次。本体层强调群智本体表达，行为层强调群智共创体验，价值层强调群智价值协同。

1) 群智创新设计本体层：群智创意表达

本体层在群智创新设计中体现的是其本体表达。在群智创新设计中，本体层主要关注设计创新活动本身，具体包括群智设计的技术架构、网络平台、工具集、知识本体、群智方案的生成与迭代及设计活动背后给用户带来的整体复杂感受。

设计的功能性和美学性(包括功能性及美学性带给用户的感受)是设计活动在实践过程中主要强调的。功能性涵盖了群智设计的技术、平台、设计工具和知识网络是否完善，实际问题是否得到解决，数据量、转化率和用户量是否足够庞大，设计的产品的功能性是否完善等问题；美学性涵盖了产品或者系统、服务本身在视觉界面上是否具有吸引力和美感，是否能够带给用户"美"的愉悦感受等问题。群智创新设计的目标是解决实际存在的社会问题或满足用户需求，这些社会问题或用户需求往往具有跨组织、跨学科、复杂且需要先进技术资源介入的特点，因此整个设计过程需要在大量技术资源支持的基础上进行高效的跨单位协作来进行。

2) 群智创新设计行为层：群智共创体验

行为层在群智创新设计中体现的是其共创体验。行为层面向的对象需要从情感化设计中的用户维度上升到群智创新设计中的设计师、机器和被服务的用户[39]。群智创新设计中的设计师、机器和被服务的用户将协同参与设计，将多角色、跨专业的信息和知识深度融合，相互交流、传递设计信息与要素，为各方共创提供条件与路径。如图2.7所示，设计师在群智创新设计中起到要素驱动作用，他们将洞察、分析问题并组织设计；机器在群智创新设计中提供技术支持，它们将调用科技手段对设计过程和结果进行测试与评估；被服务的用户在群智创新设计中负责提出基于自身使用的实际需求、创意及希望被解决的想法，并全程参与设计活动和消费活动。

各方角色的整体体验是行为层关注的焦点，包括群体方案生成与迭代过程中的交互性、趣味性、操作效率和人性化程度等[40]。整体体验强调产品或服务体验的友好性和包容性。友好性是指交互方式和体验使人感到愉悦、友好，容易识别和操作；包容性是指消除数字障碍，降低认知负荷和使用成本，从而满足各类人群的使用需要。

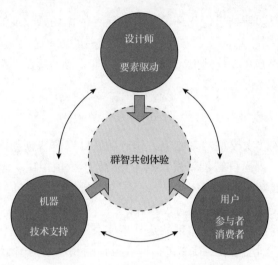

图 2.7　在群智共创体验中的角色转换

当前的群智创新设计项目往往具有服务流程长、广泛应用数字智能技术且涉及的相关方众多等特点，这对友好性和包容性提出了挑战。作为群智创新设计项目，提升友好性需要不断提升诸多相关方良好的使用体验，提升包容性则需探讨如何使用设计消除数字障碍，弥补数字鸿沟，从而使设计作品更好地满足各类人群的不同需求。

3) 群智创新设计价值层：群智价值协同

价值层在群智创新设计中体现的是群智的价值协同。在价值层，设计师更多关注群智创新背后的价值内涵，成就设计创作的应用价值，设计作品在满足既定需求的同时激发与个人、社会等多方面的情感共鸣，最终实现设计价值，这也是群智创新设计的终极目标。价值层包括个人价值、社会价值和产业价值三个层面。个人价值是指在个人情感和价值观生成方面创造价值，实现个人价值能够促进个人的综合提升与发展；社会价值是指在社会基本保障方面创造价值，体现设计师对社会各阶层的关怀和对生命的尊重；产业价值是指企业为社会和经济发展创造价值，推动产业升级并促进其可持续发展。

群智价值协同的概念，具体包括价值共识、价值共生和价值共赢三个维度，分别对应价值创造的方法、过程与结果。

(1) 价值共识：求同存异、共享包容。共识意指共同的认知，其背后包含观念和量级两层含义。在观念层面，共识是一种认知，代表人的观念，它会受到情境和主观性的影响；在量级层面，共识是建立在一定数量人的基础上的。在特定情境下，人群的认知偏误结合体即共识。

尊重差异、包容创新的多样性是群智价值共识的重要基础，以利益导向促进利益认同,践行建立在利益和谐基础上的公共价值,是群智价值共识的发展路径。在数据智能时代,创新群体主动参与群智创新活动,在相互尊重、彼此包容的基础上进行思维碰撞与交流,最终形成一定的价值共识。在这样的情境下,可以将"群智共识"定义为:不同利益阶层、不同利益主体的人或公司借助云共生方式,寻求共同认知或理想。

在社会现实中,无论是个人还是群体的动机、行为和思想都可以从其对利益的追求中找到合理解释和深层含义[41]。群智创新活动强调记录并保护每位参与者的贡献,所有参与者为一个共同的目标努力,以此构建一个公平、公正的利益协调机制,鲜少存在因利益多样化而激起的价值矛盾与冲突,这为社会从利益认同达到价值共识打下了基础。

(2)价值共生:内生生长、外生进化。价值共生是实现群智价值协同的过程。数据智能时代,原有的创新环境发生了深刻变化。群智组织需要构建共生网络,一方面向内打破组织中参与者之间的隔阂,另一方面向外拓展组织之间的边界,由个体创新转向协同创造,迎来价值的共生共长。

当前,互联网、人工智能、云技术等新兴技术正在缩短社会产业的产品创新周期,越来越多的企业或组织寻求将业务云原生化并迁移上云。针对每个用户群体的不同业务场景,企业需要利用差异化的容器平台落实迁云方案。业务上云可以为企业或组织带来不菲的价值,它可以将数据资源即时共享至企业或组织内的成员,提供覆盖产业或产品全生命周期的高性能可伸缩的覆盖性管理。完成数据云迁移后,群智活动的参与者即可使用云技术进行协同工作,这样超越时空限制的工作模式可以大幅提高工作效率,对创新活动的有序开展起到促进作用。

开放与信任是群智价值共生的基础。在群智创新过程中,数据资源可以与任何参与者共享,因此参与者应协同保护团队的利益,互相信任,尊重差异,包容个性,为同一个目标不懈努力。区块链是促进团队价值共生发展的技术手段之一,其通过一个去中心化的合作网络,使安全、可持续的点对点网络成为可能。区块链的分布式数据存储可以保证区块的内容不易篡改;Hash、Timestamp 等机制在技术上保证链条的正确性,从而确保区块链信息的不可逆,从技术层面解决了群智价值共生的机制要求问题。

个体创造转向集体创造是云共生的要义和实现路径。在数据智能时代,群智团队的关键价值已不满足于用户需求,而在于能否为用户创造需求,从而创造价值。当前,云共生带来的新技术和组织新模式为个体价值和集体价值赋予了全新的意义,也为个体创造和集体创造提供了全新的思路。个体创造能力的发展激发了个体价值,带来了全新管理范式的转变,而由新个体组成的新集体可以发挥群智力量,以激活新的组织平台。一个开放协同的新平台所构建的价值网络将会产生全新的商业模式,与之匹配的新集体也将释放前所未有的价值。

（3）价值共赢：创新赋能、多元共creation。在数据智能时代，群智创新、协同共进、互利共赢成为发展的主旋律。基于外部环境和内部发展的双重需要，群智团队围绕价值共赢，开展更深层次、更广领域的合作发展，助推团队内部与外部进行新一轮发展。

知识共享是群智价值共赢的前提。知识共享既是信息的共享，又是思想的共享，这种共享使群体更加开放和包容，有共同的行动目标，从而促进创新；反之，若群体的目标不统一，产生冲突与碰撞，则会阻碍创新。群智共创的本质是参与者共同创造，共同提升产品整体价值[42]。知识共享使群体中各个参与者可以交换想法，在一定程度上避免了碰撞与冲突，使群体中的各个成员能够更好地创新和发展自己所创造的价值。与传统创新过程中以单一角色为中心不同的是，群智创新过程更强调各方主体共同参与创造和决策，利用大数据的资源共享与价值来创造和升级，为多角色协同创作开发提供平台与机遇。由相互竞争转向跨界合作是群智价值共赢的要义。在日益激烈的市场竞争环境中，企业要实现高质量发展，必须与市场各方建立广泛的合作伙伴关系，实现优势互补，高效协作打造价值高地。

打破边界、高效协同是群智价值共赢的实现路径。创新不能闭门造车，也不能仅仅依靠团队自身有限的资源。群智创新构建了一个容纳用户、企业和产业资源的开放式交互创新生态。在该生态中，用户需求能够快速有效地得到满足，企业和产业资源也能够获得最大限度的价值回报，在不断创新中实现用户价值、群体价值、企业价值和产业价值的整体升维。

2.2.2 群智创新设计的创新周期

群智创新设计在充分考虑已有设计资源、利益相关者、应用场景、产业发展、社会价值等因素的基础上，利用数字化技术积极融合群体智慧，多方协同、群智共创，协调多角色、多学科、多组织、多媒介，打造群智创新时代新场景、新体验、新产品与新服务，逐步发展成为推动产业结构优化升级的新动能，促进产业创新与经济发展。

与传统创意设计的单线程设计流程不同，群智创新设计是一种周期性的设计流程。作为与技术紧密结合的设计模式，群智创新设计中的设计-技术融合并不是简单的叠加形式，而是一种基于"需求发掘-工具开发-运营管理-评价反馈"设计过程的融合网络[43]，如图2.8所示。

在周期性的融合网络中，需求发掘是指基于网络大数据智能技术进行动态的需求定义、发掘和转化，为创意设计提供方向和指导；工具开发是指创意设计与智能技术融合形成新手段和新工具，为设计带来优势和力量；运营管理是指在新兴的服务主导逻辑下，设计的价值趋向由设计师与用户共同创造，这样一方面可

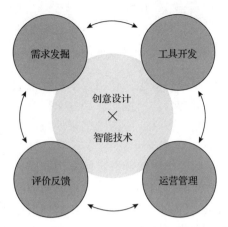

图 2.8　群智创新设计"设计-技术"融合网络

以提升群智创新的质量与效率，另一方面也可以结合用户反馈形成创意设计迭代方案的持续输出；评价反馈既是设计的终点，又是新设计的起点，是指智能技术融入设计后为评价和反馈提供新的手段和平台，提升评价的效率和效果，为串联设计循环创新提供数据支持。

2.2.3　群智创新设计的特征

1. 涌现性：借助群智创新形成无限创意及体验

"涌现"一词最早来自生物学界，在某些场合也被称为"突现"。通常是指生物系统多个要素组成系统后，出现了系统组成前单个要素所不具有的性质。在蚁群行为(ant-colony behavior)中，涌现现象尤为明显。蚂蚁之间的交流通过释放信息素或触须触碰来实现，单只蚂蚁能释放的信息是有限的，但是当多个蚂蚁集合在一起时，就可以衍生出蚁群生态中的各种分工，出现了涌现现象。在蚂蚁的样本量足够大且蚂蚁和蚂蚁之间产生了连接之后，蚁群就涌现了一种类似于复杂神经网络的、任何单个蚂蚁所不具备的全新属性。Kevin Kelly 在其著作 *Out of Control: The New Biology of Machines, Social Systems, and the Economic World*(《失控：机器、社会与经济的新生物学》)中陈述："在这里，2+2 并不等于 4，甚至不可能意外等于 5；在涌现的逻辑里，2+2=苹果"。此处的"苹果"即上面提及的"全新属性"。

群智创新涌现性是去中心化的、动态的，具备学习和自我调节能力。在群智创新中，参与者每个设计理念或行为都会被实时标注、记录、存储、传递、计算、整理和分析，每个灵感、想法、创意、知识的发生、修改、优化、迭代和结果都会被评价，因此群智创新可以帮助参与者互相磨合，促进思想不断进步，促使想法不断升华，并最终使参与者产生全新的顿悟，而不是通过不断的演化才最终形成新思想。

2. 协同性：群智协同精准满足用户需求

协同性原本是生物学领域的概念，是指元素对元素的相干能力，表现了元素在整体发展运行过程中协调与合作的性质。当这个概念应用于群智创新时，它强调了各个参与者之间协作的一致性，协同的结果使每个个体都能从中受益，并增强整体能力。

群智创新是一种全域性、多层次的全民协同创新模式，其包括组织、学科、资源、机制、技术等多方面的协同创新，本质是群体智能、协同计算、社会创新的融合与发展。群智创新的目的是建立一个全新的创新行为，构建一个创新体系和工具。协同的对象是多元的，如图 2.9 所示，群智创新在面向政府、产业、科研院校等不同组织时，可以协同各方创新开发软件、平台或工具，创新打造群智网络生态；在面向艺术学、自然科学、人文社科等不同学科时，可以超越时空限制，突破技术壁垒，凭借知识大数据与交叉学科的融合与裂变，使群智创新力量得以赋能产业，推动产业创新协同升级。

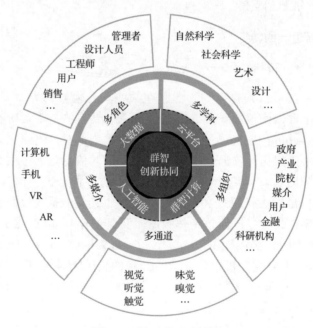

图 2.9　群智创新协同模式

3. 共享性：突破时空限制展现人文关怀

在群智创新设计中，参与者的所有创新活动都被可视化地记录、存储、传递、修改、迭代和优化,在此过程中所存储下来的设计流程可以在某种程度上被共享。这与传统的设计理念不同，在传统设计中，个人知识产权的概念根深蒂固，这造成了想法或创意难以有效地被交流的困境;在群智创新活动中，参与者相互信任、精诚合作，共享创意与想法，使创新资源得到最大化利用。

同时，群智创新对每位参与者的保护也十分重要。参与者应杜绝盲目共享，在共享创意或想法前应当确保不会失去核心知识与未来竞争优势[44]。此外，群智活动的组织者也应制定合理的分配机制或奖励机制以鼓励知识创意共享活动的开展，并强调潜在贡献者在群智创新活动中的重要性[45]。因此，为了更好地进行知识共享，群智创新活动的组织者可以使用一系列新兴技术实现群智创意的去中心化、去信任化、匿名化、难以篡改等属性。例如，使用区块链和数字水印技术，以分布式节点共识的方法对数据进行验证、存储和更新，建立新型的共享机制，以提高创新知识产权的保护效率。

4. 技术性：技术驱动赋能多领域创新

在数据智能时代，互联网、物联网、大数据、混合现实（mixed reality, MR）、区块链、云计算、人工智能等新兴技术不断发展，改变了人们的生活和生产方式。不同于一般的创新范式，群智创新高度依赖新技术的支持。在理想状态下，群智创新以云计算、互联网为依托支撑技术，借助多媒体、自然语言处理、物联网等技术获取创新想法，凭借跨媒体感知、学习与推理技术演化创新想法，基于交互技术、人机增强智能技术和可视化技术建设创新环境，使用机器综合推理技术推理创新知识。群智创新是技术驱动的创新范式，在高新技术不断发展的背景下，群智创新应用与技术融合并对接场景，实现创新引领作用。一方面，用户的需求根植于场景中，场景对设计提出要求和目标;另一方面，技术可以为设计提供新的思路和特性，革新设计形式，提升产品性能，使其满足更多样化的需求。在群智创新背景下，技术对接场景是一个迭代化的协作过程，在此过程中不同领域的专家共同促使技术手段与场景需求不断匹配、互相影响，确保场景需求能够在新技术支持下获得解决思路，同时基于新技术的实现方案也能更好地贴近用户场景需求，满足用户需要。

2.2.4　群智创新设计的产业价值

随着群智创新范式的发展,设计与技术的融合促进了新产业、新模式的产生，为相关产业数字化发展与转型升级注入新的动能。

群智创新设计启发产业始动。群智创新设计通过融合新技术和新主体构建了产业发展的支撑力量和基础，一方面，群智创新设计被应用于更多的创新主体和产业主体，构建宽广的产业网络，推进产业要素（包括产品、服务等多方面要素）

不断创新发展；另一方面，群智创新设计产生了全新的设计理论与方法，通过周期性的"需求发掘-工具开发-运营管理-评价反馈"融合网络，为产业发展构建新场景、新体验、新产品和新服务提供支持。

群智创新设计激发产业续动。群智创新设计通过探索新模式、新业态和新产业，构建产业发展的主要形式，具体包括以新体验和新服务创新构建新模式，以新产品和新服务创新形成新业态，以新场景和新产品创新形成新产业，激发产业发展新动能，推进产生产业发展的新经济。

群智创新设计对产业的动能激发主要体现在新场景、新产品、新服务和新体验四个方面的核心链路上，如图 2.10 所示。其中，新场景是指基于大数据、物联网等技术手段，通过群智创新设计方法，在原有产业体系中提出新的场景，以设计思维碰撞物理空间与虚拟空间的边界，拓展产业的表现空间，构建全新的产业消费场景；新产品是指在产业新场景下催生的各种适应场景的新产品，群智创新设计将参与新产品的研发过程，以智能化、个性化和定制化的产品满足不同用户的需求；新服务是指在新产品发展的过程中，需要服务来串联新产品的触点，基于大数据、万物互联等技术的发展，融合运营管理理论，以满足用户对整体性和体验性的需求；新体验是指以新服务为导向的，基于扩展现实（extended reality，XR）、5G 等新技术的用户体验模式，这些体验模式在群智创新设计的加持下不断激发产业体验创新。

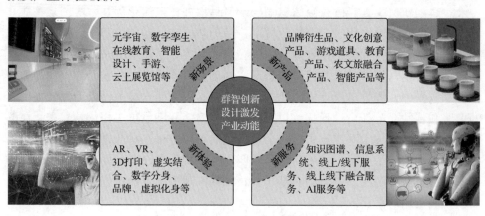

图 2.10　群智创新设计激发产业动能

不同于传统设计的单线程应用路径，群智创新设计依托于周期性循环的"设计-技术-服务"一体化网络，构建了产业应用中的闭环创新路径，即从新场景到新产品、新服务、新体验是一个完整的闭环：用户由新体验产生新的需求，新需求帮助完善原有的或构建全新的应用场景，新场景推动新产品产生，并由新产品衍生出配套的新服务。这样往复的设计过程能够产生大量的设计数据，在分析后能够实现对用户需求的精准把控和智能覆盖，动态满足用户的个性化或定制化设计需求。

2.2.5 群智创新设计案例：群智创新高铁概念设计

互联网促进知识共享的同时也推动了数据驱动的人工智能发展。群智创新设计能够高效地吸引、汇聚和管理大规模不同专业背景的参与者，以竞争与合作等自主协同的方式开展创意设计，使设计不再只局限于专业设计师，而是不同领域的人结合自己对事物的理解，多角度地切入并尝试解决问题。

群智协同计算辅助概念设计是指通过群智设计数据驱动的方式，在产品的早期概念设计阶段，系统基于设计者预定义的草图或参数限制产生新的设计知识，包括几何变化或新的设计元素等，迭代式地启发设计师探索更广阔的创作空间，并探寻最优的设计方案，从而为大规模群智协同设计提供技术与工具支持。在设计领域，谷歌提出的 AutoDraw 能够将手绘涂鸦替换为规整草图，从而降低绘画门槛，使更多领域的创作者参与到设计工作中。Davis 等[46]开发的 Drawing Apprentice 工具，通过识别用户草图中的物体并提供实时的对话交流，实现了与用户的协同工作。这种实时的协作刺激有助于新手设计师构思和理解设计问题，同时也打破了不同专业领域之间的知识交流障碍。在没有人类合作伙伴时，机器结合多领域知识所提供的意想不到的方案有助于实现头脑风暴。谷歌大脑开发的 Sketch-RNN[47]模型能够自动补全用户输入的部分草图，利用此模型能够发现人机共创中的不可预测性，给用户带来了全新的创作灵感。利用当前技术不断探索如何降低设计门槛即是希望吸引更多领域的专家一同创作，使资源变现与成果交付的过程能够有更多元的探索方向，使多源异构的设计知识充分融合，促进价值共生并最大限度地突显群智技术对创新设计的高影响力。

1. 群智创新设计方案的生成与评价

作者团队开发了基于群智协同计算的高铁概念生成系统，基于计算机辅助设计的思路来降低非专业设计师的设计门槛，启发他们在高铁设计过程中的创造性与想象力。在该系统的辅助下，高铁的生产设计流程能使艺术、材料、工程、管理、设计等多种学科文化背景的创作者都加入角色池，并参与到高铁概念的创意设计工作中。这些不同学科背景的创作者分别掌握着不同领域的知识，结合自身能力协作产出完整且可靠的设计方案。为了实现这些角色之间的高效协作并形成群体智慧，以完成高铁概念的创新设计，群智创新设计网络需要为不同角色提供相应的支持，以快速生成设计方案。这有助于确保参与者所在专业领域的知识价值能够更好地融入整个设计体系中。例如，工程技术类参与者关注的是功能性，艺术美工类参与者注重的是美观性，而高铁旅客和乘务员更加关注用户体验。因此，通过提供相应的辅助和支持，可以促进各角色之间的协同合作，实现高效的设计方案生成，并更好地满足不同领域的需求。生成式人工智能技术中的GAN 可以根据部分样本和少量参数，在多轮迭代学习之后自动生成大量的备选设计方案。借助该工具，任何专业领域的参与者都可根据自身对概念创意设计的理解，通过 GAN 设计自己的方案并将其提交给群智设计网络，经过融合、推理、优选等步骤后，输出凝聚了群体智慧的设计方案，且该方案能够同时满足不同领域对优选方案的评价标准。基于群智创新思维的高铁概念创意设计框架如图 2.11 所示。

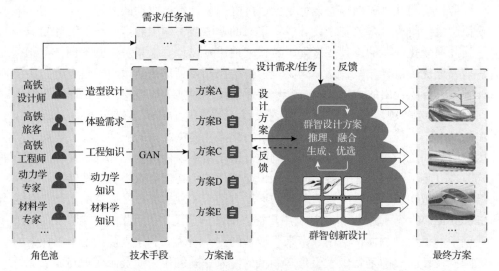

图 2.11　基于群智创新思维的高铁概念创意设计框架

2. 群智创新设计方案的推理

整个概念生成系统依照设计过程提出了三种创意启发策略，分别为外形特征生成、内部细节生成与立体阴影生成，利用生成式对抗网络使用户在思维上先发散后收敛，并得到方案的推荐与启发。

GAN 中的生成器 G 能够根据源域图像 x 与随机噪声 z 生成目标域图像 y，表示为 $G(x,z) \rightarrow y$。鉴别器 $D(x,G(x,z))$ 经过不断训练，提升识别生成器 G 生成的图片是否真实的能力，而生成器 G 也在训练和迭代中提升欺骗鉴别器 D 的能力。损失函数如下：

$$L_{\text{GAN}}(G,D) = E_{x,y}[\lg D(x,y)] + E_{x,y}[\lg(1-D(x,G(x,z)))] \tag{2.1}$$

为了使生成器 G 生成尽可能接近目标域的图像 y，需计算 y 与 $G(x,z)$ 的 L_1 范数距离作为损失函数：

$$L_{L_1}(G) = E_{x,y,z}\left[\left\| y - G(x,z) \right\|_1\right] \tag{2.2}$$

式中，x 为源域图像；y 为目标域图像；z 为随机噪声。

因此，最终的目标函数可以被表达为两个损失函数的结合，其中超参数 λ 用于调整两者的重要程度：

$$G^* = \arg \min_G \max_D L_{\text{GAN}}(G, D) + \lambda L_{L_1}(G) \tag{2.3}$$

基于上述损失函数和目标函数，对抗式神经网络模型的训练流程如下：

(1)初始化生成器 G 和鉴别器 D，为两者设定合适的超参数。

(2)开始迭代。

(3)固定生成器 G，只更新鉴别器 D 的参数，即从数据集中随机选取一些真实样本作为 s_1，由生成器 G 输出一些虚拟样本 s_2。

(4)将 s_1 和 s_2 混合后作为鉴别器 D 的输入，令鉴别器 D 学习该数据集，更新鉴别器 D 的参数，使得越有可能是真实样本的数据得分越高。

(5)固定鉴别器 D，只更新生成器 G 的参数，即将一个向量 n_0 输入生成器 G，可以得到一个虚拟样本 s_n。更新生成器 G 的参数，使 s_n 在鉴别器 D 中获得尽可能高的分数。

(6)若迭代次数小于预设值，则结束；否则返回步骤(2)。

经过多轮迭代后，生成器 G 的输出结果达到一个理想值。使用者将自己给出的参数汇集为一个向量 n，可得到一个逼真的输出结果 s_n，该结果不能被鉴别器 D 识别为虚拟样本，证明该 GAN 模型的训练结果是理想的。

在原理层面，生成器 G 和鉴别器 D 是两个不同的神经网络，有着明确的功能区别，但在实际实现的过程中，只需要一个神经网络即可，将其中可以输出样本的一层作为生成器，可以做回归分析的一层作为鉴别器。此外，生成器 G 在训练过程中的目标是使输出样本的得分越高越好，因此该神经网络并不采用常见的梯度下降算法，而是采用梯度提升(gradient ascent)算法。

基于上述 GAN 模型，该系统可对缺损的设计方案、未完成的方案、细节不足的方案进行推理，生成完整可用的设计方案。在高铁概念生成系统的方案推理过程中，使用了三种创意启发策略，其功能与原理介绍如下。

(1)外形特征推理策略：此策略使用空白像素块随机遮挡住设计师所输入草图的一部分，再基于草图中未被遮挡的线条，经推理过程补全空白区域，以生成完整的高铁外形轮廓特征，并在此过程中注重生成效果的新奇性。该策略的实现采用文献[48]所提出的非图像式条件 GAN 的模型架构。修改输入条件为源域图像 real_A 后，与 pix2pix[49] 相比，仅在于将源域图像送进的生成器不同。为了实现一对多的输出，需将高斯分布的随机噪声 Z 分成两部分，即 n 与 z。其中，n 用于控

制输出方案的数量，z 则作为不可压缩的噪声。送入生成器 G 以生成目标域图像 fake_B，即有

$$\text{fake\_B} = G(\text{real\_A}, Z[n,z]), \quad Z \sim N(0, 0.2) \tag{2.4}$$

式中，Z 为高斯分布的随机噪声；n 为用于控制输出方案的数量；z 为不可压缩的噪声。

生成器与鉴别器的网络结构设计思路参考 pix2pixHD[50]。对源域图像进行降采样与升采样提供多尺度信息，编码器与解码器的网络结构对相同大小的图像尺寸进行跳层连接，并将所有的特征相加进行信息融合，因此最终的输出同时具备源域图像的全局特征与局部特征，充分促进输入与输出的信息共享。此策略帮助设计师在草图不完整的阶段思考设计方案，产生更多可能性，增强设计师在造型设计过程中的发散式思维。

(2) 内部细节推理策略：该策略能够基于设计师已经勾勒出的高铁外形轮廓，经推理过程生成多个具备前车窗、侧窗、车灯等部件细节的设计方案。此策略帮助设计师进一步构思在外形轮廓的限制下，接下来可能的多种详细设计方案，或重新修改已有的外形轮廓设计，从而同时激发设计师的发散式思维与收敛式思维。

在具体实现过程中，该策略采用空间自适应(spatially-adaptive, SPADE)模型结构[51]，得到了较好的生成效果。该模型能够基于给定的高铁语义分割图生成具备详细灰度与纹理信息的逼真图像。该模型训练 200 个周期后，通过使用不同训练周期下保存的模型进行推理，可具有生成多种不同内部细节方案的能力。

(3) 立体阴影推理策略：该策略能够基于设计师已初步完成的高铁草图，经推理过程生成体现立体效果的阴影细节。此策略有助于缩短设计师创作完整草图的时间，同时可以从生成方案中提取 3D 语义，在三维建模之前把控设计质量，及时优化设计。这个过程用于提升设计师的收敛式思维能力。

此策略的实现采用 pix2pixHD 模型架构，同样在其所构建的小样本数据集上取得了较好的效果。该模型中设计了两个生成器，先通过低分辨率生成器学习全局连续性，再通过高分辨率生成器学习局部精细特征，从而实现高分辨率图像的生成，以帮助设计师预测完整草图的设计效果。高铁的外形特征、内部细节及立体阴影推理策略如图 2.12 所示。

3. 基于群体认可度的系统升级与方案优化

针对资源变现能力与成果交付质量在实际场景中的大众认可程度，可以优选出创作者通过系统得出的较满意的方案，此时该方案是在多学科知识的支撑下产

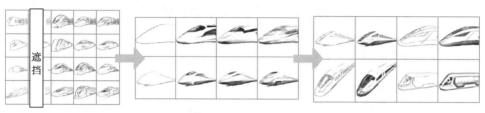

(a) 外形特征推理策略   (b) 内部细节推理策略   (c) 立体阴影推理策略

图 2.12　高铁的外形特征、内部细节及立体阴影推理策略

出倾向创作者个体认知的优秀选项，因此带有更浓厚的个体专业知识成分。这样经过优选的设计方案重新导回，能够推动该系统的多学科融合方案生成能力迭代升级，也重新强化了群体智能在创意设计方案生成工作中的理念价值。

系统的开发者和维护者还可通过部署到互联网平台上供大众参与创意启发过程，促进资源优化与价值共生，在平台主体中进行多元的设计知识融合与演化，进一步提高系统的反馈质量，以达到方案生成能力的增益，促进经系统生成、评价、推理、优化的高速数据迭代，推动系统能力升级的同时带来方案产出的质量提升，使系统生成的方案更加符合多角色用户的需求。

4. 高铁概念设计系统的群智协同创新生态构建

高铁概念创意设计系统是一种典型的群智协同计算辅助概念设计系统。此类系统在维持群智设计需求与资源的平衡、促进群智设计知识生态正向演化方面起着重要作用。在设计需求方面，计算机辅助设计系统方案输出速度极快，可以迅速将成果反馈给需求方，满足海量用户的设计需要。在协调资源平衡方面，群智协同计算辅助概念设计系统得到的最终方案经过多次优化，能够极大地节约资源成本，从而维持整个群智设计生态的良好。

群智协同计算辅助概念设计系统未来将不断扩大知识覆盖范围，进一步结合各领域相关知识作为约束条件，如高铁设计中流体力学模拟的评估工作。随着群智创新设计服务平台融合学科知识门类的增多，其能实现的设计门类规模逐步增大，从而扩大了群智创新设计的影响力，促进群智设计知识生态正向演化。

高铁概念创意设计系统将生成式人工智能技术引入设计过程中，提高了设计效率，大大加快了设计方案的产生和迭代的速度，由计算机产生的大量随机性、多样性设计方案又能反过来补充和完善设计数据库，给群智创新设计网络中的众多设计参与者带来创新的灵感。丰富多样的设计方案驱动着产品的不断升级迭代，推动设计创新。因此，这也是一种设计驱动的群智创新。

2.3　群智创新设计的关键技术

2.3.1　群智数据感知技术

随着移动互联网的深入发展和智能终端的广泛应用，数据成为信息时代下各行各业必不可少的信息"石油"，多源异构大数据的采集、处理、分析技术将成为群智创新设计中的技术核心。"多源"指数据来源较为丰富，"异构"指数据的结构和类型彼此不同。在群智计算领域，信息的每一种不同的存在形式或来源都可以看成一种模态，因此多源异构数据又称为多模态数据。如图2.13所示，数据的感知是指从终端设备(如手机、计算机、智能手表等)或传感器(温度计、气压计、陀螺仪等)产生的电信号中采集到有用的信息，将其处理后移交给用户或进一步挖掘和分析。群智数据感知技术可以高效地感知、处理、优选、移交数据，为群智创新设计提供大量的原生设计信息作为"原料"，也为进一步的创新知识和生成方案做了准备。

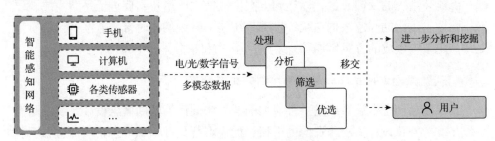

图 2.13　数据感知的过程

在群智感知的过程中，数据最初是由终端设备或传感器产生的物理信号，包括模拟信号、光信号、终端设备产生的数字信号等，这些信号只能被机器识别，需要经过整流、降噪、放大、采样等操作才能转变为可以被计算机存储和运算的数据。如图2.14所示，在这些数据输入计算机存储器以后，根据类型可以分为音频、视频、图片、文本等多模态数据。传统的数据处理和分析技术是单模态的，它们通常只能处理单一来源和特定结构的数据。

传统的数据感知技术往往依赖于某种形式单一的数据来源。在使用传统技术处理数据时，一旦确定数据类型，该数据的具体结构就不会发生改变，程序员只需要针对每一种数据来源设计特异性的处理算法即可实现数据的感知和分析。多源异构数据(多模态数据)的采集没有固定统一的模板，不同结构的信息都应该被融合使用。多源异构数据的采集设备之间要互联为网络，彼此之间形成自组织的群体，进而表现出群体智能。感知网络应当是有秩序的、有分工的、自治的系统，

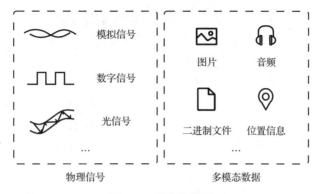

图 2.14 数据的类型

而非全体设备感知能力的简单相加。感知设备之间明确任务分工应当由公平、合理、高效的任务分配策略来实现，因此开发者要针对单目标、多目标、即时任务、容延任务、资源充足、资源匮乏等多种情况，设计合理的任务分配算法。

感知网络提交的数据会被堆放在特定的数据库中，不能被创新者直接使用。因此，感知网络需要先对感知到的数据质量进行评估分级，再根据其数据质量进行后续优选。某些数据的冗余信息是不必要的，因此需要利用数据聚合与分化算法进行二次筛选。通过数据挖掘算法，还可以基于已有的信息提取特征，为用户提供更有效的信息。数据处理完成后，通过高效移交技术将数据移交给中心服务器或用户。

在群智感知的过程中，管理者还需要设计激励机制，鼓励和刺激移动设备用户参与到感知网络中，提供高质量、高可靠性的数据。为感知任务的承担者提供物质或非物质的激励，形成良好的群智感知生态，保证感知网络的可用性。

群体参与的数据感知过程中容易出现隐私问题或产权所有问题，因为各设备之间要交换信息，所以最终的产品可能是多方面协作的结果。采用区块链技术，可以在协作感知和计算的同时，保护各节点的隐私；借助信任计算等技术，可以保证对恶意节点的隔离和正常节点的隐私或产权保护。

2.3.2 群体行为建模与群智优化算法

自然界中，单一个体的动物的智力水平并不高，其能完成的行为也相当有限，但当这些个体组成动物集群时，会表现出群体的智能性。动物群体的智能行为并未记录在某个或几个特殊个体的基因中，而是通过个体之间形成的共识主动性实现的。

仿生学的研究表明，在解决复杂系统的问题时，如果生物界中存在已有的、类似的自然系统，就可以通过研究自然系统从中获得启发，尝试模仿来解决实际问题[52]。对自然界中的群体智能进行研究，首先需要深入地分析自然界中的集群行为，对其进行定性的理解和定量的建模。自然界中的集群行为在宏观层面上表示为群体的运动，因此对集群行为在动力学方面建模是必要的。动力学模型如 Boids 模型[53]提出了集群保持稳定和一致运动的三大规则，即分离、对齐和内聚；Vicsek 模型[54]引入了噪声和群体密度的概念，在统计力学层面对集群行为进行了分析；Couzin 模型[55]拓展了 Boids 模型的三大规则，划分出了排斥区(zone of repulsion, ZOR)、取向区(zone of orientation, ZOO)和吸引区(zone of attraction, ZOA)，并作为粒子决定未来运动方向的三大区域，将适用范围拓展至三维空间。利用已建立的生物集群动力学模型，模仿建立类似的人工系统，可以解决传统方法无法高效解决的问题，如飞机航线规划、机器人寻路和车辆集群行进等问题。以上算法模型将在第 3 章具体介绍。

群智创新设计的过程中会出现多人提交多种方案的场景，这就涉及最优化解决的情境求解问题。传统的确定性算法针对最优化问题可以得出精确解，但通常情况下此类算法的效率并不高，在问题规模过大的情况下是没有实用价值的。如图 2.15 所示，群智优化算法是基于群体智能的思想解决最优化问题的算法，在极快的时间内收敛出符合实际需要的近似解。现有的群智优化算法通常有蚁群优化(ant colony optimization, ACO)算法、粒子群优化(particle swarm optimization, PSO)算法和人工蜂群(artificial bee colony, ABC)算法，通过这些算法可以解决部分非确定性多项式(non-deterministic polynomial hard, NP 难)问题，如旅行商问题(traveling saleman problem, TSP)等。

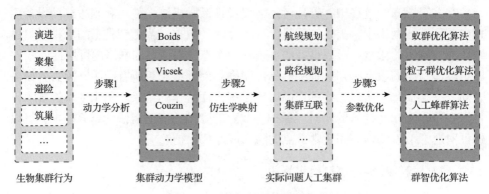

图 2.15　群体智能的建模与优化

2.3.3　多源异构群智设计知识融合技术

群智感知计算是群智创新设计的重要内容，但仅做到感知数据、计算数据并高效移交优选后的信息并不能完全满足群智创新设计的内容需求。群智计算技术可以从传感器、终端设备中获得信息，加工处理得到计算机可存储、可计算的数据，这些数据中可能包含以下信息：①冗余的信息，用于纠错和备份或应当被清理以节约数据库空间；②不符合所需要求或标准的信息，应当通过适当的方法过滤掉；③可进一步挖掘的信息，应当利用数据挖掘技术进一步挖掘出知识。

基于强化学习技术和知识卷积的概念，群智设计知识融合技术能够有效整合群智创新系统的创意、技术、文化、商业等设计资源；基于深度学习技术和知识图谱的概念，群智设计知识融合技术能够将所挖掘出的知识绘制成便于利用和整合的图谱，将已有的知识资源可视化，展示知识之间的联系；基于大数据技术和大知识的概念，群智设计知识融合技术能够有效地存储多源异构的海量数据、分布式并行处理数据，然后通过大数据知识工程将大数据转变为大知识。

2.3.4　群智创新设计产品自动生成与评价技术

人工智能 2.0 时代的到来给设计学带来了创新思路，人工智能技术领域的热点从传统的分析型 AI 转向生成式 AI，即人工智能技术不再局域于"拟合""分类""识别"等分析技术，而是转向更有创新价值的创作工作。在设计领域，借助人工智能技术利用计算机自动生成一些设计方案或产品，设计师只需要通过群智协同平台对这些方案进行进一步的选优和调整，即可有效提升产品设计的效率和质量，使设计师可以集中精力在更有价值的工作上。基于深度学习的生成式对抗网络通过生成器和判别器的相互学习和训练，可以生成一些高分辨率的伪造照片，照片中的人物形象和特征是现实中完全不存在的，这也为设计方案自动生成提供了一种思路。

群智创新设计产品的评价技术也是群智创新设计的重要组成部分之一。群智创新设计中针对产品的评价包含三个层次的含义，具体如下。

(1)对设计方案的评选。如图 2.16 所示，无论是设计方案的中间产物还是最终确定的产品，都需要准确一致的评价方法。委托设计师对一些设计方案样本进行打分，形成设计方案-得分数据集。将该数据集交由机器学习算法训练生成评价模型，该模型即为设计方案的主观评价模型。结合经典的美学评价理论作为客观的评价模型，可以得到主客观结合的设计方案量化评价方法。

(2)对设计贡献的评估。群智创新设计的特点决定了同一设计需求会由多位设计师协作完成，之间还会存在信息的交流与整合，因此会产生设计产品的知识产权归属、设计师对最终产品的贡献度评估等问题。基于区块链技术的回馈项目[56]就是一种针对类似问题的解决方案，它采用分布式的价值记录和去中心化的共识技术，在多人社区的价值生产、记录和实现方面做出了探索。

(3)对设计价值的评价。如图 2.17 所示，对于最终使用设计产品的用户，设计产物一定是可以解决实际问题，或是有使用价值或能创造价值的事物。过去通常采用问卷调查、买家主动评价、随访等主动方式评估设计的价值，这种方式通常会受到用户主观认识的影响。通过在设计产品中内置一定的传感器或记录工具

（需预先告知用户，避免侵犯用户的隐私权），采用行为跟踪技术，根据用户对产品不同功能的使用频度、使用时长等特点给用户区分层次、打标签，最终绘制用户画像。基于不同画像的用户对产品的评价，能够准确评价设计产品的使用价值，并帮助设计工作进一步改进。

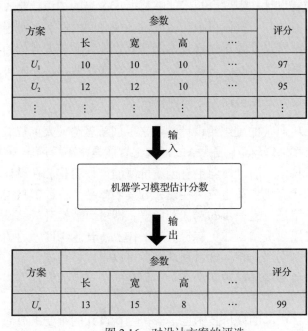

图 2.16　对设计方案的评选

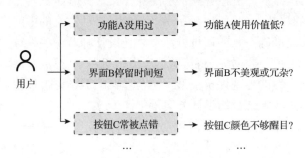

图 2.17　设计价值的评价

2.4　群智创新设计的研究范围

群智创新设计是在互联网服务平台中运用人工智能、大数据、区块链等技术，突破学科屏障，集结大众智慧最终完成复杂任务的创新设计过程。基于上述群智创新设计与关键技术的研究，对群智创新设计内容进行扩展，划分相应的研究范围。群智创新设计的研究范围及相互关系如图 2.18 所示。

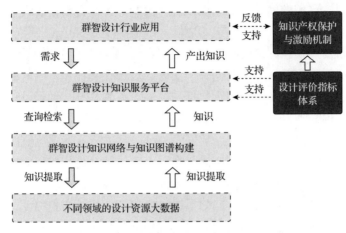

图 2.18 群智创新设计的研究范围及相互关系

在进行群智创新设计之前,群智创新设计服务平台需要收集各领域、各专业、各类型的大数据并对数据进行提取,利用数据建立群智设计知识网络与群智设计知识图谱。在群智设计企业提出需求后,群智创新设计服务平台将查询检索相关知识网络与图谱,自动生成群智设计解决方案。基于解决方案,群智创新设计服务平台将多源异构群智设计知识相融合,最终诞生设计方案。群智设计知识模型通过学习新增知识实现知识生态的自优化。设计方案评价指标体系为每一设计步骤提供支持,知识产权保护与激励机制将持续保护参与者知识产权及隐私,并鼓励参与者充分发挥潜能。

2.4.1 群智设计知识网络与知识图谱构建

群智创新设计服务平台首先需要构建群智创新设计知识网络与知识图谱,为后续设计服务提供知识和理论基础。建立知识网络与知识图谱需要研究多学科设计知识,进而实现对设计知识的挖掘。对不同领域的知识进行建模、融合与推理后,群智创新设计服务平台充分利用数据的关联性与交叉性,结合设计语义学、知识推理方法,通过产品的外观、结构、界面、色彩、材质等视觉语义来揭示或暗示产品内部的结构或交互界面逻辑,使产品功能明确、使用过程简单且易于理解。群智创新设计服务平台通过构建相应的设计知识图谱,实现设计大数据的价值最大化。群智创新设计服务平台需要收集多学科知识及用户行为数据,并进行充分学习。

收集到各类知识后,群智创新设计服务平台需确定知识的范围和领域,明确本体、用途、信息等基本问题。群智设计知识网络需考虑是否可以重复使用现有本体,并在原有本体的基础上进行提炼、修改或扩发。群智创新设计知识列出本体中的重要术语，标明建模过程所感兴趣的事物以及事物之间的关系，定义类和继承类，并厘清它们的属性、关系以及属性限制。最终群智创新设计知识按类和继承类进行实例的创建，完成知识的建模。

群智创新设计知识图谱的构建往往面临数据融合的问题。构成知识图谱的数据源来源广泛，不同的数据源对同一个实体的表达存在偏差，因此群智创新设计服务平台需要通过一定手段使多个数据源合并。首先，群智创新设计服务平台需要对数据进行预处理，即对原始数据源中的脏数据与格式不一致的数据进行处理，数据集可以通过数据本身的信息或数据的关键信息进行分组，降低计算的数据量，每个分组下的实体可能是相似的实体集合，对实体属性进行相似度计算，利用实体之间各个属性的相似度方便进行下一步的实体相似度计算。常见的实体相似度计算方法主要包括回归、聚类。回归是通过实体各个属性的相似度，对各个属性相似度比较权重或通过逻辑回归的方式，直接判断实体相似度。聚类则通过分类操作，如层次聚类、相关性聚集、*K*-means 聚类等，计算得出相似实体。

群智创新设计知识图谱的推理主要围绕关系的推理展开，基于图谱中显性的事实或关系推理出隐性的关系。推理任务主要是针对知识图谱补全(knowledge graph completion, KGC)、链接预测、质量校验、关联关系推理和冲突检测等方面展开的。推理任务依靠规则挖掘和数据分析等技术手段，通过挖掘和补全知识图谱中的缺失信息和关系，使知识图谱更加完整和准确。面向群智创新设计的知识图谱推理方法如图 2.19 所示。

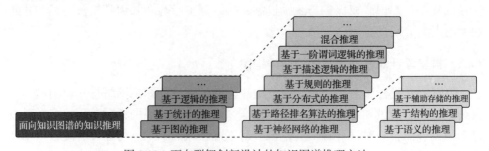

图 2.19　面向群智创新设计的知识图谱推理方法

2.4.2　群智数据感知与设计知识自动生成

当今社会，大量的数据不断被产生和积累，包括用户的行为、需求和偏好等各种信息。群智数据感知是指通过大规模的数据收集和分析来了解用户的需求和行为，以便更好地设计和开发产品。群智数据感知的过程通常包括以下几个步骤：①利用群智创新设计服务平台在线调查、社交媒体、移动应用等方式收集大量用户数据；②对收集到的数据进行清洗和处理，以去除噪声、错误或无用的数据；

③使用数据挖掘、机器学习和自然语言处理等数据分析技术理解和发现数据中的模式和趋势；④通过分析和解释数据以提取用户的需求和行为的深入洞察。群智数据感知的优点在于它可以提供更全面、更准确的数据进行用户分析，从而帮助设计师更好地了解用户的需求和偏好。此外，群智数据感知还可以帮助企业更好地预测市场和行业变化趋势，从而更好地规划未来的发展战略。

设计知识自动生成是指利用智能技术生成设计知识的过程。这种方法将大量的设计数据和知识与群智数据感知的用户数据输入群智创新设计服务平台中，使用机器学习和人工智能技术自动生成新的设计方案或优化现有的设计方案。群智创新设计服务平台为了完成设计知识的自动生成，需要将设计规则、设计范例、材料属性、生产工艺等设计数据和知识输入计算机系统，选择如遗传算法、神经网络、贝叶斯网络等合适的算法和模型生成新的设计方案或优化现有的设计方案。将生成的设计方案输入计算机系统中，然后对其进行评估和测试。设计知识自动生成的优点在于它可以帮助设计师更快地生成创新设计方案，提高设计的效率和质量。通过设计知识的自动生成，设计师可以更好地利用已有的设计数据和知识，更快、更高效地生成新的设计方案，在设计过程中更好地考虑材料、工艺和成本等因素，从而生成更优秀的设计方案。此外，设计知识自动生成还可以提高设计的创新性和竞争力，从而为企业带来更多的商业价值。

2.4.3　多源异构群智设计知识融合

群智设计服务平台将设计所得再利用并进行融合，以消除信息中的冲突、歧义、冗余，并保持一致的数据语义。群智创新设计服务平台通过建立群智设计知识点之间的匹配与联系，消除群体设计知识冲突，将相似的知识内涵整合统一，实现知识的合理整合，最终形成群智创新设计。

如何对跨空间多源异构群体数据进行关联和融合，并实现对感知目标的高效理解，是进行群智设计的一大挑战。多源数据融合技术根据融合层次划分为像素级、特征级和决策级。原始数据的量级巨大，像素级融合方法的信息损耗率虽然很低，但仍旧难以满足实时关联融合的需要。特征级融合方法是多源数据的特征融合，对各类型数据特征提取后得到比原始数据更精练的特征。特征级融合方法在实时性方面比像素级融合方法具有更大的优势，但也存在更大的信息损耗。这两种方法都在较低层进行数据融合，对传感器的匹配及多源数据的时间和空间的一致性都有严格的要求，不同的传感器造成的数据差异也会影响融合效果。决策级融合方法是一种更高层级的数据融合方法，其目的是实现对各种类型数据的识别。这种方法具有很好的实时性，且不需要过多的传感器，还可以实现数据间的相互比较。决策级的融合需要对相同的数据进行单独的识别，所以这种方法可以允许两组数据中的一组出错且最终结果不一致，这说明决策级融合方法在某一组数据质量不好的情况下仍然能够得到正确的结果，因此该方法具有较好的容错性。

2.4.4 群智知识生态演化

群智创新设计服务平台需结合获取后产生的新知识，对自身知识生态进行相应的演化再生。参照群智创新设计知识与相应数据之间的关联机理，联结基于群智数据的群智创新设计知识的生成方法，研究群智创新设计知识的进化和迭代演化方法，对群智知识结构和系统不断进行优化、提升和更新，以达到群智服务平台的持续进步，以螺旋上升的方式不断优化自身知识网络与知识图谱，实现群智服务平台的自组织、自适应与自优化。

群智创新设计知识生态演化是一个持续性学习的过程，主要包括深度学习中的自学习强化与自适应演化。群智创新设计服务平台在执行任务时，将持续感知其中应用情境的变化，尤其需要关注新发现的数据和执行新任务所需要的性能需求。群智创新设计服务平台利用这些新情境不断维护原有知识图谱并吸收新的知识，以丰富知识库，使群智设计知识网络与知识图谱在旧知识的基础上高效整合旧知识并搭建新知识体系。群智创新设计服务平台的自适应可以提升设计服务的智能程度。群智创新设计服务平台的自适应性可以提供一种动态最优的深度学习模型。自适应演化要求持续自主捕捉和动态量化环境状况，并从环境中观测到模型的实时性能反馈，根据需求调用多个模型自适应压缩、多平台自适应分割、自适应神经网络架构搜索等终端轻量化模型的自适应演化策略和方案[57]。

2.4.5 设计方案评价指标体系

设计需求来源于不同的问题和领域，导致每个项目的解决方案各不相同，每个项目的设计方案的评价指标和结构体系亦有差异。因此，设计方案需要利用群智创新设计服务平台建立多学科融合、综合多角色人群的设计方案综合评价指标体系与推理机制，进行设计知识融合，找到方案的优化路径。面向群智创新参与者，平台具有针对群智任务的层次化、多样化量化评价模型和度量指标，以及多目标优化等多模态涌现技术、评价技术、传播技术。群智创新行为过程及行为结果的量化评价方法和效能评估方法，也为群智创新系统的运行和演化提供支持。

目前，各行各业都已开始利用人工智能技术辅助评估。Sun 等[58]利用大数据与人工智能技术，评估不同公共防控政策对病毒感染控制效果的研究。Anthopoulos 等[59]利用人工智能模型计算城市能源系统,并演示校准当地能源效率的变体。Wang 等[60]提出一种基于人工智能的、基于对象的滑坡敏感性评估方法，以评估香港地区区域滑坡风险。Cirillo 等[61]利用一种基于U-Net的卷积神经网络，使用偏振高性能光相机烧伤图像的语义分割进行烧伤深度评估，根据观察到的愈合时间对所提出的小儿烫伤损伤进行评估，以区分四种烧伤伤口深度。Kamari 等[62]提出一种基于视觉智能的新型数字孪生和威胁评估框架，在建筑工地进行系统的防灾准备。在极端风力事件期间，作业现场中不安全的物体很容易成为空气中的碎片，从而给建筑项目和邻近社区造成重大损害。将灾害风险的背景编码到深度学习架构中，以识别和分析建筑工地数字孪生模型中潜在风载碎片的特征和影响。

2.4.6　知识产权保护与激励

在群智创新设计大背景下，参与者的各类想法、创意思考、个人诚信情况需要被系统记录，参与者对其他同方案参与者的方案进行修改、完善和评价等活动都应当被记录、保护和激励。平台需要采用区块链技术对创新方案、参与者的知识产权进行保护。在此基础上，群智创新设计服务平台必须采用基于交易语法的方式，确保所有参与者和节点遵守相关的交易规则，以数字水印的方式处理创意和设计方案的数据。利用区块链技术，对群智创新方案中的知识产权进行动态的协同保护，并计算出贡献率与报酬的分配，建立起一套合理的激励和可追溯机制。

群智创新设计服务平台需要根据任务多样性建立合理的工作量、质量评价机制以及相应的奖励机制，如图 2.20 所示，奖励方式包括物质奖励与精神奖励。物质奖励包括报酬激励等，通过金钱货币、礼物与奖状等物质奖励的方式回报参与者，而精神奖励包括自我实现激励、社交激励和虚拟游戏积分等，以此激励参与者更好地完成创新任务。

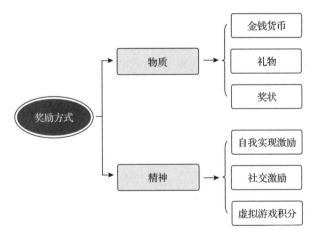

图 2.20　群智创新设计的奖励机制

设立激励政策时,管理者应考虑抑制和避免群体内部的冲突对抗,满足参与者的个性化需求,建立群体行为分析模型。在设立激励政策时也应为参与者建立信誉积分系统,对参与者的资产进行监督和保护,并根据任务完成情况及时调整策略,避免造成损失。参与者在参与群智创新设计时易暴露个人隐私,如位置信息、身份信息、感知数据等,造成个人数据泄露,这会导致参与者的积极性下降。因此,群智创新设计服务平台也要保护参与者、项目以及自身的隐私。此外,群智创新设计服务平台还需要考虑自身算法泄露问题。在边缘智能与云计算的时代,群智模型在进行群智计算时易发生参数泄露、模型泄露等问题,因此群智设计服务平台需要建立全方位、全阶段、健全的隐私保护系统。

2.4.7 群智创新设计知识服务平台的开发

群智创新设计知识服务平台需根据需求类型设计相应的运行不同界面的前端及云台后端的开发。首先,界面的开发需要根据产品功能及用户需求等信息进行初步构思,可以根据可用性原则及需求的分析结果制定交互的方式、跳转流程、结构、布局、信息等其他元素。设计者需要确定产品功能、页面逻辑并绘制低保真原型图,确定界面上需要展示的信息,考虑用户使用体验。在界面的可视化设计和界面修饰阶段,设计者必须将界面的原型进行美化,使其具有较好的视觉效果。在界面输出阶段,设计者需要与开发团队协作,共同将设计的最终成果转化为技术实现。在应用程序设计与开发过程中,设计者将界面与描述放在一个较大的图表中,将页面的功能逻辑详细地描述出来,并对设计文档进行尺寸标注和说明。在界面被输出之后,测试人员对界面进行可用性测试。除了对平台界面的设计,群智创新设计服务平台的开发还需要融合大数据的后端支持。后端搭建技术、工具集与设计知识库,通过人工智能技术和设计知识服务的有机融合与深度集成,为群智创新设计相关活动提供服务平台支持。

2022 年,张德寅等基于群智创新设计理念设计了一款解决城市家庭环境中食物浪费问题的创新概念设计——FRESH 智能冰箱管家及数据平台,获得了包括欧洲产品设计奖、中国设计智造大奖、美国新概念设计艺术奖、意大利 A'Design 设计奖等国内外设计奖项。如图 2.21 所示,FRESH 的核心功能是记录和提示用户存储在冰箱中食品的保质期信息,并为用户提供每周的食物浪费报告和累计统计数据。基于群智设计信息集聚的特点,FRESH 将在用户许可的情况下汇集全球FRESH 用户的食物浪费数据,并传递给世界粮农组织和世界卫生组织,以支持国际组织对世界食物浪费问题的分析、归因和管理,为更可持续的现代农业种植、社会生产配套和城市食物供给等方面提供明确的指导。

图 2.21　基于群智创新设计理念的设计项目 FRESH

2.4.8　群智创新设计研究的层面

　　基于群智创新设计的研究将群智创新设计所涉及的内容围绕设计、技术、应用、管理四个层面进行分类联系。群智创新设计研究的层面及相互关系如图 2.22 所示。

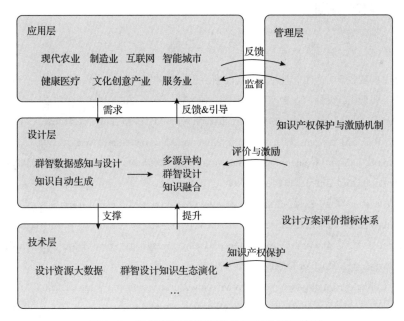

图 2.22　群智创新设计研究的层面及相互关系

　　技术层作为群智创新设计的基石，其中包含群智信息感知、群智创新设计知识网络与知识图谱构建、群智知识自适应技术、群智设计知识生态演化技术、设计方案评价指标技术、群智知识融合技术、设计资源大数据、区块链等相关技术，为设计服务提供技术支持。

设计层的研究主要由群智数据感知与设计知识自动生成、多源异构群智设计知识融合两部分构成。设计层主要负责接收来自应用层的需求,并通过技术层获取并运用相应技术方法形成群智设计方案。设计层除了将设计方案提交至应用层外,还将设计所得知识用以技术层提升,实现群智设计知识生态的自演化。

应用层包括现代农业、制造业、互联网、智能城市、健康医疗、文化创意产业、服务业等各个领域行业,这些行业为设计层带来需求,同时也受到来自设计层新的设计理念、群智设计风格的影响,促进产业转型。

管理层的研究主要由知识产权保护与激励机制、设计方案评价指标体系两部分构成。管理层主要负责群智服务平台的日常维护、项目协调、知识产权保护与激励等工作。管理层主要对技术层各模型的使用进行项目管理,最优化项目进程安排。此外,管理层还需要对各类技术、模型及知识进行知识产权保护。管理层与设计层相互配合,依据项目性质及时协调、分配参与者任务,使参与者效率最大化。同时管理层利用激励机制对设计层各个群智项目参与者提供激励,鼓励参与者完成更多的任务。应用层将群智设计需求反馈给管理层,管理层与应用层互相协调,"群智"地创新。

参 考 文 献

[1] 罗仕鉴. 群智创新: 人工智能 2.0 时代的新兴创新范式[J]. 包装工程, 2020, 41(6): 50-56, 66.

[2] 罗仕鉴, 张德寅. 设计产业数字化创新模式研究[J]. 装饰, 2022, 345(1): 17-21.

[3] Wechsler D. Die Messung der Intelligenz Erwachsener[M]. Bern Stuttgart: Huber, 1964.

[4] Eberhart R C, Shi Y, Kennedy J. Swarm Intelligence[M]. Amsterdam: Elsevier, 2001.

[5] Bonabeau E, Dorigo M, Theraulaz G. Swarm Intelligence: From Natural to Artificial Systems[M]. New York: Oxford University Press, 1999.

[6] Li W, Wu W J, Wang H M, et al. Crowd intelligence in AI 2.0 era[J]. Frontiers of Information Technology & Electronic Engineering, 2017, 18(1): 15-43.

[7] Hackman J R. Collaborative Intelligence: Using Teams to Solve Hard Problems[M]. San Francisco: Berrett-Koehler Publishers, 2011.

[8] Alag S. Collective Intelligence in Action[M]. New York: Simon and Schuster, 2008.

[9] Segaran T. Programming Collective Intelligence: Building Smart Web 2.0 Applications[M]. Sevastopol: O'Reilly Media, Inc, 2007.

[10] Bonabeau E, Meyer C. Swarm intelligence: A whole new way to think about business[J]. Harvard Business Review, 2001, 79(5): 106-114, 165.

[11] Chetty S, Adewumi A O. Comparison study of swarm intelligence techniques for the annual crop planning problem[J]. IEEE Transactions on Evolutionary Computation, 2013, 18(2): 258-268.

[12] Karouani Y, Elgarej M. Milk-Run collection monitoring system using the internet of things based on swarm intelligence[J]. International Journal of Information Systems and Supply Chain Management, 2022, 15(3): 1-17.

[13] Ghorpade A, Karunakaran K P, Tiwari M K. Selection of optimal part orientation in fused deposition modelling using swarm intelligence[J]. Proceedings of the Institution of Mechanical Engineers, Part B: Journal of Engineering Manufacture, 2007, 221(7): 1209-1219.

[14] Liu Z W, Guo J L, Chen Z Y, et al. Swarm intelligence for new materials[J]. Computational Materials Science, 2022, 214: 111699.

[15] Moloodpoor M, Mortazavi A. Simultaneous optimization of fuel type and exterior walls insulation attributes for residential buildings using a swarm intelligence[J]. International Journal of Environmental Science and Technology, 2022, 19(4): 2809-2822.

[16] 张伟, 梅宏. 基于互联网群体智能的软件开发: 可行性、现状与挑战[J]. 中国科学: 信息科学, 2017, 47(12): 1601-1622.

[17] Attiya I, Elaziz M A, Abualigah L, et al. An improved hybrid swarm intelligence for scheduling IoT application tasks in the cloud[J]. IEEE Transactions on Industrial Informatics, 2022, 18(9): 6264-6272.

[18] Fu X C, Gao H Q, Cai H J, et al. How to improve urban intelligent traffic? A case study using traffic signal timing optimization model based on swarm intelligence algorithm[J]. Sensors, 2021, 21(8): 2631.

[19] Kuru K. Planning the future of smart cities with swarms of fully autonomous unmanned aerial vehicles using a novel framework[J]. IEEE Access, 2021, 9: 6571-6595.

[20] Kaynarkaya S, Çağdaş G. Evaluation of metro lines with swarm intelligence approach[J]. Journal of Information Technology in Construction, 2022, 27: 802-826.

[21] Akbar H, Anwar N, Rohajawati S, et al. Optimizing AlexNet using swarm intelligence for cervical cancer classification[C]. International Symposium on Electronics and Smart Devices, Bandung, 2021: 1-6.

[22] El-shafeiy E, Sallam K M, Chakrabortty R K, et al. A clustering based Swarm Intelligence optimization technique for the internet of medical things[J]. Expert Systems with Applications, 2021, 173: 114648.

[23] 吴辰文, 纪海斌. 混合 mRMR 和改进磷虾群的肿瘤基因特征选择算法[J]. 西北大学学报 (自然科学版), 2022, 5(2): 262-269.

[24] Bonabeau E. Decisions 2.0: The power of collective intelligence[J]. MIT Sloan Management Review, 2009, 50(2): 45-52.

[25] Zhang D W, Wang D L. Study on the intentional choice mechanism of course selection based on swarm intelligence algorithm[J]. Scientific Programming, 2021, (1): 1-6.

[26] Tian Q, Yin Q W, Meng Y G. Swarm intelligence technique for supply chain market in logistic analytics management[J]. International Journal of Information Systems and Supply Chain Management, 2022, 15(4): 1-20.

[27] 王磊, 马龙江, 彭巍, 等. 群智创新社区用户创新能力分析[J]. 科技进步与对策, 2018, 35(18): 42-47.

[28] 程时伟, 蔡红刚, 曹斌. 基于群智感知服务的眼动数据众包计算[J]. 计算机集成制造系统, 2017, 23(5): 1103-1112.

[29] 王洋洋. 群智创新过程中用户行为与创新项目协同演进研究[D]. 天津: 天津大学, 2018.

[30] Xiao S S, Wei C P, Dong M. Crowd intelligence: Analyzing online product reviews for preference measurement[J]. Information & Management, 2016, 53(2): 169-182.

[31] Liu G W, Chen H H, Chen T, et al. Research and design of interactive intelligent stations based on crowd sensing[C]. IEEE/IAS Industrial and Commercial Power System Asia, Chengdu, 2021: 495-503.

[32] Zhong M Y, Li G, Li Y. Spacewalker: Rapid UI design exploration using lightweight markup enhancement and crowd genetic programming[C]. Proceedings of the CHI Conference on Human Factors in Computing Systems, New York, 2021: 1-11.

[33] 罗仕鉴, 沈诚仪, 卢世主. 群智创新时代服务设计新生态[J]. 创意与设计, 2020, 69(4): 30-34.

[34] 王珂, 董霖, 张犁. 基于群智设计思维的"健康码"系统设计研究[J]. 包装工程, 2021, 42(24): 36-44.

[35] 梁存收, 罗仕鉴, 房聪. 群智创新驱动的信息产品设计 8D 模型研究[J]. 艺术设计研究, 2021, 98(6): 24-27.

[36] 罗仕鉴, 李文杰. 产品族设计 DNA[M]. 北京: 中国建筑工业出版社, 2016.

[37] 李博. 设计重用研究综述[J]. 计算机集成制造系统, 2014, 20(3): 453-463.

[38] Yao X Q. Research on emotional design of creative cultural products from the perspective of behavioral-layer creativity[C]. Proceedings of the 7th International Conference on Humanities and Social Science Research, Qingdao, 2021: 1222-1226.

[39] 张祖耀, 王碧凌, 摇若楷. 面向群智共创的用户多模态信息设计[J]. 包装工程, 2021, 42(24): 29-35.

[40] 罗仕鉴, 张宇飞, 边泽, 等. 产品外形仿生设计研究现状与进展[J]. 机械工程学报, 2018, 54(21): 138-155.

[41] 沈瑞英. 转型社会利益与价值关系新思维[J]. 上海大学学报(社会科学版), 2015, 32(2): 112-125.

[42] 刘继明, 张培翔, 刘颖, 等. 多模态的情感分析技术综述[J]. 计算机科学与探索, 2021, 15(7): 1165-1182.

[43] 罗仕鉴, 朱媛, 田馨, 等. 智能创意设计激发文化产业 "四新" 动能[J]. 南京艺术学院学报 (美术与设计), 2022, 200(2): 71-75.

[44] Hurmelinna-Laukkanen P. Enabling collaborative innovation-knowledge protection for knowledge sharing[J]. European Journal of Innovation Management, 2011, 14(3): 303-321.

[45] Abhari K, Davidson E J, Xiao B. Collaborative innovation in the sharing economy: Profiling social product development actors through classification modeling[J]. Internet Research, 2019, 29(5): 1014-1039.

[46] Davis N, Hsiao C P, Singh K Y, et al. Co-creative drawing agent with object recognition[C]. Proceedings of the AAAI Conference on Artificial Intelligence and Interactive Digital Entertainment, Burlingame, 2016: 9-15.

[47] Ha D R, Eck D. A neural representation of sketch drawings[J]. ArXiv, 2017, 1704: 03477.

[48] Ghosh A, Zhang R, Dokania P K, et al. Interactive sketch & fill: Multiclass sketch-to-image translation[C]. IEEE/CVF International Conference on Computer Vision, Seoul, 2019: 1171-1180.

[49] Isola P, Zhu J Y, Zhou T H, et al. Image-to-image translation with conditional adversarial networks[C]. IEEE Conference on Computer Vision and Pattern Recognition, Honolulu, 2017: 1125-1134.

[50] Wang T C, Liu M Y, Zhu J Y, et al. High-resolution image synthesis and semantic manipulation with conditional GANs[C]. IEEE Conference on Computer Vision and Pattern Recognition, Salt Lack City, 2018: 8798-8807.

[51] Park T, Liu M Y, Wang T C, et al. Semantic image synthesis with spatially-adaptive normalization[C]. IEEE/CVF Conference on Computer Vision and Pattern Recognition, Long Beach, 2019: 2337-2346.

[52] Dickinson M H. Bionics: Biological insight into mechanical design[J]. Proceedings of the National Academy of Sciences, 1999, 96(25): 14208-14209.

[53] Reynolds C W. Flocks, herds and schools: A distributed behavioral model[C]. Proceedings of the 14th Annual Conference on Computer Graphics and Interactive Techniques, New York, 1987: 25-34.

[54] Vicsek T, Czirók A, Ben-Jacob E, et al. Novel type of phase transition in a system of self-driven particles[J]. Physical Review Letters, 1995, 75(6): 1226-1229.

[55] Couzin I D, Krause J, James R, et al. Collective memory and spatial sorting in animal groups[J]. Journal of Theoretical Biology, 2002, 218(1): 1-11.

[56] Pazaitis A, de Filippi P, Kostakis V. Blockchain and value systems in the sharing economy: The illustrative case of backfeed[J]. Technological Forecasting and Social Change, 2017, 125: 105-115.

[57] 郭斌, 刘思聪, 於志文. 人机物融合群智计算[M]. 北京: 机械工业出版社, 2022.

[58] Sun J C, Zheng Y F, Liang W H, et al. Quantifying the effect of public activity intervention policies on COVID-19 pandemic containment using epidemiologic data from 145 countries[J]. Value in Health, 2022, 25(5): 699-708.

[59] Anthopoulos L, Kazantzi V. Urban energy efficiency assessment models from an AI and big data perspective: Tools for policy makers[J]. Sustainable Cities and Society, 2022, 76: 103492.

[60] Wang H J, Zhang L M, Luo H Y, et al. AI-powered landslide susceptibility assessment in Hong Kong[J]. Engineering Geology, 2021, 288: 106103.

[61] Cirillo M D, Mirdell R, Sjöberg F, et al. Improving burn depth assessment for pediatric scalds by AI based on semantic segmentation of polarized light photography images[J]. Burns, 2021, 47(7): 1586-1593.

[62] Kamari M, Ham Y. AI-based risk assessment for construction site disaster preparedness through deep learning-based digital twinning[J]. Automation in Construction, 2022, 134: 104091.

第 3 章　从群智计算到群智创新设计

3.1　群智计算与群智创新设计

群智计算又称群智感知计算，最早由 Ganti 等[1]提出。2012 年，清华大学的刘云浩[2]在《群智感知计算》中系统地阐述了群智感知的概念，指出群智感知的概念起源于众包。众包是指将一个较为复杂和庞大的任务分解成若干子任务，并将子任务以自由自愿的方式分发给多个人(通常是非特定的大众志愿者)来完成。群智感知计算可被定义为：将普通用户的移动设备作为基本感知单元，通过移动互联网进行有意识或无意识的协作，实现感知任务分发与感知数据收集，完成大规模、复杂的社会感知任务[3]。

从群智感知计算到群智创新设计的衍生，并非简单地将机器存储、机器计算、机器展示和机器智能应用于设计过程，而是借鉴群智感知计算中自然界的生物集群智能行为，将设计师个人的设计行为转化为大众的群体创新行为。群智创新设计就是在各个要素中融入群智计算的思想，着重强调群体的合作与创新。群智感知计算和群智创新设计的侧重点如表 3.1 所示。

表 3.1　群智感知计算和群智创新设计的侧重点

序号	群智感知计算	群智创新设计
1	多模态数据感知	多源异构群智设计知识感知
2	群智知识积累	设计知识图谱构建
3	群智优化算法	设计方案最优化问题
4	感知数据优选与移交	群智设计知识融合
5	激励机制	设计知识产权保护与设计激励
6	群智任务优化分配	群智设计方案自动生成

随着便携设备数量的增加和计算机算力的提高，群智感知计算目前不仅包括数据的感知和分析，还结合人工智能、大数据、区块链等多种高新技术以处理多模态的信息，产出应对多领域问题的大型解决方案。将多模态数据与多源异构数据、群智知识积累与设计知识图谱构建、群智优化算法与设计方案最优化问题等概念一一对应，并将群智计算中解决问题的技术应用于创新设计领域，可以逐步推动设计产业的数字化发展。

3.2　群智信息感知

感知是指计算机通过传感器捕获信号后，对所捕获的信号进行甄别并提取有意义信息的过程。卓越的感知技术使计算机在实际生活场景中犹如生物人一样具备"看"和"听"等感官接收信息的能力，推动实现人-机-物的优势互补，是新时代人工智能算法所取得的最大进展之一。

群智信息感知是结合众包思想和移动设备感知能力的一种新型数据获取模式，即大规模普通用户通过自身携带的智能移动设备进行感知数据采集，接着将数据上传至服务器，再由服务提供商对数据进行记录和处理。服务提供商在完成感知任务后，以收集到的数据为基础，为用户提供日常所需的服务。随着万物互联概念的延伸，嵌入式系统、传感器硬件设备的成熟推动了智能移动终端的快速发展，普适计算渐渐融入人类的日常生活中，人类可以在任何时间和地点以多种复杂方式执行信息获取与处理的动作。应对数据多样化的需求，依赖传统单一专业感知设备的数据获取方式逐渐暴露出部署困难、维护成本高、数据类型单一的缺点，极大程度地限制了数据的应用范围。如今，大量的智能穿戴设备及社会对信息的大量需求正促使信息网呈现爆炸性成长趋势。在此背景下，人类可以轻易且大范围地收集多样化的信息以改善生活。

特定数据的采集工作往往会基于明确目的开展分析与研究，实践过程中经常会面对希望得出某个结论，但难以找到能直接映射结果数据的窘境。随着人工智能和数据库领域的蓬勃发展，较完善的数据挖掘技术已经可以实现对现有数据做出归纳性的推理，从中挖掘潜在模式并探索原先可能未预想的趋势与现象。

本节简要介绍数据采集与挖掘、数据优化等信息感知的过程，阐述如何在保障质量的前提下移交数据，使其高效应用于特定场景，并简述当今使用较广泛的质量评估与管理方案。此外，管理过程所涉及的角色筛选、任务分配与激励等工作将是数据质量重要的隐性影响因子，本节也将逐一讨论。

3.2.1　群体智慧下的数据处理及任务分配策略

在技术浪潮的推动下，数据从记录工具变成了预测工具，在被人类社会的广泛应用下也逐渐成为生活中大小事物的趋势导向预测与推荐工具。当人类生活中的行为可完全被量化为多种不同维度的数据时，一切事物的运转逻辑都将被数据化。人类对这件事的期待在于所有问题都将逐步被计算机技术解决；相对地，担忧在于处在数据应用场景正快速扩张的时代下，有限的数据类型将成为延伸应用可能性时的束缚，无法用过去的数据采集技术去量化生活中的所有行为。因此，人类需要利用计算机技术对有限数据集进行数据挖掘，并将一些较难感知的信息量化，以发挥数据的最大价值，利用数据赋能来监管生活中的每一个细节。群智创新设计背景下的数据采集工作经常需要基于较大体量的用户，而大量未经训练的用户所产出的数据作为基本数据单元将可能带来数据质量的异常波动。因此，如何在不改变数据集本身、不过度增加数据复杂度的前提下对用户上传至服务器的数据进行质量评估与优选，是数据挖掘工作最重要的前置任务之一，也是决定分析结果与真实情况是否存在偏差的主要步骤。以下将从数据的获取至产出一系列优化方案的过程展开介绍。

1. 数据采集与优选

人们过去曾坚定地认为数据只有在正确用于决策时才有价值。但对于现代的数据挖掘技术，任何一组数据都可能成为改变分析趋势走向的影响因子。在借助数据挖掘技术建立不同数据之间的联系和影响之前，需要进行完善的数据准备工作，正确的数据规约与优化工作为构建数据之间的关联提供了支撑，以进一步向数据用户提供准确信息。

1) 数据的获取

近年来，随着硬件和无线网络技术的进步，连带孕育出了低成本、低功耗且多功能的微型传感器设备。这些设备组成了大量分布在地理区域的自组织微型传感器节点，并彼此协作建立感测网络，推动实现人-机-物的优势互补，在任何时间和地点都能提供对信息的访问服务，并积极创建智能环境[4]。在传感器获取大量数据后，多种不同维度的数据库即可被搭建起来，进一步将来自多个数据源的信息收集，并通过数据清洗、数据变换、数据集成、数据装入和定期数据刷新来构造，即可形成数据仓库，而数据仓库正是数据间产生化学反应的源头。阿里云 MyBase 是一个云上数据集群的案例，用户可将大量数据部署在 MyBase 上，以进行安全、稳定的数据分析工作。阿里云 MyBase 架构如图 3.1 所示。

已收集的数据始终是能被量化的，尽管数据仓库工具对于数据分析是有帮助的，大量的数据分析仍需通过计算机引入数据挖掘技术，以便进行各种深入的自动分析。澳洲航空公司(Qantas Airways)在 1995 年进行民营化改革后，该公司负责经营研究的主管 Philippe Klee 认为，工作在不同部门及不同生产系统中的人很难共享各类与公司经营有关的信息，致使对市场能力、客户信息、航班智能调度等方面判断不一致。为了更好地管理公司事务并改善与客户的关系，澳洲航空公司与消费者交易技术全球领导厂商 NCR(National Cash Register)公司开展紧密合作，希望开发出相应的数据模型，以解决公司各类型日常运营问题，并在此数据模型的基础上建立名为 "WorldNet" 的数据仓库应用系统。利用数据仓库，澳洲航空公司进行了承载量分析，以判断它提供了多少同其他竞争企业的业务往来。基于精准的信息分析，澳洲航空公司能够与合作公司商定最合理的承载费用，这

专属资源

可调节的资源调度

阿里云
MyBase

开放操作系统权限

阿里云内核

图 3.1　阿里云 MyBase 架构

项工作每年可为澳洲航空公司节省大量的支出。

2) 数据挖掘

数据挖掘包括两类工作：一类是在有监督学习下进行的预测性分析工作，另一类则是在无监督学习下进行的归纳性分析工作。预测性分析工作是指该工作可以利用现有的数据在计算机学习后建立一个针对特定属性描述的新模型，该模型可通过操纵多个自变量来预测因变量的值，产业和学术界将其广泛应用于生物特征识别、等级评定、市场估值等相关工作。归纳性分析是一种在所有的当前属性中找出潜在关联模式的方法，可用于聚类和关联规则等归纳整理方面的工作。仍以澳洲航空公司为例，预测性分析可以将旅客退票作为研究场景，旅客是否退票作为一个因变量，模型根据客户的性别、年龄、收入、职位、经济状况、历史信用状况等进行预测；归纳性分析则可根据客户的年龄、性别、收入等进行客户细分，并根据客户的多次购买记录发现各属性与购票习惯的相关性，如图 3.2 所示。

21 世纪以来，数据挖掘已成为一项重要的应用型技术。数据挖掘工作的原始数据可能来自结构化的关系型数据库，半结构化的文本或图像数据等，也可能来自分布在网络上的异构型数据。数据挖掘需要从大量随机、不完整且有噪声的数据中提取潜在的有用信息。在原始数据形态多样化的情况下开展数据挖掘工作需要以实际问题为目标进行求解，需求得的信息往往无法单纯通过查找与调用现有数据库来得到，也正是由于这种强需求性的驱动力，数据挖掘如今已成为大小企业做决策时的重要技术手段。

以宝武钢铁集团为例，在该企业的生产流程中，炼钢原料从一块块成形的板坯到每一个钢卷成品都会利用计算机系统完整地搜集多项细节数据。宝武钢铁集

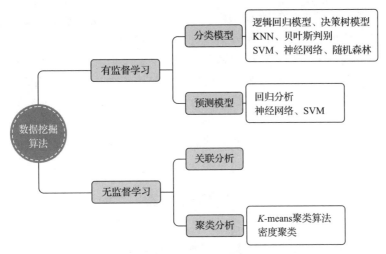

图 3.2 数据挖掘分类

团从信息化带动工业化的生产角度切入，利用收集的数据探索其中所蕴含的产业知识，指导生产流程进行优化[5]。生产过程中需使用多种矿石原料且大多通过进口获取，配矿问题一直是宝武钢铁集团努力研究希望解决的问题。1995 年，宝武钢铁集团将配矿系统的研究开发列为重大科研项目，希望利用计算机和信息技术总结宝武钢铁集团十多年来的配矿经验，探索配矿规律，提高烧结矿质量并降低配矿成本。在配矿系统中，宝武钢铁集团主要采用聚类分析技术解决配矿方案分类和矿石分类的问题。在解决配矿方案分类的问题时，系统将每一个历史配矿方案作为一个样本，并将该方案所使用的各种矿石用量百分比作为样本特征值。经过反复分析和实验调整，使每一个方案的聚类大致对应一个质量指标范围。这意味着矿石配比是影响烧结质量的主要因素，且揭示了配比调整规律。在解决矿石分类问题时，聚类分析技术的应用方法也非常类似，将每种矿石作为一个样本，将矿石的物化特性、冶金特性等作为样本特征值，系统生成的聚类结果可供企业综合评价矿石质量，并在日后个别矿石缺乏时能有效解决资源替代问题。

人类无时无刻不在产生数据，也越来越重视数据的作用。数据被挖掘、分析、整合，以更好地预测用户行为、监控企业生产、指导公司决策、引领行业发展。2009 年，Google 通过分析 5000 万条美国人最频繁检索的词汇，并将其和美国疾病中心过去五年间季节性流感传播时期的数据进行比较，经过 5 亿个数学模型测试后，准确地找出了与流感传播途径最相关的词条，最终 Google 精准定位到了高危险传播地区，并成功预测了 2009 年冬季流感的传播途径。

国际知名运动品牌耐克在 2006 年和苹果公司联合推出一款新产品——Nike+，一举跨领域成为大数据营销的创新公司。如图 3.3 所示，Nike+是一种软硬件结合的产品，当用户穿着 Nike+跑鞋运动时，苹果设备可以实时存储并显示运动日期、时长、距离与热量消耗值等数据。此外，耐克还与 Facebook 达成协议，将用户上传的跑步状态实时更新到相应账号上，好友可以进行评论并单击"鼓掌"按钮，使用户在运动时能够听到音乐中伴随着朋友们的鼓掌声。随着跑者不断上传自己的跑步路线，耐克也顺带掌握各个主要城市中最佳跑步路线的数据库，并统计各城市用户的总累积里程。2013 年，Nike+社区一跃成为当时全球最大的网上运动社区，拥有超过 500 万的活跃用户。这些用户每天不停地上传新数据，收获的海量数据对于耐克了解用户习惯、改进产品、精准投放和营销起到了不可替代的作用，也巩固了品牌与消费者之间的关系。

图 3.3　Nike+的软硬件联动

　　数据挖掘工作是在拥有由大量数据组建的数据库乃至数据仓库的前提下，针对明确目标，以解决具体问题为导向，从已有数据中进行探索性分析，对数据从不同角度切入后的重新理解。其主要经历三个阶段：数据理解、探索性数据分析，数据准备、规约与集成以及数据建模与回归。

　　第一阶段是理解数据。其特点是从商业角度去理解项目的目标和要求，通过理论分析找出数据挖掘可操作的问题，并制订实现目标的初步计划。

　　第二阶段是预处理数据。无论是从传感器设备、系统日志所记录到的数据，还是从现有结构化数据库、互联网大数据上爬取所得到的数据，均被称为原始未加工的数据，相当于数据挖掘工作所需信息的前期原料。由于不同数据采集终端的时空交叠和感知能力异构等特性，原始的感知数据经常蕴藏大量冗余的数据。为满足用户需求并获得所需目标信息，该阶段采用无数次无序的数据转换、数据清洗等预处理方法对数据进行规约与集成，将不同来源、格式、性质的数据在逻辑上或物理上有规律地汇聚。其中，数据清洗是对无效值与缺失值依照统一标准的针对性处理，而数据转换是指部分对数据有特殊要求的分析工作无法被当前的数据分布方式满足时，尝试将数据进行适当转换，如平方根转换、对数转换等，在不改变数据本质的前提下完成分析工作。

对数据进行规约与集成是一种需要面向明确目标并考量资源负载能力，使零散数据进行有效汇聚的过程。过去"云-端"结构的传统感知系统需要大量的计算资源、网络带宽以及时间进行数据的传输、汇聚和分析。近年来，边缘计算的发展为数据汇聚方式带来了新的机遇。为了优化感知系统的性能，研究者在"云-端"结构的基础上引入边缘计算，形成了基于"云-边-端"架构的新型感知系统。此概念的提出使大量数据处理和整合工作在离数据源最近的本地进行，大大减少了移动端的流量，促进感知系统规模的扩大。如何结合云、边、端计算特征实现对感知数据的高效汇聚是近年来的研究热点。

原始数据经过一系列预处理后，可以完善残缺的数据，去除多余的数据，纠正错误的数据，进而优选出部分数据进行数据集成，得到更具针对性的高质量数据。该阶段的最后一道程序需包括对数据的一致性检查、无效值和缺失值的处理，确保完整性、全面性、合法性与唯一性均得到满足后再进入下一阶段。其中，完整性关注数据是否存在空值及统计字段是否完善；全面性是纵观所有数据，对各字段的最大值、最小值与平均值等进行评量并查看是否存在异常；合法性重点关注数值的类型、内容检验是否与预期一致；唯一性则重点关注是否存在数据重复记录的问题。

第三阶段是数据建模。在获得符合要求的数据集后，依据最初待解决问题来选择适合的建模技术，再对模型各项参数进行校准以得到最优值。面向同一类数据挖掘问题往往有多种成熟的建模技术可供选择，且部分对数据格式有较特殊的要求，因此该阶段工作与数据准备阶段需要反复回溯调整。模型完成后，再由模型用户(商业场景中的客户)根据时空背景和原目标的达成情况决定如何在实际应用场景中使用。

目前社会上常见的数据挖掘应用包括决策类预测、识别类模型与业务优化分析，如图 3.4 所示。决策类预测的分析重点是客户标签体系、产品知识库和渠道特征库，无论是营销响应、客户流失，还是信用违约，都是基于客户对产品、服务的效用与成本评估之后做出的理性决策；识别类模型常被用于反诈欺、反舞弊一类的防范工作，在复杂网络中做类似信用评分的特征提取，识别各类型欺诈与违规；业务优化分析常应用于企业运营过程中根据给定目标制定优化策略，其中岗位排工、流程调整、产品评估与优选等都可利用该范式进行预测与优化。业界常见问题多数已被归纳为分析模板，在处理相似问题时可以借鉴使用。

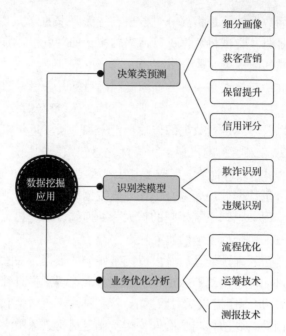

图 3.4　数据挖掘常见应用模板

3) 优化过程的聚合与分化

群智信息感知中的数据挖掘方法是利用计算机的信息感知能力采集并收集信息后，尽可能提高现有数据的价值意义。在信息感知能力有限的情况下，技术层需探讨如何通过数据处理使数据挖掘成果最大限度地覆盖需求面。面对不同分析目标，对数据的要求也会有所不同，这使数据优选的标准发生变化，因此有必要关注数据的优选工作。现有针对群智感知数据的数据优选工作大多通过将数据汇聚到云端后再进行挑选，传输成本较高。构建低传输代价且通用性高的优化方案需探究在资源受限、网络动态变化的状态下如何结合新型群智网络的"云-边-端"网络结构，使原数据在边-端汇聚的过程中实现脏数据的排查与优选。

由于移动终端的续航能力有限，数据质量评估算法结构复杂且需消耗大量计算资源等，大多数群智感知应用都会避免让终端设备承载过多的计算任务，而是将数据在云端进行汇聚，以分摊终端设备的计算压力，这就是过去典型的"云-端"汇聚策略。"云-端"汇聚方案一般采用两种数据处理模式：①将完整任务传输到汇聚端如云服务器，完全基于云端进行处理；②在终端设备上分配并完成一些轻量级数据处理任务，以降低信息传输成本，由此衍生出后续"云-边-端"的架构[6]。以数据质量评估工作为例，为避免资源浪费在传递无用数据上，该工作常会被部署在与终端较为接近的节点上进行处理。当任务分派到终端而当前计算能力不足以支撑整个数据模型时，可尝试分化该部分工作，通过模型的分割法将模型中的部分深度学习计算模块分配到边缘设备上，以舒缓终端设备的计算压力，此分割法将基于强化学习算法进行模型最佳分割点的选择，如式(3.1)和式(3.2)所示：

$$v(s_t) = E_\pi[R_{t+1} + \gamma v(s_{t+1})] \tag{3.1}$$

$$q(s_t, a_t) = E_\pi[R_{t+1} + \gamma q(s_{t+1})] \tag{3.2}$$

式中，E_π 为在策略 π 下取得的期望值；$v(s_t)$ 为状态价值函数，描述在状态 s_t 下采取策略 π 的价值；R_{t+1} 为离开当前状态所能获得的奖励回报；γ 为折扣因子；$q(s_t, a_t)$ 为采取策略 π 时在状态 s_t 下取动作 a_t 的价值。

将数据质量评估模型进行分割后，分别部署到边、端不同设备上，以完成分布式的质量评估计算。庞大的数据在终端设备和边缘设备共同分担下完成数据质量的推断过程，实现边-端分割式质量评估。

在整个优化过程中，为了使大量数据符合明确的分析目标，需要根据定制的数据优选标准进行聚合处理。优化过程又可能因计算单元的计算能力限制而必须进行分化，在聚合与分化的过程中逐步完成对数据的优选，其中涉及细节的质量管控与任务分配等机制将在后续章节展开介绍。

2. 数据移交与质量管控

在资源受限的前提下，感知节点的异构和网络的弱连接性带来包括通信无效、拥堵等感知数据不完整的问题，此类突发的感知数据传输问题会严重影响数据移交与数据分析结果的性能与质量，而数据优化中的分化步骤即希望在数据移交阶段提供一个鲁棒性较高的有效手段。为解决不同设备存储、传输、处理数据的能力差异，连带影响各移动节点的数据携带与转发能力，较常使用包括容迟网络 (delay tolerant network, DTN)[7] 和移动机会网络 (mobile opportunistic network, MON)[8] 的通信手段来建构合理的移交策略，解决移动节点之间负载不均、数据拥堵、性能开销大的问题。本节将针对现有的数据移交方案进行介绍，并对数据分析工作在一系列信息传递后所服务的目标成果质量管控及评价标准进行阐述。

1) 高效的数据移交

容迟网络全称为延迟和中断容忍网络，旨在解决缺乏连续网络连接的异构网络所存在的技术屏障，即在数据移交过程中网络节点受限于个体性能的问题。容迟网络的特征是缺乏连接性，导致缺乏即时的端到端路径。当难以或不可能建立即时端到端路径时，移交协定必须采用"存储和转发"的方法，数据将被递增地移动并存储在整个网络中，以数据能传递至目的地为目标。最大化信息成功传输概率的常用技术是复制讯息的许多副本，期望众多副本中有一份能够成功到达其目的地。该技术仅适用于拥有超出相对预期流量许多的本地存储和节点间频宽的网络，通过最大限度地利用可用的非计划转发机会，提高效率并缩短交付时间，以降低大量复制副本的成本。

容迟网络的原理是依靠准确的信息捆绑协定，通过正确地将信息分批次捆绑，在移交过程中利用节点间的大量副本传递，将完整信息分批送达指定的目标数据计算单元。但捆绑协定中也存在一系列安全隐患，例如，网络问题阻碍了复杂的加密协定或扰动了密钥交换过程，且每个装置都必须辨识其他间歇性可见装置，身份验证工作较难在没有持久连接的网络中执行，这些安全隐患需要结合计算机网络领域的技术方案综合解决。在群智创新设计领域中，通常仅关注高效的数据移交过程中隐私与产权是否能够得到保障。

机会网络不需要源节点和目标节点之间保有完整路径，而是一种利用节点移动带来的相遇机会实现网络通信的自组织网络。一般而言，感知节点可分为两类，即工作者节点和协作者节点。进行数据采集工作并负责完成感知任务的节点被归类为工作者节点；仅在数据移交过程中参与数据转发的节点称为协作者节点。通过这三类感知节点共同组成网络实现数据通信。如图 3.5 所示，两个工作者 w_1 和 w_2 分别负责采集数据 P_1 和 P_2，协作者 w_3 先后遇到 w_1 和 w_2，利用机会网络，协作者 w_3 最终携带数据 P_1 和 P_2。与协作者 w_3 后相遇的工作者 w_2 称为协同工作者，并收到 w_3 转发的数据 P_1，最终携带数据 P_1 和 P_2。当 w_1、w_2、w_3 三者接入服务器时，均可上传携带的数据。假设仅有一人有机会接入服务器，在未使用机会网络的情况下，P_1 和 P_2 被上传的概率均为 0.5，在使用机会网络的情况下，P_1 被上传的概率变为 1，P_2 被上传的概率变为 0.67。然而在提高数据成功上传概率的同时，机会网络导致大量复本冗余数据被不同的感知节点携带，P_1 的数量增加了 2 倍，P_2 的数量增加了 1 倍。由此可见，高效的数据移交工作势必将伴随着一定成本的

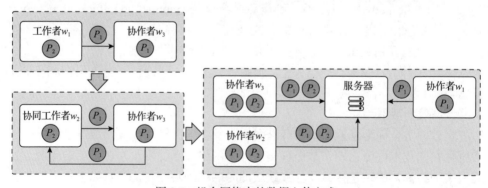

图 3.5　机会网络中的数据上传方式

投入[9]。

2) 数据质量评估与管理方案

数据经一系列聚合与分化并成功移交到目标计算单元进行数据处理后，如何对数据质量进行评估是一个关键问题，这不仅需要根据不同场景制定标准化的判定标准，更要严格面向需求，保障原来确定的数据分析目标获得高质量成果。一套完整的数据质量评估框架需涵盖整个数据的生命周期，对数据的多维度指标包括数据间的相关性、可用性、可访问性、及时性和信任等提出在整个生命周期中统一一致的定义[10]。

终端感知数据质量评估需要在感知数据进行传输之前就进行有效的前期评估和优选，提前对其中的低质量数据进行淘汰，避免造成数据传输资源和存储资源的浪费。研究者对此相继提出了新方法，即从生成数据的终端位置开始针对数据质量进行评估，挑选出部分符合要求的数据之后再进行传输。在不同研究领域，对数据质量的评估也将侧重于不同的质量属性，如探索人类注意力的研究中会侧重评估量表的可靠性、疫情管控问题会较关注数据的可复制性及样本代表性，因此在数据质量评估工作中确定目标研究最看重的数据质量属性是很重要的步骤[11]。Wu 等[12]提出一种带宽和存储约束下的群体图像感知数据传输方法，可通过数据选择有效降低传输成本。Uddin 等[13]研究了灾后现场照片在容延网络环境下的传输问题，在数据上传前根据时空和内容相似度约束进行照片选择，提高了群智感知数据移交效率。随着终端设备计算能力的提升，如今技术已可以使人们直接在端设备上完成完整的数据质量评估。为了提高数据评估工作的质量，基于深度学习模型进行终端数据处理逐渐成为趋势。例如，数据内容的质量评估模型如图像模糊度、真假度判断等，通常基于深度学习模型以获取较高的准确率。然而，由于性能受限以及不同终端之间存在较大性能差异等，基于深度学习的复杂质量评估模型在终端运行时存在挑战。因此，在进行端设备质量评估的过程中，需要根据终端设备资源状态自适应地调整模型结构，以提高质量评估模型的计算效率。

质量管控过程面向不同对象的管理方案与侧重元素存在较大的差异，本节仅列举三种场景下终端对数据质量评估与管理的方案。

(1)终端数据质量度量。基于对多模态群智感知数据的分析与理解，终端结合数据的时效性、完整性和准确度等特性对群智数据质量进行评估。海量人群所携带的移动智能设备可以看成物理空间的传感器，能够实时感知物理空间中发生的事件，而海量的终端设备会在与环境交互的过程中产生大量的交互数据以及本身的状态数据。这些群智数据包含各种模态，如图片、语音、视频、文本等类型，通过训练将多模态数据映射到共享空间，可以得到多模态群智数据的统一表示，实现对多模态群智数据内容的高效理解。根据多模态群智数据的统一语义表示进行数据的时效性、完整性和准确度等特性的测量，再基于这些数据质量属性进行端设备上的群智数据质量评估,找出内容准确且语义清晰的高质量群智感知数据,为后续的数据优选与汇聚提供保障,如式(3.3)和式(3.4)所示:

$$P(y) = P(y \,|\, T, C, A) \sim \mathrm{DNN}(T, C, A) \qquad (3.3)$$

$$T, C, A = \mathrm{DNN}[\mathrm{SR}(x)] \qquad (3.4)$$

式中,T、C、A分别代表数据的时效性、完整性、准确度特性;DNN为深度神经网络(deep neural networks);SR(x)代表输入多模态数据的统一语义表示,SR为共享向量子空间映射函数。根据多模态数据的统一语义表示,利用深度神经网络对数据的时效性、完整性和准确度等特征进行预测。

(2)终端情境状态度量。通过在终端设备上提早进行前置式的群智数据质量评估工作,可以在数据采集终端处筛选出较高质量的群智数据,以减少海量数据的传输压力。由于异构终端间的性能差异较大且同一设备在不同情境中可以提供的计算能力不同,需要进行终端环境的情境感知,根据感知终端设备所处状态实现动态地调整数据质量评估方案。终端设备状态由计算能力、计算负载、存储以及当前电量等因素共同决定,以一定的时间间隔测量终端设备当前所处状态数据,进而根据状态数据对终端设备所处情境进行量化,实现终端设备情境动态感知。然而,实时感知终端设备的各种状态数据是较为困难的,可能只能从中获取一部分的状态数据。在此情况下,可根据已收集的终端设备历史状态数据,构建终端设备情境演化的事件序列模型,再利用循环神经网络(recurrent neural network, RNN)对终端设备状态变化的时序特征进行建模,实现在状态数据缺失的情况下终端设备情境的预测,如式(3.5)所示:

$$P(y_t) = \mathrm{RNN}(C_{t-1}, L_{t-1}, S_{t-1}, E_{t-1}, y_{t-1}) \qquad (3.5)$$

式中,C、L、S、E分别代表终端设备的计算能力、计算负载、存储、当前电量等状态因素。

式(3.5)根据已收集的终端状态参数,利用递归神经网络捕捉设备状态之间的时序变化,实现对终端未来时刻的情境状态预测。

(3)终端情境自适应的数据质量度量。在获得终端情境信息后,根据情境对群智数据质量评估模型进行动态调整,以提高质量评估模型的计算效率,实现更加高效群智数据质量评估。此处采用基于模型压缩的深度学习方法构建资源受限环境下的数据质量评估模型。如在计算力较低的终端设备上可采取对质量评估模型进行压缩来降低模型复杂程度的措施,该方案通过牺牲一定的质量评估准确率来保证质量评估的高效性。在计算力较高的终端设备上,主要以质量评估的准确性为目标进行模型结构的调整。根据异构终端的多维能力来建立可伸缩的情境自适应质量评估模型,实现终端群智数据质量的实时评估与选择。

3. 群智创新设计的角色筛选及任务分配

为了增强计算机的信息感知能力,需要对数据进行一系列操作流程。为了在最小成本开销下高效地实现满足数据质量评估标准的数据分析,一方面需明确该设计所面向的用户并明确用户需求,另一方面需对已知的工作量与计算单元做明确的分配。唯有在合理的任务分配、解析与调度下才能探索得出最高效的途径,本节将针对群智创新设计的角色筛选及任务分配开展介绍。

1)用户特征及需求分析

用户特征分析又称为用户画像。1998 年,现代交互设计之父 Alan Cooper 在 *Why High-Tech Products Drive Us Crazy and How to Restore the Sanity*(《为什么高科技产品让我们疯狂,以及如何恢复理智》)中首次提出用户画像(persona)的概念,也就是真实用户的虚拟代表,是建立在一系列真实数据之上的目标用户模型,由企业或者第三方通过大数据管理平台收集并整理。用户画像除了可以优化客户关系、监测销售成果外,还可用于产品需求挖掘与交互设计。信息化时代下各产业都愿意尝试建立多维度的用户画像,而设计产业更是不乏需要直接面向用户的场景,因此通过用户画像开展用户需求分析是决定设计产业绩效的关键环节。

用户画像在技术层面上利用大数据分析将多维度数据进行整合,通过各种形式的调研了解用户,根据用户目标、行为和观点的差异,将所有用户区分为不同的类型,再从每种类型中抽取出典型特征作为标签,为每个用户贴上对应的标签,并进一步描绘出顾客或目标人群的标签组成,以抽象出一个用户的全貌。当今主流的标签类别主要分为以下几种:①最基本的人口属性,包括性别、年龄、教育水平等;②用户浏览行为,包括高频浏览的广告类型,以及通过何种平台进行浏览、访问网页时长等;③购买行为,包括购买过的产品,以及从哪些平台与渠道购买等。

用户画像是在大数据时代下逐渐被重视的用户分析方法。用户画像技术将过去营销人员难以通过调研得出的顾客信息整理出来,使企业更了解他们的习性与行为,为广告推荐、内容分发、活动营销等诸多互联网业务提供了更多的可能性,也更利于精准营销及其他策略的规划。用户画像的应用一般分为两种:第一种是通过分析已有的用户画像将所有目标人群的形象描绘出来,再将其与其他未能放在大数据管理平台上进行标定的数据相比较,经数据整合并产出一份洞察报告,如高德地图的地域分析即是使用该方案;第二种是通过用户画像了解目标人群较显著的标签,并通过 look-alike modeling(一种基于种子用户进行相似人群扩展过程的建模方法)挑选出优秀的模型 ID(identity document,身份证件)用作打分,将符合目标人群特征的 ID 做成人群包。目前,该方案已被大量应用于精准广告投放业务中。

一份成功的用户特征提取报告能够高效地洞察目标对象的潜在需求。在广泛使用用户画像进行需求分析之前，传统严谨的需求分析需经历目标制定、范围定义、功能评估、利益相关者需求评估与可行性分析等缜密过程，如今的信息采集与分析技术已可将上述过程的一切信息都统合进大数据系统。在数据的驱动之下，缜密分析用户特征后所反映出的用户需求往往较传统方法覆盖得更加全面，也更能探索出用户没有直接提出或无法主动清楚描述的隐性需求。

2) 自然界中的任务分配

许多社会性昆虫群落中都存在劳力分工的现象，在群落层面表现出的任务分配适应能力与个体行为随环境扰动调整的能力有关。基于响应阈值建立的模型能将个体行为的可塑性与群落表现出的适应性联系起来。此处的响应阈值指的是个体对任务相关的刺激做出反应的可能区间，具有低阈值的个体比具有高阈值的个体对任务更加敏感，具有低阈值的个体会在受到更低的刺激水平时执行任务。

基于响应阈值建立的模型可扩展为一种自主学习机制。当个体执行给定任务时会导致响应阈值降低，不执行任务则会使响应阈值增加。这种双向的学习与强化过程会导致专业个体的出现，即某些个体对某种特定任务的刺激更加敏感。固定响应阈值模型可在多智能体系统(multi-agent system, MAS)中进行任务分配，其效果类似个体通过竞标的方式获取资源或执行任务的市场原理模型；带有学习能力的响应阈值模型可使多智能体系统中的个体在执行任务的过程中产生差异性，相较于使用固定响应阈值的任务分配方法，采用这种任务分配方法能够更快地、更稳定地处理系统扰动问题。

在昆虫群落中，不同的活动通常由不同的特化个体负责完成相应任务并同时进行，这种现象称为劳力分工。学界通常认为特化个体同时执行任务比非特化个体顺序执行任务的效率更高。这种并行处理任务的方式避免了频繁任务切换带来的过度成本，节约了个体能量和任务完成的时间，提高了个体在执行特定任务时的效率。除劳动分工外，社会性昆虫群落还会表现出生殖分工，即群落中只有一小部分个体可以进行繁殖。相较于生殖分工，社会性昆虫群落在劳作层面往往存在更细致的分化，主要以三种形式体现，且这三种形式可能同时存在，具体如下。

(1) 时间多态性。指处在相同年龄段的个体会形成一个年龄分化层，层内存在个体间执行相似任务的现象。目前的研究尚无法确定客观的衰老是否是形成时间多态性的主要原因。个体行为改变的速度会以层为单位受群落内部状态、所处外在环境等因素的影响。

(2) 劳务多态性。蚁群与蜂群存在较明显的劳务多态性。在具有劳务多态性的物种中，个体间可能因被赋予执行不同任务而存在形态上的差异。该现象可双向从形态分化或劳务分化对物种外形与劳务内容进行分类推导。

(3) 个体差异性。即使在同年龄阶段或相同形态分化中，个体间也可能存在执行任务的次序和效率的差异。当一组在给定时间内执行相同任务的个体存在行为分化时，可被称为个体差异性。

与生殖分工相比，劳力分工很少是一成不变的。在一个群落中，执行维持生存和延续种族任务的个体比例会随群落内部扰动或外部竞争而变化。在自然环境中，食物供应、捕食难度、气候条件、群体发育阶段及季节条件等因素会影响群落劳作分工的规模和结构。为了适应不断变化的环境条件，群落必须将劳力合理分配给各项任务。以自然界生物为例，任务分配模式的变化可以通过改变群落大小、结构和组成等方式直接实现，也可以通过增加巢穴维护、巢穴修复和防御需求等方式间接实现。人类在分工种类上的划分会比其他生物更为细致，依照不同场景对任务解析并进行分工上的调度能力是人类胜过其他物种的关键，而人类也通过算法将该部分技能移植到数据分析工作场景中，面向不同目标进行灵活的调节。

3) 多场景下的任务解析及调度

在充分理解用户需求并经过合理的任务划分后，可以精准得到由配置节点分割出的工作内容，并探索任务调度过程中的规则及其依赖关系。群智信息感知任务不同于普通任务，它有两个特性：①群体思维和表达习惯的多样性，同一个问题可以通过多种表达方式进行描述；②任务结果的非唯一性，参与者改变或执行时间不同会导致同一任务产生无限多组均满足条件的执行结果。在三元空间中的异构感知节点参与了感知数据采集后，如何有效协调各感知节点以达到最好的任务完成效果，是任务解析与调度的价值所在。

群智信息感知中的感知任务涉及三元空间中一些复杂的感知任务，因此任务完成的方式并不局限于单个感知节点的独立感知，可能包括多个异构感知节点的协作感知，其中任务类型可以通过静态、动态方式进行分类，也可以根据其时空情境、紧急程度进行分类。感知节点的类型是多元化的，除社会空间中的个体、群体及其携带的智能移动设备外，还包括信息空间中的云设备、边缘设备及物理空间中的物联网终端设备。由于三元空间中异构感知源存在差异性、互补性等特点，在人-机-物协作的群智感知背景下，设备可以较全面地覆盖感知维度并执行更加复杂的感知任务。

在感知任务被深入解析且节点被精准部署后，需要探讨如何在资源有限负载的前提下进行任务分配与调度。不同情况下感知任务的需求不同，节点属性不同，在定义优化问题时的优化目标与约束条件也不同。整个任务处理过程可以划分为三阶段：①发布任务阶段；②分配任务阶段；③执行任务阶段。单个任务发布过程不具有排他性，发布当下无法预见计算单元当前是否仍有其他任务正在进行，因此需将单任务分配问题与多任务分配问题分开讨论，其中多任务分配问题又将进一步区分同构与异构的任务。

解决单任务分配问题需要在满足一定约束条件下找到最优的节点，该问题主要探讨如何优化能源消耗、降低激励成本并提高感知成果质量等。面对多任务分配问题时，调度工作需考量任务内容之间是否同构。如果是同构任务，可能仅是作用的任务位置存在差异，在分析资源富足程度后即可构建最小支出最大流（minimum cost maximum flow, MCMF）模型来求解该问题。最小支出最大流模型指的是传输网络中的每一条路径除了对承载能力有一定的约束，还标记了单位承载能力下所需的支出成本，利用算法寻求一种满足所需流量的任务分配方案来完成调度，并使完成整体任务后的"流量"乘以"单位费用"的总和达到最低。将此模型思想引入同构的多任务分配工作中，仅需将每个任务依照节点负荷能力合理分配完成即可，并在已知任务量的前提下寻找最小支出方案。

面对多任务且异构的分配问题时，需要考虑每个任务的需求差异。Li 等[14]考虑了一个面向异构感知任务的动态用户选择问题，即在用户需求动态出现的情况下如何进行合理的任务分配，这些异构任务都具有不同的时间和空间需求。该方法的目标是在满足任务覆盖约束的同时最大限度地降低感知成本，并且提出了三种贪婪算法来解决此动态用户选择问题。Xiao 等[15]研究了时间敏感任务的用户选择问题，即每个任务都有一个完成时间的期限要求。为了解决此问题，Xiao 等[15]还提出了一种概率任务分配方法，即被分配完成任务的用户将在一定的概率下完成被指派的感知任务，其中多个用户可以协作执行任务以满足任务期限。如图 3.6 所示，概率协作的感知任务分配可以简单地由 U、S、P、C 描述。其中，U 是用户集，S 是任务集，P 是用户在每个传感周期中执行任务的完成概率集，C 是用户执行任务所需的成本集。各用户与对应任务间的概率是通过"访问任务节点次数/被记录的传感器周期"计算得出的，即在五个传感器周期内，访问了一个任务三

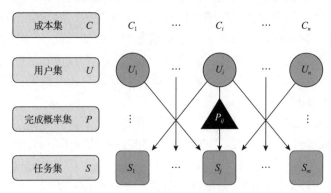

图 3.6　概率任务分配方法

次，其两者间的概率即为 0.6，目标是在多用户的协力之下于成本限制内完成所有任务。

在不同场景下的任务解析及调度工作中，最为关键的是如何充分理解用户需求。群智信息感知工作整体一直围绕着这个中心思想，唯有在对目标任务有深刻理解后才能更具针对性地去寻找技术方案。因此，群体智慧下的数据处理及任务分配策略都是严格面向需求提出解决方案，最终都必须回归问题本身才能较准确地评价整个工作流程的完整度。

3.2.2　技术支撑下基于隐私保护与信任的激励机制

硬件技术的进步带动了个人数据记录能力和存储能力上限的提升，将计算技术引入数据分析工作的做法也有效提高了数据分析的效率与准确度。在软硬件技术支撑的信息化时代下，大量待分析、待赋能的数据放大了个人数据隐私被滥用的风险。在传递信息、共享资讯的同时确保个人身份信息不被泄露是每位用户都需要具备的意识，高效的信息往来在带来便捷生活的同时，也带来了更多社会、道德、法律和技术方面的挑战。

2019 年 2 月，谷歌推出密码检查器 Password Checkup，这是一个可以帮助用户检测在网站上输入的用户名和密码是否已被盗用的 Chrome 扩展程序。Password Checkup 是依赖于隐私集合交集 (private set intersection, PSI) 的加密协议，收集了超过 40 亿个已知不安全或已外泄的账号和密码，用户安装后在登录任何网站时，谷歌便会主动侦测账户密码是否在外泄名单中。值得注意的是，Password Checkup 会自动读取保存在谷歌浏览器中的账号和密码，采用 Hash 算法加密数据后再发送到谷歌服务器进行比对。鉴于密码检查的机密性，谷歌强调所有的加密工作都会在本地完成，因此用户无须担心密码传输过程中出现意外泄露。由此可见，商业应用场景对隐私保护工作的重视度也在逐渐提高。

1. 设计知识的产权保护

医疗系统、银行、社交网络等都需要大量收集用户的个人偏好、财务状况、健康状况和个人信用等隐私信息，许多系统会利用大量隐私信息来分析和预测人类的行为，然而在间接使用数据或转移数据的过程中往往忽略了隐私保护的重要性。如果没有稳定可靠的解决方案，隐私问题将会在信息传递过程中被放大成更加复杂的问题。在设计产业中，企业非常注重对收集所得数据的隐私保护工作，因为这些知识内容与数据一旦泄露就可能会快速地被应用至其他商业场景或暴露给公众。

除个人资讯的隐私信息外，各领域的创作者包括作家、艺术家、设计师、程序设计人员、发明者及其他专才的心血都应该受到保护，社会需通过保护知识产权打造一个可以使创作者尽情发挥创意的环境。《中华人民共和国商标法》《中华人民共和国专利法》《中华人民共和国著作权法》等法律颁布后，我国已形成相对完善的法律体系，基本能保障创作者的权益。随着 2020 年 3 月乔丹体育与 Jordan Brand 长达八年之久的商标争夺战落下帷幕，百年品牌王老吉与加多宝的侵犯商标使用权一案尘埃落定，健全的法规已被证实能较好地保护经正规流程取得的产权。而在数据信息时代下，许多成果的产出并未在明确法律条文的适用范围内，或在成果产出的过程中极易被盗取，导致该类型的知识产权面临较大被侵犯的威胁。即使《中华人民共和国数据安全法》和《中华人民共和国个人信息保护法》已明确说明数据财产权为新型民事权利，数据财产权的拥有者仍较难在无专业人士指导的情况下通过明确的产权范围界定指标来保护自己，导致设计知识存在被有心人士盗用的风险。企业特别重视知识产权保护议题的原因有以下三点：

(1) 数据财产权的价值高。

(2) 当数据成为生产要素并投入生产经营活动时，将直接牵连数字经济永续发展的可能性。

(3) 数据的可无限复制、使用无排他、利用无损耗等特点，将可能无限放大原创者的损失。

设计过程的数据积累有时是无感知且无法量化的，因此对设计知识的产权保护尤其需要关注。除了法律上的基础保障，设计产业仍可以借力计算机相关技术对设计信息进行具象化，将数据量化为具体的价值，以此作为保护措施，维护自身权益。

2. 设计知识的隐私保护

在许多数据应用场景中，为享受基于定位的高效服务以及确保任务数据的高保真提交都需要参与者提供精准的位置信息。针对此类效益与隐私的平衡问题，学界已提出许多隐私保护方案，如隐匿位置保护技术、假位置数据技术、位置抑制发布技术等。但在设计知识的产出过程中，由于数据来源的广度，隐私保护的议题已不能仅停留在用户操作行为层面，而应深入涉及思想与知识层面。

基于隐私保护的角度，数据挖掘是利用数据产出设计知识的最佳方法之一，因为该技术在使用数据的过程中基本无须披露被视为用户隐私的信息。隐私保护数据挖掘(privacy-preserving data mining, PPDM)为解决隐私保护问题，经常通过添加数据扰动对数据进行加密与修改。PPDM 可大致分为两种方法：一种方法是先对原始数据添加噪声或随机化再进行分析的方法，这种分析方法已被业界实际应用于多种场景，但仍存在一定的安全隐患；另一种方法是限制数据分析师不能获取除输入和计算结果以外的信息，但由于计算效率大幅降低且不实用，并未被广泛采纳[16]。为了权衡计算的安全性和实用性，计算过程中需要反复对 PPDM 方法做选择，其中统计披露限制、关联规则隐藏、同态加密、去身份识别和隐私模型等技术在计算机领域正被高度关注。PPDM 可通过对原始数据库元素进行系统地修改，再利用数据扰动来维护记录的机密性，并且通常会将数据扰动设置在计算复杂度较低时运行，以针对性地保护高危隐私数据。PPDM 技术的隐蔽性几乎无法使攻击者或第三方用户区分原始数据集和扰动数据集，医疗、金融与社交媒体平台等都是 PPDM 常见的应用场景。医疗机构中一个应用 PPDM 的例子是糖尿病预测，该研究通过将数据匿名化和使用数据扰动方法来保护数据隐私，由此帮助医生预测糖尿病患者的风险，而金融机构中的诈骗检测及社交媒体的社交网络分析都使用差分隐私方法来保护用户隐私。

将设计知识拆解为人、机、物之间的运作机理，有利于深入地探究隐私保护。除了最初的数据采集阶段及数据挖掘阶段可能遭遇威胁，此过程中的通信交互、数据汇聚、数据发布、数据共享等环节均可能面临隐私泄露的风险。微观上可能会遭遇训练数据、模型参数的窃取，进而面临计算机系统的安全问题与可靠性考验；宏观上是知识产物的流失，该问题对于任何行业都是毁灭性的打击。腾讯云安全总经理李滨指出，如果企业无法管理好自身拥有的数据，本身就会带来非常大的合规治理方面的约束和风险。因此，现阶段大型互联网企业均应强化自身技术能力以对抗数据安全的威胁，确保相关敏感、涉密数据遵循统一的处理策略，并对网络系统进行定期技术性检查，防止敏感数据泄露而对公司、用户以及社会产生严重影响。

对于腾讯、阿里巴巴、百度等互联网企业巨头，出于技术或业务需求必须进行数据合作时，都要十分谨慎地选择能够采取适当技术和措施进行数据保护的第三方处理者。对内外部参与各类数据处理工作的当事人及其角色进行梳理、评估和划分，将控制者与处理者各自的职责及义务做区隔，以对知识价值与隐私做出全面的保护。

3. 数据的信任计算

将计算机技术引入数据分析工作的过程不仅在知识与隐私保护方面可能存在问题，数据分析工作者对计算机的过度信任也可能使分析过程中设备的失误决策更难以被察觉。在人-机-物融合的计算背景下，人类与设备之间如何建立起适当程度的信任将显著影响协作成果。智能设备在进行群智信息感知的工作中，数据协作采集过程可能会存在虚假数据携带问题而影响数据质量，或存在个别节点将不可靠的本地参数上传问题而影响任务执行的成败，因此节点间传递数据的过程需要依赖健全的信任计算技术。由于计算单元存在于大量异质的设备上，如智能手机、机器人、边缘服务器、云服务器等，各异构节点彼此间需要通过交互、协作和竞争以完成复杂的计算任务，然而节点间的计算能力、可靠性等存在差异，如何实现可信的节点间协同与任务执行成为一个关键问题。将信任计算引入此问题中，每个节点均可以基于信任相关因素对其他节点进行信任评分，再选择信任值高的可靠节点进行交互或任务分配，可实现对恶意节点的隔离，并将任务集中分配给高可靠性节点，使复杂任务能有效地被完成。信息时代背景下的信任计算不同于传统的信任计算问题，它还具备以下特点。

1) 面向多元问题

信息时代背景下存在数据协作采集、群体分布式学习等不同层面的交互过程。由于恶意设备、设备受限或外界因素的影响，这些多元交互过程中存在不同层面的信任问题，其解决信任问题的方法也不尽相同，因此需要建立多元融合的信任计算机制。

2) 需与人进行交互

由于"人"的引入，信任机制的建立需要考虑人与设备间的信任问题。因此，如何建立人与设备间的信任机制从而实现高效协作在计算中是一大挑战。

3) 处于动态环境中

信息时代背景下存在设备频繁加入或退出的情况，同时设备间的连接或交互关系也在不断发生变化，难以形成较稳定的信任关系，需考虑在动态演化的环境中如何构建信任机制。

群智感知设计场景下的数据采集质量问题和众包类似，存在恶意用户提供虚假数据的情况。除了使用与众包系统信任计算类似的声誉系统外，真相发现(truth discovery)也被用于解决数据收集协作中的数据质量问题。真相发现是一种用于解决多源感知数据间的冲突问题，并从中推理出真实信息的方法。真相发现的思想是：首先依据每个数据源的可靠程度对其分配权重，再通过对数据的加权聚合来估计真实数据，通过对这两个步骤不断迭代，直到满足某个收敛条件后停止。真相发现通常以随机初始化的真相开始，迭代地执行权重估计、真相估计与收敛检验三个步骤。接下来具体介绍在单一数据上的真相发现方法。

(1) 权重估计。给定预估的真相 t，用户 i 的权重 w_i 计算方法如下：

$$w_i = \lg\left[\sum_i D(y_i, t)\right] - \lg[D(y_i, t)] \tag{3.6}$$

式中，y_i 为用户 i 提供的数据；函数 D 可衡量用户 i 提供的数据 y_i 与预估的真相 t 之间的距离，该函数的选择取决于应用场景。

(2) 真相估计。给定用户 i 的权重，预估的真相 t 通过对用户提供数据的加权和来计算：

$$t = \frac{\sum_i (w_i, y_i)}{\sum_i w_i} \tag{3.7}$$

(3) 收敛检验。U 值用来检验预估的真相是否达到收敛, 其基于权重和本轮新预估出的真相来计算:

$$U = \sum_i w_i D(y_i, t) \tag{3.8}$$

4. 激励策略的层次与洞察

在采集群智信息感知的数据时, 经常面临参与者数量不足、数据质量无法提升、隐私敏感与数据安全等问题, 加上用户具有利己性, 总是希望自己收获的回报价值高于付出成本, 而研究人员希望可以在花费较少的时间和金钱的情况下, 使问题得到解决。因此, 需要存在一套合理的激励机制分层次地去促进异构要素间的有机协同与人的高效协作, 以实现系统的高效运转。

用户的行为动机可以分为外在动机和内在动机。外在动机是指通过外部的刺激, 如奖励、表扬等方式来激发工作者产生参与的意愿; 内在动机则是指出于个人兴趣、爱好或自我价值定义等发自内心的需要, 产生做某事的动力。学界一般从回报方式着手将激励机制分为物质激励与非物质激励两类, 也可称为外在激励与内在激励。对于外在激励, 大部分使用的激励机制都是基于博弈论, 包括反向拍卖机制[17]、多属性拍卖机制[18]、双方叫价拍卖机制[19]、维克里-克拉克-格罗夫斯(Vickrey-Clarke-Groves, VCG)拍卖机制[20]、组合拍卖机制[21]以及近似最优拍卖机制等。在众多博弈论方法中, 反向拍卖机制是最常使用的方案。有别于传统拍卖机制中一卖方多买方的形式, 反向拍卖机制指的是一种存有一位买方和许多潜在卖方的拍卖形式, 价低者获胜。反向拍卖机制应用于数据采集工作, 在研究存在一个明确需求后, 数据采集工作者探寻如何以最低成本的方案取得最高的数据质量。当协同工作者受到外部激励时, 由于这种激励并非源于他们对任务完成的内在需求, 他们往往会过于关注完成任务后所能获得的利益, 从而忽视了任务完成的质量。

内在激励机制大多通过调动人的内在动机使之产生向往感, 以激励其参与一系列活动。机制是利用用户的利他主义或游戏化等行为, 通常由个体对任务本身的内在兴趣或自我实现来驱动, 而不依赖于外部压力或对奖励的追求[22]。近年来, 国内外学者的研究大多是从娱乐性质、社交导向、情感归属以及自我认同感的提升层面对工作者进行激励。内在激励机制是使协同工作者产生内驱力, 对于任务完成质量一般会建立在工作者较高的投入之上, 因此在采集数据的过程中研究者更渴望通过内在激励机制与协同工作者达成共识。激励策略的层次架构如图 3.7 所示。

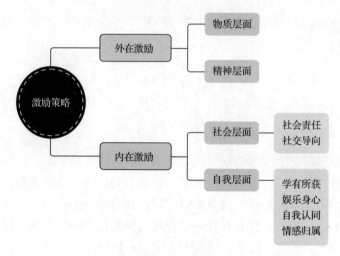

图 3.7　激励策略的层次架构

3.2.3　群智感知计算系统案例：CrowdOS

随着众包和群智感知技术的兴起以及传感技术的进步，大量基于群智感知的众包平台和应用软件出现，并被应用于环境监测、智慧交通、公共安全等领域，如城市噪声监测系统 CrowdNoise[23]、静态障碍物检测系统 CrowdWatch[24]、移动目标感知技术 CrowdTracking[25]等。这些平台和应用能够提高城市的治理效率，降低人工维护成本，但同时也存在一些缺陷：①这些平台和应用大多是为一些特定的任务而设计的，独立性强，复用性差；②这些平台和应用大多在理想的环境中运行，成果难以应用和推广；③这些平台和应用更关注功能的实现，不仅缺乏对系统资源的统一管理，也缺乏对任务结果的评估和改进。

面对以上缺陷，西北工业大学郭斌团队基于泛在操作系统(ubiquitous operating system, UOS)的思想[26]，开发了开源群智感知操作系统 CrowdOS[27]。CrowdOS 是一个基于众包和移动群智感知的泛在操作系统[28]，它能够兼容运行多种类型的众包平台，处理同质和异构任务，管理优化多源异构群智知识数据，解决群智平台和应用的普适性和扩展性、系统资源管理及数据质量评估和优化等问题，为群智创新系统中的需求群落与资源群落间的成果交付和资源变现搭建桥梁。下面对 CrowdOS 的体系框架和核心机制进行介绍。

1. CrowdOS 的体系框架

CrowdOS 采用"云-边-端"架构设计，运行在原生操作系统和上层应用软件之间，包括感知端(sensing-end)和服务器端(server-end)，其系统架构如图 3.8 所示。

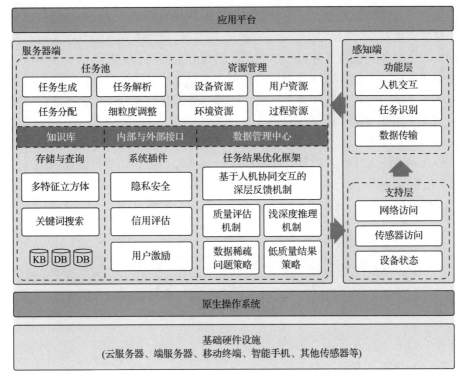

图 3.8 CrowdOS 系统架构

感知端内部分为两层：底层是支持层，功能是获取设备状态、封装传感器接口和数据传输格式、收集设备信息并将其存入结构体中；上层是功能层，主要负责人机交互、任务识别和数据传输。感知端部署在各类感知设备上，它由两类设备组成：第一类是具备人机交互功能的便携式智能传感设备，如智能手机和智能手表；第二类是部署在物理空间中的传感器，如车辆传感器、水质监测传感器和空气质量传感器等。

服务器端主要负责任务调度和分配、资源存储和管理、数据处理和结果优化。服务器端可以细粒度解析和处理任务，管理群智数据，并将任务合理分配给任务执行者，再将收集到的方案存储、评估和优化，最后构建统一的群智知识库，实现群智任务的全流程管理。服务器端通常部署在服务器集群、云服务器或者边缘服务器之上。

服务器端结合了多个模块和创新机制。任务池模块对接收到的任务进行解析、调度、分配及调整；资源管理模块对系统中的感知设备、环境资源、用户及任务进程进行综合管理；存储与查询模块提供海量异构数据的分类存储及快速检索功能；系统插件模块提供丰富的系统特色功能，包括隐私安全、信用评估及用户激励等；任务结果优化框架模块主要是优化任务结果，包括基于人机协同交互的深度反馈机制、质量评估机制(quality assessment mechanism, QAM)、浅深度推理机制(shallow-deep inference mechanism, SDIM)和其他具体策略;数据管理中心主要负责管理任务自带的数据、参与者上传的任务数据以及任务执行过程中生成的中间数据,这些多源异构数据大多属于非结构化数据;知识库部分生成并维护系统中的知识和规则关系网;内部与外部接口部分则包括系统内部接口及第三方应用开发调用接口。

CrowdOS 构建了五个动态智能体对系统的任务和资源进行管理,分别是任务智能体(task-agent, TA)、设备智能体(device-agent, DA)、用户智能体(user-agent, UA)、过程智能体(process-agent, PA)、环境智能体(environment-agent, EA),智能体之间能够相互通信,其抽象并定义了系统中的所有资源,具体关系如图 3.9 所示。

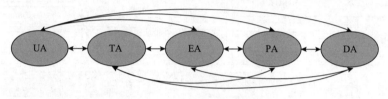

图 3.9　系统资源图谱

2. CrowdOS 的核心机制

1)任务分配及调度

任务分配及调度过程的重点在于,系统要处理多种类型的群智任务,细粒度提取任务的共性和差异,并将任务动态地、合理地分配给用户,还要确保在短时间、低能耗的情况下完成数据收集过程。任务分配及调度框架如图 3.10 所示。

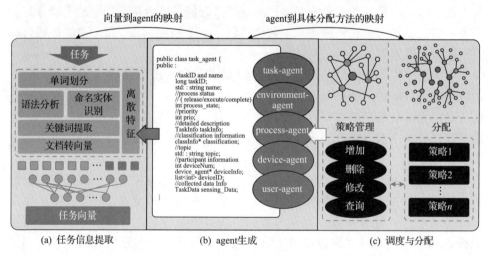

图 3.10　任务分配及调度框架

图 3.10(a)为语义解析和特征提取的过程。系统基于端到端深度学习模型对任务进行自然语言分析，提取任务关键信息，如任务的执行方式、地点、时间等，将这些信息拼接成任务向量，再对提取出的任务关键信息和通过单击按钮或规则选取获得的离散特征进行拼接，将拼接完的特征输入深度神经网络进行统一编码，输出高维中间向量，最后通过解码将向量映射到 task-agent。

图 3.10(b)展示了 task-agent 的简化结构，该 agent 包含任务所有的公共和个体信息。taskID 是任务的唯一标识符；process-state 表示该任务进程的当前状态，用于协助 process-agent 进行任务进程管理；prio 代表该任务的优先级，系统会根据优先级顺序进行任务进程调度；taskInfo 包含任务的详细信息；classification 代表该任务所属的类别，如数据标注类等；topic 代表该任务的主题，可以从关键词信息中提取，如音频采集等；deviceNum、deviceInfo、deviceID 分别代表参与执行该任务的设备数目、设备详细信息以及设备 ID 列表；sensing-Data 是收集到的任务数据集指针，指向存储数据的立方体地址。

图 3.10(c)表示调度与分配的过程，分为策略库、映射模型及策略管理模块。策略库包含多种分配策略；映射模型指的是任务 ID 映射到策略库中的具体策略；策略管理模块对策略进行增加、删除、修改、查询等操作。在对任务资源图谱进行分析和推理的过程中，系统可以将任务 ID 映射到策略库中的具体策略，从而完成该任务的分配策略选取。系统根据选取的分配策略将任务推送给合适的用户。

2) 资源管理

资源管理分为以下几类。

(1) 设备、用户及环境管理：感知终端连接到系统时会被信号触发，自动向系统发送当前设备的状态信息，如设备类型、剩余电量等，系统通过 device-agent 捕获和存储这些信息；系统通过 user-agent 描绘用户画像，user-agent 会记录姓名、年龄、参与任务等通用信息，还会根据用户参与任务的情况生成用户信用等级、用户偏好等个性化信息；environment-agent 负责存储环境资源，这些资源是系统服务器的软硬件集合，涵盖了服务器的架构和处理能力。这些架构可能包括集中式、分布式或边缘式部署，处理能力则涉及系统中中央处理器(central processing unit, CPU)的数量等核心要素。

(2) 任务进程调度管理：系统给每个任务分配了进程识别号作为任务进程存在的唯一标志，这个 ID 存储于 task-agent 及 process-agent 中，由 process-agent 管理。任务进程具有多种状态，除初始态和终止态外，还有生成态、分配态、执行态、处理态及反馈态 5 种状态，它们之间的转换关系如图 3.11 所示。状态外的文字代表执行该状态的主体，箭头上的文字代表状态转换所需操作。正常情况下，任务会从初始态按常规顺序转变为终止态，当任务结果质量不合格时，系统会暂时停留在反馈态。经过推理和修正,任务进程可能再次回到生成态、分配态或处理态,然后按顺序往下执行。

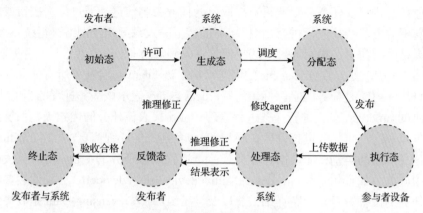

图 3.11　任务进程状态切换

(3)异构多模态数据资源管理:系统中的数据形态和结构复杂多样,包括结构化数据、半结构化数据及非结构化数据。系统利用数据立方体对任务数据进行管理和存储,同时构造多特征立方体结构,以便检索非结构化数据。在立方体空间中进行多维数据挖掘能够将不同任务的数据组合起来,为从海量任务中发现通识性知识提供支持。多特征立方体结构提供了基于多维特征的复杂查询方法,有助于针对性地查找和分析数据。

(4)知识库管理:系统中的知识可分为两类,即既有知识和新知识。既有知识包括预先定义的专家策略、决策规则或模型,如策略库中已存在的任务分配策略等;新知识是从数据集或现有知识中识别出有效的、新颖的、潜在有用的、可解释的内容、方法和模型等,这些知识有助于改进系统机制或更新模型。知识库主要记录了知识地址及知识之间内在的关系,并根据这些记录建立起知识网络;知识库还会根据知识的种类、形式和层级,对知识进行归纳,并分布式地存储于系统的各个模块或列表中。

3)结果质量优化

结果质量优化机制原理如图 3.12 所示。该机制模仿人类思考的过程,依靠分析推理对结果质量进行优化。图中,RSMT 指的是 RDT(reason decision tree, 原因决策树)-SCOL(system correction operation library, 系统校正操作库)的映射表。该框架由下至上可以分为交互层、推理层以及执行层。在交互层中,任务发布者通过输入评价信息或单击界面上的按钮来评价任务完成质量,系统负责分析多样化的评价内容。若分析得出的评价结果优于阈值,系统会执行结束指令,该任务状态随即被转为终止态,任务结束;若分析得出的评价结果未优于阈值,则进入下一层。在推理层中,系统会对任务发布者的反馈内容执行关键信息抽取(information extraction, IE) 和深度分析的操作，推理出现质量问题的可能原因，再根据系统建立的推理模型，将原因映射到问题编码库中。系统找到对应的错误编码，然后进入下一层。在执行层中，系统会将问题编码与对应的内部操作基于已定义好的映射机制进行映射，这些操作大部分是通过修正 agent 中的某些值实现的。修正完毕后，任务会进入新的进程状态。通过各种途径修正的任务结果将再次反馈给任务发布者，等待交互层给出新的评估结果。整个优化过程形成一个闭环，直至任务发布者对任务结果的质量满意。

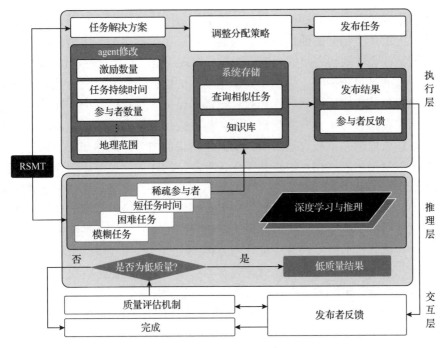

图 3.12　结果质量优化机制原理

3.3　群体智慧建模与优化

1958 年，美国科学家 J. E. Steele 提出仿生学(bionics)的学科概念。1997 年，Benyus[29]在其著作 *Biomimicry: Innovation Inspired by Nature*(《生物仿生学：受自然启发的创新》)中提出，仿生学就是在面对设计挑战时，找到已经解决这一挑战的生态系统，然后尝试模仿。如图 3.13 所示，自然界中如大雁、蜜蜂、蚂蚁等社会性较强的生物，在群体行为层面上表现出智能。基于仿生学的定义，在面临群体的设计挑战时，设计者应当尝试模仿这些自然界中的生物集群，使用群体智能进行创新设计工作。

(a) 雁群集群

(b) 蜜群集群

(c) 蚁群集群

图 3.13　生物集群行为

生物集群的行为主要涵盖了行进、聚集、避险、捕食和筑巢等，建立在这五类行为之上的是生物间的通信行为。与具有神经系统的多细胞生物内部的集中式通信不同，社会性动物之间的通信只能是分布式通信。对于这种特性，Guy 等[30]在解释白蚁的筑巢行为时，提出了共识主动性的概念，将其定义为社会网络中生物个体自治的信息协调机制。在蚂蚁、蜜蜂等昆虫的筑巢过程中，并没有特定个体的基因中存储着整个巢穴的建筑蓝图，集群内部只能通过信息素或其他分泌物的交流来达成建造共识或直接采取行动。生物集群内个体的感知能力和行为能力十分微小，但仍然能够相互协作并完成各种复杂的任务，在群体层面上表现出智能。Beni 等[31]在设计细胞机器人系统时首次提出了"群体智能"这一概念，并将其定义为：个体在一维或二维的环境下组成群体，在与最近邻域的其他个体的交互中形成自组织。埃里克·博纳博等[32]将该定义拓展到受社会性昆虫群落及其他动物社会性集体行为启发的算法设计与分布式问题求解领域中。生物集群还表现出并行性，个体无须掌握所有的信息或者等待某个控制中枢进行决策，而是可并行地对群体决策产生影响。

现有的研究普遍认为，学界在进行仿生设计前，首先需要针对自然界的生物集群进行研究，具体内容包括针对生物集群的行为建模以及定性方式和定量方式结合的行为分析预测等。借助严谨的数学定义和规范的数学工具建立起自然界中有群体智慧的生物集群模型之后，工程师可依托模型建立起类似的人工系统，这些人工系统在无人机集群、无人车集群和传感器集群等场景下具有实践意义。

在某些传统的精确算法无法有效应用的情境中(如旅行商问题)，基于生物群体智慧的仿生优化算法具有出色的表现。同时由于群智算法具有高度的并行性，在分布式系统和云计算技术方兴未艾的今天，群智算法有着更加广阔的应用空间。

本节从群集动力学角度入手，介绍 Boids 模型、Vicsek 模型和 Couzin 模型三类生物集群模型，然后阐述生物集群演化博弈的机制，最后总结蚁群优化算法、粒子群优化算法和人工蜂群算法三类常见的群智优化算法及其实现细节。

3.3.1　生物集群的动力学模型

1. Boids 模型

1986 年，美国计算机科学家 Reynolds[33]建立了一种模拟鸟群的仿真模型，称为类鸟群模型（Boids 模型），提出了模拟鸟类运动的三大规则：分离（separation）、对齐（alignment）和内聚（cohesion），如图 3.14 所示。

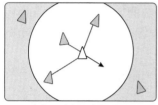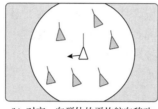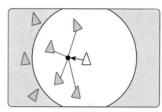

(a) 分离：移动以避免过于拥挤　　(b) 对齐：向群体的平均航向移动　　(c) 内聚：向群体的平均位置移动

图 3.14　Boids 模型的三大规则

分离是指个体计算出某个邻域内群体的质心后，产生一个远离质心的速度。为了避免与邻域内其他个体发生碰撞，个体要避免朝着群体的拥挤处运动。例如，在鱼群等生物群体进行避险时，它们的移动速度很快，但很少发生碰撞或踩踏，就是受分离作用的影响。

对齐是指个体计算出某个邻域的平均速度，产生一个与平均速度方向、数值均相同的速度。该速度会使某块区域内的个体的速度同步，保证群体行进的协调一致。例如行军蚁、候鸟等迁移性动物，群体能够朝着特定方向前进，每个个体很少走失，反映了生物群体的对齐行为。

内聚是指个体计算出某个邻域内群体的质心后，产生一个指向质心的速度。内聚的原因是个体总是倾向于和群体聚集在一起，避免被孤立。内聚现象非常普遍，在非社会性动物群体中也会出现，例如，Jiang 等[34]揭示了不具有社会性的果蝇群体中也能自发聚集形成稳定有序的群体。

在 Boids 模型中，分离、对齐和内聚是按优先级从高到低排序的，避免碰撞是个体在自然界中生存的首要前提，进而才能形成聚集等其他群体行为。只有保证区域内所有个体能朝着相同的方向前进，才能达到并维持聚集的状态。

Boids 模型有一个十分关键的特点——所有的规则都是局部规则，即对个体而言，这些规则都只在以该个体为中心的、范围较小的一个邻域内生效。这与自然界中社会性动物的特点也是相符的，即每个个体的观察能力有限，不能同时探测到整个群体中所有其他个体的行为。这与群体智能分布式决策的特点是紧密相关的，若某个个体可以获得整个群体所有的信息，这个个体就会变为群体控制的中枢，违背了群体的自组织性。

Boids 模型的三条规则体现了生物群体中相互矛盾但又相互平衡的两个特点：①个体对群体有趋向性，总是倾向于聚集在群体中；②个体要求必要的自由空间，每个个体和其他个体之间必须要有一定的距离以避免发生碰撞，因此群体的密度不能无限制地增加，如果没有分离规则，所有的个体最终都会合并到一个点。

尽管 Boids 模型为模拟群体行为提供了基础框架，但它并未充分考虑个体间的差异性。该模型假设个体拥有各自的几何形态和运动状态，却未能深入探讨个体内部的详细特征。具体来说，模型中预设所有个体的探测能力、速度和大小完全相同，仅模拟了基本的避障行为，而未涉及觅食、避险、睡眠等更复杂的动机驱动行为。因此，这只是一种理想化的数学模型。

2. Vicsek 模型

在 Boids 模型的基础上，Vicsek 等[35]于 1995 年提出了自驱粒子(self-propelled particle)模型，又称 Vicsek 模型。这是一种典型的基于生物集群的动力学模型。在基本的 Vicsek 模型中，每个生物个体被定义为一个不可拆分的自治粒子，初始时随机分布在一个有限的平面区域内，并具有随机的初始速度方向，但所有个体的速度大小都是相同的，之后也不会变化。每个个体都能够感应到邻域内邻居个体的信息，这种感测能力对于每个个体也是相同的。

Vicsek 模型总体上的迭代过程如下：

(1)在平面区域内初始化若干个粒子，其位置、运动方向随机，初速度为固定常量 v。每个周期开始时，每个粒子均进行以下步骤。

(2)探测以当前位置为中心某范围内的所有粒子运动方向，得到一个平均方向向量。

(3)检测环境噪声与步骤(2)中的平均方向相加，得到该粒子的运动方向。

(4)沿运动方向运动一个周期的时间，然后重新从步骤(2)开始执行。

与 Boids 模型不同的是，Vicsek 模型主要在统计力学层面上建立生物集群运动的动力学模型，这在一定程度上是对 Boids 模型的简化。同时，Vicsek 模型中引入了噪声和密度的概念，个体的运动不再完全依赖于其他个体的运动，使模型更加贴合真实情况。密度与噪声对群体运动行为的影响如表 3.2 所示。

表 3.2　密度与噪声对群体运动行为的影响

噪声	密度	
	小	大
小	形成群体、随机运动	形成群体、一致运动
大	无特征	不成群体、随机运动

Vicsek 模型中的个体同样也只能收集到局部的信息，个体的视野是一个半径为 r 的圆形。因为不考虑个体本身的大小，所以该模型也没有计算相互碰撞和障碍躲避。按式(3.9)进行有限次的迭代之后，整个集群系统就可以达到一个整体性的、动态的同步。

$$\begin{cases} X_i(t+1) = X_i(t) + v(\cos\theta_i(t+1), \sin\theta_i(t+1)) \\ \theta_i(t+1) = \arctan\dfrac{\sum\limits_{j\in N_i(t)} \sin\theta_j(t)}{\sum\limits_{j\in N_i(t)} \cos\theta_j(t)} + \delta_i(t) \end{cases} \tag{3.9}$$

式中，$X_i(t)$ 为在 t 时刻第 i 个粒子的位置向量；θ 为运动方向单位向量；$N_i(t)$ 为邻域粒子的集合；$\delta_i(t)$ 为随机的噪声向量。

总体来说，Vicsek 模型就是单个粒子通过观察视野范围内"邻居"粒子的运动，结合噪声等环境因素，决定粒子自身的运动方向。在所有的粒子更新自己的运动方向后，整个系统的情况也会发生改变，但最终应该达到一个稳定有序的状态。

Vicsek 模型的可扩展性和可优化空间很大。例如，其中个体的视野范围虽然是有限的，但视角是一个 360°的正圆，而现实自然界中几乎没有生物有如此大的视角，如人眼的视角范围只有180°左右，生物中视角最大的鱼类最多也只有270°。从这个因素出发，田宝美[36]建立了在二维情形下有效的有限视角模型，个体的有限视角场关于个体的运动方向对称；Calvão 等[37]在对群体有序聚集行为的研究中提出了有限视角场范围和凝视方向等概念，他们认为个体的视野不仅有限，而且总是朝着自己运动的方向，更加符合生物特征。另外，原始 Boids 模型和 Vicsek 模型中每个个体的速度都是相同的，Zhang 等[38]为 Vicsek 模型设计了变速协议，使每个粒子都可以拥有不同的速度，在参数调节恰当的情况下仍然可以保证群体的同步运动。

3. Couzin 模型

Couzin 模型[39]是在 Boids 模型的基础上建立的一个更加真实的、可以模拟动物群体运动的模型。Couzin 等[39]将上述 Boids 模型的三个规则拓展为三个区域，分别为排斥区(ZOR)(对应"分离"规则)、取向区(ZOO)(对应"对齐"规则)和吸引区(ZOA)(对应"内聚"规则)，如图 3.15 所示。

排斥区：相当于该粒子所占用的空间体积(碰撞箱)，一旦其他粒子进入该粒子的排斥区，该粒子将马上后退。排斥区的作用是避免个体的基本生存空间被压缩，同时避免个体间的碰撞和挤压。

取向区：该粒子对其他粒子速度方向产生影响的区域。当取向区没有粒子存

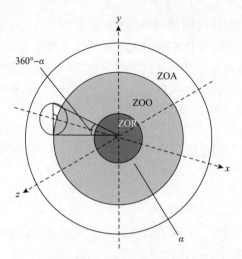

图 3.15　Couzin 模型的三个区域

在时，粒子的运动方向将受取向区粒子平均运动方向的影响，并以此修正自己的运动方向，使自己的运动方向与群体的运动方向趋于一致。在宏观维度上，这表现为群体的方向基本一致，出现从众现象。

吸引区：在吸引区的其他粒子会对该粒子产生吸引作用，从而使粒子出现群聚的现象。因为吸引区处在最外层，宏观上的表现就是距离较远的粒子会有相互靠近的趋势，使群体不会分散开来。

与粒子核心的距离反映了对粒子的影响力大小：若排斥区存在其他粒子，则其排斥作用会比取向区和吸引区的粒子作用大得多，优先级最高；若排斥区没有其他粒子，则该粒子下一周期的运动将表现为取向区粒子平均速度方向和吸引区吸引作用两种影响的复合。此外，环境噪声也会影响单个粒子的运动，粒子形态随取向区大小变化如图 3.16 所示。

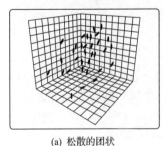

(a) 松散的团状

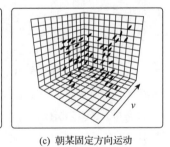

(b) 面包圈状　　　　　　　　(c) 朝某固定方向运动

图 3.16　群体形态随取向区大小变化

从整体上来看，符合 Couzin 模型的群体行为主要由取向区和吸引区的大小来决定。若取向区不存在或极小，则群体会因为吸引区的吸引而聚集在一起，但不会形成统一的运动方向；若取向区存在但远小于吸引区，则整个群体会形成旋涡状；只有取向区较大同时吸引区也存在时，群体才能形成平行且聚集在一起的规律运动行为。

针对 Boids 模型和 Vicsek 模型都存在的全视野问题，Couzin 模型中引入了 α 作为粒子的视场角。如果有些粒子处于取向区和吸引区中，但不在该粒子的视野范围内，也不能被该粒子感知到。除此以外，自然界的生物往往灵活性有限，很难在极短的时间内急转弯。Couzin 模型中也考虑到了这个问题，模型参数 θ 代表粒子在单位时间内能转向的最大极限角度的绝对值。如果计算的预期方向与当前方向的差值超过了 θ，粒子就只能沿该方向转过 θ。

由于 Couzin 模型中粒子的个体仍然是恒定的，Dong 等[40]提出了一种可以替代原有恒速策略的速度自适应策略，并用仿真结果证明了该策略能使模型的收敛速度变快；Conradt 等[41]指出，Couzin 群体中的某些个体如果刻意地改变自己的行为参数（如速度、各区域大小等）来增加或减少自己在群体中的影响力，可能会增加群体分裂的风险或者降低群体运动的效率。

3.3.2　从生物集群到人工集群的映射

研究生物集群的目的是仿照自然生物集群的特点来建立人工集群系统，并以此解决实际问题。3.3.1 节中介绍的三种动力学模型可以启发一些如无人机、智能车群和机器人集群等人工集群的设计和实施。本节将分别介绍 Boids、Vicsek 和 Couzin 三种模型在人工集群系统中的应用案例，以此来说明从生物集群模型到人工集群的映射方法。

1. Boids 模型在航线规划问题中的应用

Dhief 等[42]使用 Boids 模型来解决北大西洋空域（North Atlantic Airspace, NAT）中的航线规划问题。北大西洋空域虽然面积宽广，但因为雷达不易部署且覆盖范围有限，飞机实际可飞行的空域极小，一直被认为是世界上最拥挤的海洋空域。因此，飞机必须遵循预先设定好的航线来飞行，这些航线在航空领域有着严格的标准，如航线之间的间隔等。航班在飞行期间如果与其他航班产生冲突将会改变航线，但这样会产生相当高的时间成本，也会限制整个航空区域的容量。研究者受 Boids 模型的启发，设计了一种优化算法来动态调配飞机的航线，而不是遵循工装样件（off tooling samples, OTS）的标准来安排航线，在保证航班之间不发生干扰的情况下，使飞机尽可能快地前往目的地。

在该问题中，每趟航班有如下参数：

（1）航班在 NAT 中的入口经纬度和出口经纬度坐标。

（2）以英尺为单位的巡航高度，这一参数在整个飞行过程中应当是不变的。

(3) 期望进入空域的时间。

(4) 以节为单位的飞行速度，这一参数在整个飞行过程中应当是不变的。

由于巡航高度是不变的，所以飞机可以看成在一个二维平面上运动。在没有应用 Boids 模型时，实验证明这种模型不能保证各个航班之间无冲突，因此航班之间进入 NAT 的时间间隔是 20min，这会严重影响空域的航班容量和通航效率。

为了将这个问题引入 Boids 模型中，定义新的决策变量如下：

(1) (p_i, V_i) $(i=1, 2, 3, \cdots, N)$，其中，$p_i(x_i, y_i, z_i)$ 代表第 i 次航班的当前坐标，V_i 是第 i 次航班当前的运动方向向量。

(2) d_{in}，代表在入口的延迟。

(3) p_{in}，已分配的入口点的坐标。

(4) p_{out}，已分配的出口点的坐标。

最终要确定一组这样的变量，保证没有冲突的航线，同时每架飞机在入口和出口的延迟要符合期望时间的限制（通常为 3min）。

为了保证 Boids 模型中分离规则的落实，设定每架飞机都有一个保护区，在几何区域上表现为一个圆柱体，圆柱体的半径等于飞机之间的最小横向间隔，高度相当于飞机之间的最小垂直间隔的 2 倍。

其中，运动方向向量 V_i 定义为

$$V_i = 60V \frac{U_i}{\|U_i\|} \tag{3.10}$$

式中，i 为航空器的编号（下同）；V 为航空器的速率，m/s；向量 U_i 为以下五个向量的加权和。

(1) 对齐向量 A_i，对应 Boids 模型的对齐规则，是邻域内飞行器速度的均值。

$$A_i = \frac{\sum_{k \in N} V_k}{N} \tag{3.11}$$

(2) 分离向量 S_i，对应 Boids 模型的分离规则，根据自身与邻域内其他飞机的距离计算而来。

$$S_i = \frac{\sum_{k \in N} [(P_i - P_k) / \text{dist}^2(P_i, P_k)]}{N} \tag{3.12}$$

(3) 内聚向量 C_i，对应 Boids 模型的内聚规则，需要计算出邻域内所有飞机的中心点，记为 F_C，C_i 为自身位置 P_i 指向中心点的向量。

$$F_{C_i} = \frac{\sum_{k \in N} P_k}{N} \tag{3.13}$$

$$C_i = F_{C_i} - P_i \tag{3.14}$$

(4)目标向量 D_i,为飞机在空域的出口坐标。Boids 模型中并不存在目标位置,此处是根据实际问题引入的。

(5)初速度向量 U_{pred},为飞机进入空域时的速度方向,相当于 Boids 模型初始化时粒子的初速度方向。

最终可以得到上述五个向量的加权和:

$$U_i = \omega_1 U_{pred} + \omega_2 D_i + \omega_3 A_i + \omega_4 S_i + \omega_5 C_i \tag{3.15}$$

式中,$\omega_j (j=1, 2, 3, 4, 5)$ 为系数,用来调整各向量之间的权值。

在仿照 Boids 模型建立了飞机在 NAT 的航线模型后,Dhief 等[42]采取模拟退火算法进行仿真,并收集了该空域某特定时间真实的 200 架次航班的数据进行验证。最初这些航班产生了 3620 次冲突,应用该模型后冲突减少到 39 次。后续的多次实验也证明,尽管该模型无法得到无冲突的解决方案,但能显著减少冲突,大大提高了通航效率。

这项工作将飞机通航问题与鸟群集群行为联系起来,重点参考 Boids 模型的三条规则建立了航线模型,打破了航班要遵循 OTS 飞行的固有思维,采用动态调配航线的方法,提升了通航效率,降低了航空公司的成本,是人工仿生集群建模在航空领域应用的代表案例。

2. Vicsek 模型在智能机器人方面的应用

Lin 等[43]在工业智能领域研究自动导引车(automatic guided vehicle, AGV)的多体路径规划问题时,改进了 Vicsek 模型,使之能够规划多机器人到达指定目的地的路径,即 leader-Vicsek 模型。与传统的 Vicsek 模型中粒子群体不考虑固定的目的地、由群体自由地生成随机前进方向的方法不同,leader-Vicsek 模型将通过指派虚拟领导者的方法,使粒子群体(AGV 机器人群体)能够以最优路径自动前往人为指定的目的地。

Vicsek 模型的初始条件是在平面上有完全相同的若干粒子做方向随机的运动,每个粒子下一刻的运动方向会受群体和噪声影响。从宏观上来看,该模型收敛以后群体的运动方向也是随机的,而工业界往往期望机器人能够前往人为指定目的地的同时又能依据群体情况选择较优的路径,因此直接应用 Vicsek 模型是不可行的。

Vicsek 模型的多 AGV 路径规划流程如图 3.17 所示。其中，构建存储地图和生成无碰撞区域的步骤将道路环境复杂以及有可能触碰障碍物等现实状况纳入考虑范围，相当于将 Vicsek 模型的理想化平面区域做了更为现实的改进。最初的 AGV 个体在分组后，仍然按照 Vicsek 模型的初始化方法产生随机的初始方向和位置，但在指定虚拟领导者之后，其他 AGV 被称为跟随者，跟随者的速度转向将主要由虚拟领导者决定，虚拟领导者则按照目的地来修正方向。需要特别指出的是，虚拟领导者并不是一直不变的，当 AGV 进入不同的区域时，有可能会改变自己所在的 AGV 群组，并产生一个新的虚拟领导者，直到最终到达目的地。

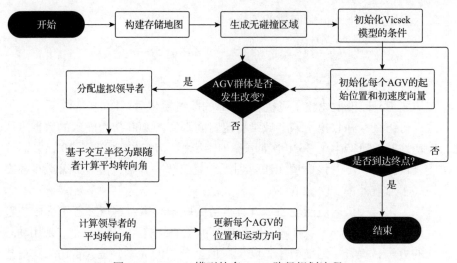

图 3.17　Vicsek 模型的多 AGV 路径规划流程

Vicsek 模型的动力学方程为

$$v_{ix}(t) = v_i \sin \theta_i(t) \tag{3.16}$$

$$v_{iy}(t) = v_i \cos \theta_i(t) \tag{3.17}$$

$$\theta_i(t) = \theta_i(t - \Delta t) + \int_{t-\Delta t}^{t} \omega \mathrm{d}t \tag{3.18}$$

$$x_i(t) = x_i(t - \Delta t) + \int_{t-\Delta t}^{t} v_i \sin \theta_i(t) \mathrm{d}t \tag{3.19}$$

$$y_i(t) = y_i(t - \Delta t) + \int_{t-\Delta t}^{t} v_i \cos \theta_i(t) \mathrm{d}t \tag{3.20}$$

式中，$(x_i(t), y_i(t))$ 代表 AGV 的位置；$\theta_i(t)$ 为随时间转过的角度；ω 为角速度；v_i 为 Vicsek 模型中的恒定速率；Δt 为时间节拍(周期)。

AGV 按角度和位置更新运动方向的方法与传统的 Vicsek 模型是类似的，即

$$r_i(t + \Delta t) = r_i(t) + v\Delta t \begin{pmatrix} \cos\theta_i(t) \\ \sin\theta_i(t) \end{pmatrix} \tag{3.21}$$

$$\theta_i(t + \Delta t) = \theta_i(t) + \eta_i(t) \tag{3.22}$$

$$\theta_i(t + \Delta t) = \arctan\frac{[\sin\theta_i(t)]_r}{[\cos\theta_i(t)]_r} + \eta_i(t) \tag{3.23}$$

式中，$\eta_i(t)$ 为噪声；平均方向 $\arctan\dfrac{[\sin\theta_i(t)]_r}{[\cos\theta_i(t)]_r}$ 根据交互范围 r 和位移 $v\Delta t$ 来计算。

改进后的模型分配动态的领导者进行路径规划，以实现更快收敛，同时使 AGV 群体能够选取更优的路径，以更准确地到达目的地。在模型初始化时，AGV 分组、目的地指定、初始参数分配等步骤是进行集中决策的，而群体路径规划步骤是进行分布决策的。

对该模型通过 MATLAB 软件进行仿真实验，验证了其可用性。在实验中发现，由于计算公式的限制，部分个体转向的角度超过了 360°，这显然是无意义的。因此，模型中将角度限制为 0°～360°，降低了不必要的旋转带来的时间和能源成本。

这项工作从生物的群集和跟随现象出发，借助生物群体的动力学模型解决了工业上的多体路径规划问题，是典型的通过改良 Vicsek 模型将自然群体智能模型映射到人工系统的案例。

3. Couzin 模型在互联车辆集群系统中的应用

随着无人驾驶技术和工业互联网的出现和普及，无人驾驶的车辆形成集群并借助无线通信的方式进行互联成为可能。Tian 等[44]在研究互联汽车集群系统时基于 Couzin 模型提出了一种车辆无线互联模型。该模型引入了势场的概念，将 Couzin 模型中的吸引区描述为由预期移动性产生的势场，将 Couzin 模型中的排斥区描述为避免碰撞和道路限制产生的势场，最后将这些势场综合起来，设计和分析作用在互联车辆集群的势场。

该模型中将车辆 i 所受的力描述为

$$m_i\dot{v}_i(t) = F_i^{(1)}(t) + F_i^{(2)}(t) + F_i^{(3)}(t) \tag{3.24}$$

式中，m_i 为车辆 i 的质量；$\dot{v}_i(t)$ 为车辆 i 在 t 时刻的实际速度；$F_i^{(1)}$、$F_i^{(2)}$、$F_i^{(3)}$ 是三个力关于时间 t 的函数，具体定义如下。

$F_i^{(1)}$ 是目标车辆的吸引力，即车辆 i 跟随的车辆(编号设为 0)产生的吸引力，τ_i 是松弛因子，使车辆回归期望速度，公式为

$$F_i^{(1)}(t) = m_i \frac{v_i^0(t) - v_i(t)}{\tau_i} \tag{3.25}$$

期望速度是指假定无干扰、无障碍的情况下，当前车辆在目标的作用下移动的速度，可以表示为

$$v_i^0(t) = v_i^0 e_i(t) \tag{3.26}$$

$F_i^{(2)}$是车辆之间的吸引力和排斥力，其中吸引力由类似于 Couzin 模型中的取向区和吸引区的车辆产生（记为 F_{ij}^A），排斥力由排斥区的车辆产生（记为 F_{ij}^R），在该模型中通过位势场函数进行定量计算：

$$F_i^{(2)}(t) = \sum_{\forall j \in N_i(t)} [F_{ij}^A(t) + F_{ij}^R(t)] \tag{3.27}$$

$$F_{ij}^A(t) = -m_i \nabla U_A(p_i(t), p_j(t)) - \rho_i \varphi_{ij}(t) v_i(t) \tag{3.28}$$

$$F_{ij}^R(t) = -m_i \nabla U_R(p_i(t), p_j(t)) - \mu_i \varphi_{ij}(t) v_i(t) \tag{3.29}$$

$F_i^{(3)}$是考虑到环境因素而被引入的，如道路障碍、道路边界、事故和管制引发的堵塞等因素。这些因素对车辆的影响计算公式为

$$F_i^{(3)}(t) = \sum_{\forall k \in M} F_{ik}^0(t) + F_i^L(t) \tag{3.30}$$

$$F_{ik}^0(t) = F_{ik}^0 \varphi_l(p_i(t), p_k^0(t)) n_{ik}(t) \tag{3.31}$$

$$F_i^L(t) = F_i^L \psi_l(p_i(t), p_i^L(t)) n_i^L(t) \tag{3.32}$$

从理论上分析，李雅普诺夫稳定性定理证明该模型在稳定约束的情况下可以形成类似 Couzin 模型的聚集，并且可以通过合作避免障碍和碰撞。进一步的数值实验也表明，通过无线通信实现该模型下的互联车辆集群，有效保证了安全性和效率。

该车辆互联系统模仿自然界中类似鱼群等群体的行为，借助 Couzin 模型建立互联车辆集群系统，为无线通信中提高交通安全性和效率提供了一种更优的方法。

3.3.3　群智优化算法

在设计领域常常出现多种方案选取最优的问题，或是从同一类设计方案中只有参数差别的多种方案中选取最优方案的问题，这一问题称为最优化问题。优化设计是在 20 世纪 60 年代随着计算机技术发展起来的一种现代设计方法，以"数学规化论"为理论基础，借助于电子计算机和软件，自动化地、迅速地找到最优的设计方案。优化设计的步骤如下：

(1) 应用建模理论，将设计的问题用数学形式描述。

(2) 根据已建立的数学模型选取合适的优化方法。

(3) 编写计算机程序，求出该问题在当前优化方法下收敛出的数值解。

(4) 将求出的解应用于现实问题，选出最优的设计方案。

在计算机与应用数学领域，对于最优化问题更为严谨的定义是：在满足一定的约束条件下，寻找一组参数值，使某些最优性度量得到满足，即使系统的某些性能指标达到最大或最小[45]。

在群智创新设计的范畴内，通常采用生物集群建模的方法进行设计问题的建模，采用群智优化算法对模型进行优化。本节以蚁群优化、粒子群优化和人工蜂群三类群智优化算法为例介绍群智设计中的优化算法。

1. 蚁群优化算法

蚁群优化算法最早由 Marco Dorigo 提出[46]。这是一种启发式算法，即利用启发式信息优化搜索过程，在迭代多次后获得较为理想的近似解。

在自然界中，蚂蚁通过释放信息素以及分析其他蚂蚁个体的信息素来决定自己的行为，宏观上表现为蚂蚁群体的移动轨迹。蚂蚁之间没有语言，只能通过信息素来交流。一只蚂蚁发现良性刺激（如食物的刺激）后，会在其周围留下较强的信息素，其他的蚂蚁就可以顺着信息素逐渐增强的方向找到该食物；在验证该信息为真后可以逐渐增强该信息，从而使这个信息在蚁群中传播开来，最终使群体获得最优解。蚁群查找最短路径示意图如图 3.18 所示。

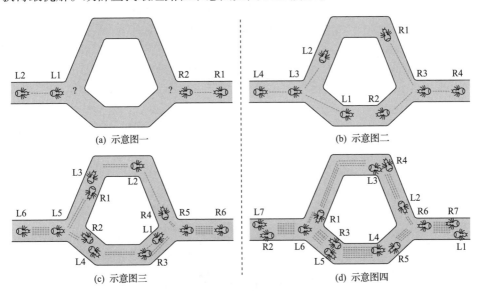

(a) 示意图一　　(b) 示意图二

(c) 示意图三　　(d) 示意图四

图 3.18　蚁群查找最短路径示意图

将某设计上的优化问题借助蚁群模型应用蚁群优化算法，该问题应当遵循以下几个原则：

(1)将该问题表示为一个加权图，将需要择优的方案表示为图中的某个复杂问题的解，如最短路径等，类似蚁群寻找食物到巢穴的最短路径。

(2)该问题中存在启发式信息，可以评价出不同方案的优劣，类似蚂蚁会在更优的路径上留下更多的信息素，这就是一种启发式信息。

(3)启发式信息应该是局部的，而非全局性的。如果破坏了局部性原则，优化问题可规约为集中式决策的传统求解问题，不能体现出群智优化算法的高效性。类似蚂蚁之间通过信息素间接通信和决策而非受某个核心的控制，能够使整个蚁群高效找到食物。

(4)启发式信息存在正负反馈的特殊过程[47]。正反馈的过程保证模型最终能够收敛得到解，负反馈的过程防止模型收敛速度过快，以至于还未找到全局最优解算法就终止。该过程类似蚁群留下信息素的行为和信息素随时间推移自行挥发的现象。

(5)问题存在一定的约束条件。现实问题与纯粹的数学问题不同，基于实际情况存在一定的约束条件。例如，在路径选择问题中，路径的数量应该是有限的，否则会违反算法的有穷性，得不出答案；再如，在路径规划问题中，类似蚁群在寻路时会避开无法逾越的障碍等。

蚁群优化算法的基本流程如图 3.19 所示。

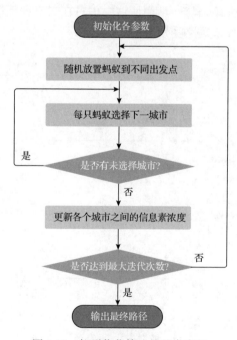

图 3.19　蚁群优化算法的基本流程

旅行商问题是一种难以获得精确解析解的问题，要求在每个城市只能且必须访问一次的前提下，找到连接 n 个给定城市的最短回路。旅行商问题在运筹学、物流、组合优化问题等领域有着重要的现实意义，因此用于求得旅行商问题的近似较优解的算法也一直是研究的热点。

当前，旅行商问题由表现优秀的启发式算法来获得数值解。例如，Johnson 等[48]提出的 Lin Kernighan 迭代方法、Freisleben 等[49]提出的遗传算法都可以高效地解决旅行商问题。蚁群优化算法也能利用局部搜索增强的方法达到类似的性能，如 Dorigo 等[50]提出的将局部搜索流程与蚁群系统结合使用的构想，在每次迭代中只交换少量的路径，直至结果在局部内达到一个最小值。这样的算法与遗传算法的性能表现相似，而且蚁群算法并非针对旅行商问题设计的专用算法，可移植性更强。

2. 粒子群优化算法

粒子群优化算法是一种群智优化算法，Kennedy 等[51]在 1995 年提出了粒子群优化算法的基本形式。粒子群优化算法的思想来自自然界中的鸟群：为何每个独立的鸟按照自己的轨迹飞行，最终却能形成鸟群的复杂运动。群体中独立个体之间的距离是模型的关键因素，距离过近会导致碰撞，距离过远则难以形成群体，选取适当的距离可以使整个集群表现出同步性。

粒子群优化算法将设计问题中的每种备选方案都看成潜在的解，即搜索空间中的粒子个体，每种个体根据预设的评价函数可以得到一个适应值，同时产生一个速度向量决定自己的运动方向和距离。粒子群优化算法初始化时，在解空间中随机生成或人为添加一群粒子，然后通过多次迭代达到理想的结果。每一次迭代中，每个粒子个体考察全局极值(整个粒子群中找到的全局最优解)和个体极值(该粒子的历史最优解)来更新自己的速度向量，从而使自己朝着最优解的方向运动。该过程的数学定义如下。

设一个 D 维空间中，有 $m \times D$ 的矩阵 X 表示由 m 个粒子组成的种群，其中第 i 个粒子的位置向量表示为 x_i，速度向量表示为 v_i。个体极值向量表示为 p_i，全局极值向量表示为 p_g，则每轮迭代过程中，粒子 x_i 的速度更新如下：

$$v_{ij}(t+1) = v_{ij}(t) + c_1 r_1(t)[p_{ij}(t) - x_{ij}(t)] + c_2 r_2(t)[p_{gj}(t) - x_{ij}(t)], \quad j = 1, 2, \cdots, D$$

(3.33)

$$x_{ij}(t+1) = x_{ij}(t) + v_{ij}(t+1), \quad i = 1, 2, \cdots, m \tag{3.34}$$

式中，t 为当前迭代次数；r_1、r_2 为 $[0, 1]$ 之间的随机数；c_1、c_2 分别为调节粒子向全局极值和个体极值运动的幅度。选取合理的 c_1、c_2 可以加快收敛速度且不易陷入局部最优。

粒子群优化算法本质上是一种随机搜索算法，它通过合理地调节参数使模型能够依概率收敛于全局最优解。同时，粒子群优化算法的数学表达简单，只使用矩阵运算等简单的数学工具就可以进行模拟，相较于传统的优化算法或确定性算法有着更高的效率和更好的全局搜索能力。

在设计问题的优化求解过程中，可以将设计方案中需要优化的部分采用参数化建模的方法构成向量组，以最终设计效果为依据建立一个评价函数，将其应用于粒子群优化算法。多次迭代后，可以收敛得到一个较优的设计方案参数。

3. 人工蜂群算法

Karaboga[52]在研究多元函数的优化问题时，受蜂群识别食物来源的群体智能现象启发，提出了一种元启发式算法——人工蜂群算法。与蚁群和粒子群类似，自然界中的蜂群同样由众多功能简单的个体构成，却能完成交流、巢位选择、交配、任务分配、舞蹈、信息素的放置等复杂行为，通过自组织性在群体层次上表现出智能。

蜂群的成员分为三个不同的类别，即雇佣蜂（又称引领蜂）、跟随蜂和侦查蜂。雇佣蜂确定初始标记的食物源位置，在其邻域进行搜索，寻找到的食物源信息将会有一定概率与跟随蜂分享；跟随蜂可以观察到一定区域内多个雇佣蜂的信息，并依据食物源的适应度选择向某个食物源采蜜；侦查蜂时刻关注已经发现的食物源信息，如果某食物源在经过多只蜜蜂搜索后仍未被更新，就将这个食物源对应的雇佣蜂变为侦查蜂，自身则选择新的食物源进行搜索。不同蜜蜂之间通过舞蹈来沟通，雇佣蜂可以通过舞蹈的持续时间来表现已发现食物源的优质程度，即适应度。

人工蜂群算法的具体实现步骤如下：

(1) 初始化蜂群的种群数量，并为每只蜜蜂分配角色和位置；确定问题的最大迭代次数和最大搜索范围；在搜索空间内产生一定数量的初始解 x_i。

(2) 根据预设的评价函数计算每种解的适应度。

(3) 每只雇佣蜂对邻域进行搜索，从而产生新解 y_i，计算新解的适应度；若 $y_i > x_i$，则 y_i 更新为当前最好的解，否则保留 x_i。

(4) 跟随蜂按概率访问雇佣蜂寻找到的解，产生新解并更新。跟随蜂选择某个解的概率与该解原有的适应度成正比。

(5) 侦查蜂检查是否有要放弃的解，若有，则将该解删除并替换为随机产生的新解；该侦查蜂成为新解的雇佣蜂。

(6) 计算已知的全局最优解，若该解满足要求或达到最大迭代次数，则退出，否则将返回第(3)步继续执行。

在将人工蜂群算法应用于设计方案优化问题时，蜂群中的要素与设计方案中的要素之间存在以下对应关系：蜂群中的一个食物源可以视为一种可行的备选方案，而某个食物源的适应度则是根据预设的评价标准对该设计方案的评价得分。适应度越高，说明该设计方案越符合实际需求，更值得被采纳。如果一个食物源被视为"新鲜"或"优质"，那么在当前评价体系下，该方案相较于其他方案可以获得更高的评价分数。然而，如果经过多次搜索该食物源仍未被更新，那么该食物源将被放弃，以防止算法陷入局部最优的困境，从而寻求更优秀的方案。通过应用人工蜂群算法，可以寻找到更具适应度、更符合实际需求的设计方案，从而优化设计方案并提高其质量。蜂群要素与优化问题要素对比如表 3.3 所示。

表 3.3　蜂群要素与优化问题要素对比

序号	蜂群采蜜行为	具体优化问题
1	食物源	优化问题的可行解
2	食物源的位置	解的位置
3	食物源的花蜜量	优化问题中的适应度
4	寻找和采集食物源的过程	问题求解过程
5	最大花蜜量蜜源	问题的最优解

参 考 文 献

[1] Ganti R K, Ye F, Lei H. Mobile crowdsensing: Current state and future challenges[J]. IEEE Communications Magazine, 2011, 49(11): 32-39.

[2] 刘云浩. 群智感知计算[J]. 中国计算机学会通讯, 2012, 8(10): 38-41.

[3] 於志文, 於志勇, 周兴社. 社会感知计算: 概念、问题及其研究进展[J]. 计算机学报, 2012, 35(1): 16-26.

[4] Tubaishat M, Madria S. Sensor networks: An overview[J]. IEEE Potentials, 2003, 22(2): 20-23.

[5] 冯建生, 王秀芝. 数据挖掘技术在宝钢配矿系统中的应用[J]. 计算机应用与软件, 2001, 1(12): 24-26, 39.

[6] 郭斌, 刘思聪, 於志文. 人机物融合群智计算[M]. 北京: 机械工业出版社, 2022.

[7] Almazroi A A, Ngadi M A. Packet priority scheduling for data delivery based on multipath routing in wireless sensor network[C]. The Third ICCNCT, Coimbatore, 2021: 59-81.

[8] Dhungana A, Bulut E. Loss-aware efficient energy balancing in mobile opportunistic networks[C]. IEEE Global Communications Conference, Waikoloa, 2019: 1-6.

[9] 於志文, 郭斌, 王亮. 群智感知计算[M]. 北京: 清华大学出版社, 2021.

[10] Liaw S T, Guo J G N, Ansari S, et al. Quality assessment of real-world data repositories across the data life cycle: A literature review[J]. Journal of the American Medical Informatics

Association, 2021, 28（7）: 1591-1599.

[11] Peer E, Rothschild D, Gordon A, et al. Data quality of platforms and panels for online behavioral research[J]. Behavior Research Methods, 2022, 54（4）: 1643-1662.

[12] Wu Y B, Wang Y, Hu W J, et al. Resource-aware photo crowdsourcing through disruption tolerant networks[C]. IEEE International Conference on Distributed Computing Systems, Nara, 2016: 374-383.

[13] Uddin M Y S, Wang H, Saremi F, et al. PhotoNet: A similarity-aware picture delivery service for situation awareness[C]. IEEE Real-Time Systems Symposium, Vienna, 2011: 317-326.

[14] Li H S, Li T, Wang Y. Dynamic participant recruitment of mobile crowd sensing for heterogeneous sensing tasks[C]. IEEE International Conference on Mobile Ad Hoc and Sensor Systems, Dallas, 2015: 136-144.

[15] Xiao M J, Wu J, He H, et al. Deadline-sensitive user recruitment for mobile crowdsensing with probabilistic collaboration[C]. IEEE International Conference on Network Protocols, Singapore, 2016: 1-10.

[16] Wang H X, Smys S. Big data analysis and perturbation using data mining algorithm[J]. Journal of Soft Computing Paradigm, 2021, 3（1）: 19-28.

[17] Luo T, Das S K, Tan H P, et al. Incentive mechanism design for crowdsourcing: An all-pay auction approach[J]. ACM Transactions on Intelligent Systems and Technology, 2016, 7（3）: 1-26.

[18] Dimitriou T, Krontiris I. Privacy-respecting auctions and rewarding mechanisms in mobile crowd-sensing applications[J]. Journal of Network and Computer Applications, 2017, 100: 24-34.

[19] Yang D J, Fang X, Xue G L. Truthful incentive mechanisms for *k*-anonymity location privacy[C]. IEEE International Conference on Computer Communications, Turin, 2013: 2994-3002.

[20] Gao L, Hou F, Huang J W. Providing long-term participation incentive in participatory sensing[C]. IEEE International Conference on Computer Communications, Hong Kong, 2015: 2803-2811.

[21] Feng Z N, Zhu Y M, Zhang Q, et al. TRAC: Truthful auction for location-aware collaborative sensing in mobile crowdsourcing[C]. IEEE International Conference on Computer Communications, Toronto, 2014: 1231-1239.

[22] Dai W, Wang Y F, Jin Q, et al. Geo-QTI: A quality aware truthful incentive mechanism for cyber-physical enabled geographic crowdsensing[J]. Future Generation Computer Systems, 2018, 79（1）: 447-459.

[23] 吴文乐, 郭斌, 於志文. 基于群智感知的城市噪声检测与时空规律分析[J]. 计算机辅助设计与图形学学报, 2014, 26（4）: 638-643.

[24] Wang Q R, Guo B, Wang L Y, et al. CrowdWatch: Dynamic sidewalk obstacle detection using mobile crowd sensing[J]. IEEE Internet of Things Journal, 2017, 4(6): 2159-2171.

[25] Chen H H, Guo B, Yu Z W, et al. CrowdTracking: Real-time vehicle tracking through mobile crowdsensing[J]. IEEE Internet of Things Journal, 2019, 6(5): 7570-7583.

[26] Mei H, Guo Y. Toward ubiquitous operating systems: A software-defined perspective[J]. Computer, 2018, 51(1): 50-56.

[27] Liu Y M, Yu Z W, Guo B, et al. CrowdOS: A ubiquitous operating system for crowdsourcing and mobile crowd sensing[J]. IEEE Transactions on Mobile Computing, 2020, 21(3): 878-894.

[28] 梅宏, 曹东刚, 谢涛. 泛在操作系统: 面向人机物融合泛在计算的新蓝海[J]. 中国科学院院刊, 2022, 37(1): 30-37.

[29] Benyus J M. Biomimicry: Innovation Inspired by Nature[M]. New York: Harper Perennial, 2002.

[30] Guy T, Eric B. A Brief History of Stigmergy[M]. Cambridge: MIT Press, 1999.

[31] Beni G, Hackwood S. Stationary waves in cyclic swarms[C]. The IEEE International Symposium on Intelligent Control, New York, 1992: 234-242.

[32] 埃里克·博纳博, 马尔科·多里戈, 盖伊·特洛拉兹. 集群智能——从自然到人工系统[M]. 李杰, 刘畅, 李娟, 译. 北京: 中国宇航出版社, 2020.

[33] Reynolds C W. Flocks, herds and schools: A distributed behavioral model[C]. The 14th Annual Conference on Computer Graphics and Interactive Techniques, New York, 1987: 25-34.

[34] Jiang L F, Cheng Y X, Gao S, et al. Emergence of social cluster by collective pairwise encounters in drosophila[J]. ELife, 2020, 9: e51921.

[35] Vicsek T, Czirók A, Ben-Jacob E, et al. Novel type of phase transition in a system of self-driven particles[J]. Physical Review Letters, 1995, 75(6): 1226-1229.

[36] 田宝美. 基于 Vicsek 模型的自驱动集群动力学研究[D]. 合肥: 中国科学技术大学, 2009.

[37] Calvão A M, Brigatti E. Collective movement in alarmed animals groups: A simple model with positional forces and a limited attention field[J]. Physica A: Statistical Mechanics and Its Applications, 2019, 520: 450-457.

[38] Zhang J, Zhao Y, Tian B M, et al. Accelerating consensus of self-driven swarm via adaptive speed[J]. Physica A: Statistical Mechanics and Its Applications, 2009, 388(7): 1237-1242.

[39] Couzin I D, Krause J, James R, et al. Collective memory and spatial sorting in animal groups[J]. Journal of Theoretical Biology, 2002, 218(1): 1-11.

[40] Dong H R, Zhao Y, Wu J J, et al. A velocity-adaptive Couzin model and its performance[J]. Physica A: Statistical Mechanics and Its Applications, 2012, 391(5): 2145-2153.

[41] Conradt L, Krause J, Couzin I D, et al. "Leading according to need" in self-organizing groups[J]. The American Naturalist, 2009, 173(3): 304-312.

[42] Dhief I, Dougui N H, Delahaye D, et al. Strategic planning of aircraft trajectories in North Atlantic oceanic airspace based on flocking behaviour[C]. IEEE Congress on Evolutionary Computation, New York, 2016: 2438-2445.

[43] Lin S W, Liu A, Kong X Y, et al. Development of swarm intelligence leader-vicsek-model for multi-AGV path planning[C]. The 20th International Symposium on Communications and Information Technologies（ISCIT）, New York, 2021: 49-54.

[44] Tian D X, Zhu K Y, Zhou J S, et al. A Mobility Model for Connected Vehicles Induced by the Fish School[M]. Calabasas: CRC Press, 2017.

[45] 王凌. 智能优化算法及应用[M]. 北京: 清华大学出版社, 2004.

[46] Dorigo M, Maniezzo V, Colorni A. Ant system: Optimization by a colony of cooperating agents[J]. IEEE Transactions on Systems, 1996, 26（1）: 29-41.

[47] 孙家泽, 王曙燕. 群体智能优化算法及其应用[M]. 北京: 科学出版社, 2017.

[48] Johnson D S, McGeoch L A. The traveling salesman problem: A case study in local optimization[J]. Local Search in Combinatorial Optimization, 1997, 1（1）: 215-310.

[49] Freisleben B, Merz P. New genetic local search operators for the traveling salesman problem[C]. International Conference on Parallel Problem Solving from Nature, Berlin, 1996: 890-899.

[50] Dorigo M, Gambardella L M. Ant colony system: A cooperative learning approach to the traveling salesman problem[J]. IEEE Transactions on Evolutionary Computation, 1997, 1（1）: 53-66.

[51] Kennedy J, Eberhart R. Particle swarm optimization[C]. Proceedings of ICNN'95 - International Conference on Neural Networks, Perth, 1995: 1942-1948.

[52] Karaboga D. Artificial bee colony algorithm[J]. Scholarpedia, 2010, 5（3）: 691.

第4章 三元驱动的群智创新设计

"设计+技术+商业"三元驱动力推动着群智创新设计的各个环节高效高质地进行，构建共创、共享、共赢的创新体系，实现协同与创新两大命题的有机融合。三元驱动的群智创新设计以商业驱动链接设计活动中的"精准需求"与"多元供给"，使群智创新参与者达成价值共识；以设计驱动构建创新发展生态，形成弱中心化或去中心化的创新参与者协作关系；以技术为引擎，推动创新活动的数字化和智能化转型，从而提升系统的动态适应能力，确保设计活动有序进行。

三元驱动的群智创新设计以商业驱动为链接，促使群智创新的参与者达成价值共识，保证设计活动的有序进行；以设计驱动为牵引，构建创新发展的生态，形成弱中心化或去中心化的创新参与者协作关系，进一步增强创新设计的开放性；以技术为引擎，推动创新活动的数字化和智能化转型，提升系统的动态适应能力，确保设计活动的顺利进行。

在发展群智创新设计的过程中，价值共识、设计牵引和技术支撑缺一不可。首先，价值共识是群智创新体系中设计活动有序进行的基础。通过挖掘群智创新设计体系中利益相关者的价值共识，实现群智设计环节的整合、社会与产业价值的共创和创新生态的构建。其次，设计作为群智创新设计的牵引，增强了创新设计活动的开放性。基于社会文化与协同技术，群智创新协同通过设计手段打破行业间的协作壁垒，使多领域资源与人才汇聚于协同创新发展生态中。通过设计全新的策略体系，保障设计创新的效率与质量，从而促进设计行业资源整合、技术共享、品牌赋能等创新合作实践。最后，技术作为群智创新设计的支撑，是影响设计创新效率的重要因素。在群智创新体系下，大数据和物联网技术扩大了信息来源，人工智能技术拓展了创新主体，而区块链技术使协作方式向分布式、去中心化的方向发展。

4.1 设 计 众 包

4.1.1 设计众包概述

2006 年，*Wired*(《连线》)杂志主编 Jeff Howe 首次使用了"crowdsourcing"(众包)一词，他认为随着网络科技的进步，很多专业人士的工作将会被业余人员所替代[1]。最初，众包主要应用于内容生产、产品改善和创意整合等工作，目前在医疗、设计、计算机等领域也得到了广泛应用。其基本形式包括劳动密集型众包(如亚马逊土耳其机器人平台众包)、悬赏竞赛式众包(如猪八戒平台众包)、论坛式众包(如戴尔创意风暴平台众包)等。

设计众包是指设计团队把设计环节中的具体任务合理分配给具有特定优势的群体并由该群体协作完成设计活动的策略,这是一种在互联网背景下具有分布性质的设计方案策略和群体参与的设计生产模式。完整的设计众包流程包括设计任务分包拆解、设计成果分阶段验收、设计成果筛选与评价、众包收益公平分配等环节,这需要设计者基于计算机理论融合分阶段管理逻辑,创建设计成果评价反馈标准及分阶段平衡性调节机制。然而,设计众包的协作效率和成果质量存在不确定性。众包设计协作团队需要在临时组建后适应并协作完成任务,而团队成员之间的知识背景差异、跨时空协同方式等因素会直接影响协作质量和效率。因此,设计流程可视化对设计众包至关重要[2]。

群智计算按照难易程度分为三种类型:基于任务分配的众包模式、基于工作流模式的群体智能和基于协同求解问题的生态系统模式[3]。其中,设计众包是群智创新设计体系中的一种初级形式。目前,设计众包模式还存在一些问题,如设计流程与众包平台融合度低、公平性机制不完善、设计成果价值评估和保护难度大等。

4.1.2 设计柔性众包

设计众包借助部分群体的智慧,在一定程度上激活了设计行业的潜在生产力。但是这类众包模式采用结构化的方式来解决非结构化的设计创造性问题,可能带来潜在的不稳定因素,从而影响整体设计流程的稳定性和可持续性。

传统众包模式虽然有形式上的区别,但本质上依然遵循"众包任务发起-解决方案回收-众包成果筛选抉择"的规则,其目的是借助大众智慧获取更多的创意想法,从广泛收集而来的结果中选择出最佳方案。由此可见,传统众包模式是一种基于"筛选"原则的大众协作手段:该模式存在设计方案同质化、创新能力受限和方案可持续性不足等问题。因此,在设计众包面临这些问题时,需要采取新方法来推动其发展。

设计柔性众包[4]是一种在传统众包模式基础上运用群体智能方法优化众包系统和任务分配等流程的新型设计众包方式。设计柔性众包计算方法由三部分组成,即方案产出、任务分配、成果整合。设计柔性众包的逻辑如图4.1所示。

在方案产出阶段,任务目标和阶段性方案具有动态性与发展性。设计众包中的方案会集中汇总并由众包参与者进行迭代优化,创意设计方案呈现螺旋式逐步提升的进化趋势。在此阶段,最重要的是方案价值评估机制,该机制将对比方案中的资源消耗、运作周期以及方案间的关联性等,并对方案价值进行动态评估与

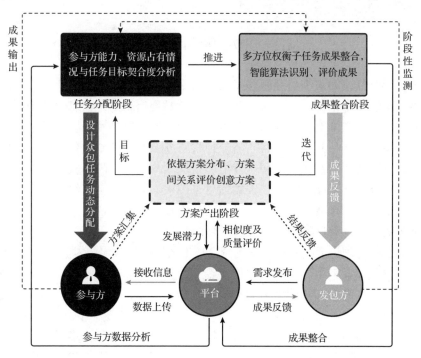

图 4.1 设计柔性众包逻辑图

优化，以提高方案的质量和价值。

在任务分配阶段，众包系统对协作团队的整体能力和实际占有资源与任务目标进行契合度比较，从创意生成角度确保设计方案产出的多样性和质量。此阶段的任务分配方式不再固定，众包系统的任务分配采用动态演进的方式实时调整，以便随时加入新的协作团队。众包系统将在不影响整体目标的前提下参考当前各环节、各协作者的进度，为每个环节创建新的任务。较之传统设计众包的方式，设计柔性众包的流程更加稳定，系统具备更强的鲁棒性。

在成果整合阶段，众包系统将对阶段性的设计成果进行多方位权衡，高效整合子任务目标下的产出成果，以生成最终方案。众包系统通过定位计算设计方案的特点、发展情况、关联性和潜力等多个要素，配合众包成果欺诈行为识别算法对设计成果进行评估，从而提高系统的平衡性和公正性。

总而言之，设计柔性众包更关注设计创新活动的动态发展，以非结构化优化方式对具有创造性特征的创意设计流程进行动态调整；设计柔性众包系统在一定程度上利用群智算法的优势激发解决创新型问题的潜力，聚集群体智慧解决设计问题，突破个体能力限制。设计柔性众包使群体智能应用在设计方案产出方面获得以往人工智能都难以得到的结果，为群体智能与协同设计的融合创新提供了新思路。

4.2　群智创新新时代

群智创新范式的演进与互联网发展是密不可分的，后者为前者创造了由理论向现实飞跃的技术条件。近年来，互联网逐渐显现出了作为信息获取来源的优势及潜力。在 Web 1.0 时代，通过互联网，企业可以了解到用户和产品购买的相关数据，从而优化产品开发的策略。随着互联网进入 Web 2.0 时代，企业的创新从唯读范式过渡到读写范式，以便企业能够获取用户对产品的真实诉求，并把握用户的核心痛点。在互联网时代，人类信息来源被不断扩展，这给设计决策和企业运营都带来了新的挑战，因为决策者需要从大量不同来源和格式的异构信息中筛选出重要的数据，并进行组织和分析。目前，互联网正在迈入 Web 3.0 时代，这将改变人们在物理世界之外的互动方式：基于区块链等底层技术，Web 3.0 将打造一个由用户和开发者主导，开放协作、隐私保护、生态共建、去中心化的高维数字世界。群体智能为互联网价值共创带来全新的范式，也为社交、商贸、文娱、金融等领域创造了无限可能。

群体智能将对设计产生深远影响，特别是在需要多角色、多任务并行的服务设计领域。群体智能发挥作用的群智创新时代，人工智能技术将参与到资源整合、创意生成、设计决策以及其他具体的设计活动之中。它将承担很大一部分本来由设计师承担的工作，同时对服务设计生态产生深刻的变革。群体智能将聚焦于其自身对社会或系统产生的效益，驱动整个信息社会的各个方面的创新[5]。因此，群智创新更应当注重设计模式创新、技术创新、商业创新等。群智创新设计具有以下特征。

(1)数字化。数字化是指通过将数字技术整合到设计系统流程中来推动设计创新。群智创新设计数字化的本质是通过数字化手段和群体智能的协同方式，实现各方优势的整合和价值的最大化。在此过程中，创新者必须重视数字化设计生态系统的建设。设计师、开发者、用户、合作伙伴、供应商以及其他外部实体需要通过合理的协作方式形成无缝整合的体系，从而实现资源的优化配置和价值的最大化。群智创新数字化在互联网技术的基础上，实现了群智创新设计价值共创、共享和可持续发展，使数字技术全面辐射用户需求确定、群智创意推理、群智方案决策、多元体验拓展、传播交互衍生、数字资产管理整个原生数字设计的相关组织及组织间的关系网络[6]。

(2)智能化。智能化是以技术为依托的创新设计的升华，能够充分反映用户的需求属性。它不仅能够帮助创新设计更好地适应和满足用户的需求，也能提高创新设计的效率和质量。与传统创新范式相比，群智创新设计更依赖于互联网、大数据、云计算、区块链和人工智能等新技术的支持[7]。智能化技术使群智创新设计系统提升感知能力、学习能力、决策能力、自适应能力、自优化能力、自组织能力；从动态活动到创新想法的转变高度依赖技术手段，创新想法的获取需要借助物联网、多媒体、位置服务等技术；创新想法的演化需要借助跨媒体感知、机器学习等技术；创新环境搭建需要借助可视化交互技术、人机混合智能技术；创新性知识推理需要借助计算机推理技术等。

(3) 协同性。群智创新设计是一种全域性、多层次的全民协同创新模式，其中包括组织协同、学科协同、资源协同、机制协同、技术协同等多个方面。群智创新设计体系由多角色(如管理者、设计师、工程师、用户、销售人员等)、多学科(如自然科学、社会科学、艺术、设计科学等)、多组织(如政府、产业、高等院校、科研机构、媒体、用户、金融等)、多通道(如视觉、听觉、触觉、味觉、嗅觉等)、多媒介(如计算机、手机、VR、AR 等)等内容构成[8]。群智创新设计体系利用互联网技术和群众智慧，打破时空限制和技术壁垒，集合各方优势，提升效能，协同各方优势合作开发、生产、服务，构建高效协同的群智创新生态。群智创新协同平台的框架如图 4.2 所示。

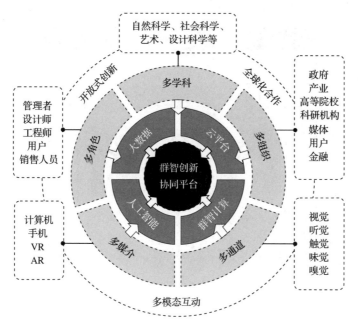

图 4.2　群智创新协同平台的框架

(4) 共享性。群智创新设计的前提是知识资源的共享。目前，计算、存储和网络等数字资源正逐渐分离，个人和机构将云数据和云服务共用、共惠、共生[9]。创新参与者可以自由调用云端数字资源，以满足不同场景下的创新需求。资源共享化和信息流通渠道都是群智创新设计的核心要素。在群智创新系统中，信息、创意等创新资源都将被及时存储、传递、修改、优化等。系统资源在共享化整合过程中，需要借助区块链技术，通过分布式节点共识方法对创新资源进行验证、存储和更新，利用区块链技术的去中心化、去信任化、匿名化、难以篡改等特性来建立和推广新的创新方案，形成协同共享创新网络。在共享化的群智创新系统中，群智创新设计服务平台利用数字水印技术保障智能合约的实现，保障创新知识产权和交易安全，构建新型共享创新机制。

4.3　设计驱动的群智创新

4.3.1　设计驱动式创新

设计驱动式创新是基于产品内在意义的创新方式，通过设计创造新的产品意义，进而促进创新的产生。与传统的技术创新或商业模式创新相比，设计驱动式创新理论更加强调产品或服务本身传递的信息及其设计意义，将设计活动本身作为创新的核心驱动。设计驱动式创新架构如图 4.3 所示。

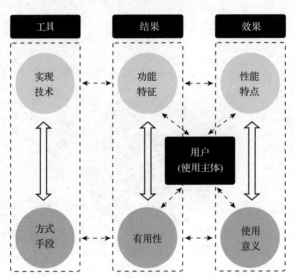

图 4.3　设计驱动式创新架构

清华大学陈劲指出[10]，设计驱动式创新是由设计行为主导的。相比于传统的研发驱动式创新，设计驱动式创新不再将单一的技术研究作为产品开发的核心内容，而是将当前科学技术和社会文化进行创造性组合与运用。设计驱动式创新不仅关注科学技术知识，还包含社会文化元素，旨在通过设计手段拓展创新格局，推动新产品的发展与进步。从体系层级分析，科学技术知识主导的由技术研究到产品开发的体系对应的就是社会文化元素主导的由社会文化趋势研究到产品设计开发的体系。

设计驱动式创新需要创新者关注社会文化和科技发展，准确把握社会需要。在技术供给方面，企业需要将目光聚焦于现有资源与技术手段进行产品开发，这意味着相比于传统开放式创新思想，设计驱动式群智创新的开放性要求更高：开放式创新是局限于行业领域或团队内部的开放，产品的开发与服务的升级将会受到行业或团队内的资源与技术限制，而设计驱动式群智创新是基于群智思想的创新范式，具有去中心化的特征。设计驱动式群智创新能够借助设计手段打造新的创新格局，集聚多学科多领域人才，通过大数据、区块链、人工智能等先进技术手段，在多场景下动态开展立体网络化协同共创设计活动[11]。

设计驱动式群智创新是对设计驱动创新理论的延续与发展，它以顶层设计管理和关键设计策略构建创新平台的创新策略体系，保障设计创新的效率与质量，促进设计行业协同创新。设计驱动的群智创新将合作与创新两大社会命题有机融合，构建共创、共享、共赢的设计驱动式群智创新设计服务平台。

4.3.2 群智创新下的变革

1. 创新方式的转变

智能时代下的设计创新环境、对象及模式都在发生深刻的变革。为了把握创新变革的时机，社会需要实现更深层次的创新，不仅局限于具有新场景和新功能的产品。设计创新需要解决不同层次利益相关者的利益保障问题，确保社会、用户以及创新系统中的各组织能够在创新变革中获得增长收益。创新变革成为趋势，固有设计活动方式需要改变，以确保各利益相关方的可持续利益得到保障。

群智创新通过挖掘用户、组织、社会与生态系统在信息交互及利益共享等层面的关联，运用互联网技术和群智感知技术，通过大数据链路实现立体、网络状和多源异构的协同价值共创。群智创新更加凸显了人工智能技术在群体智慧共创过程中的优越性：新技术在不断发展，世界也一直处在不断变化的环境中，群智时代下的设计变革无疑会在人工智能技术的帮助下变得更加激烈。

以数字技术手段促成跨学科知识交叉融合是引领设计创新变革的关键。得益于互联网环境中跨地域、跨时空、跨人群的综合优势，群智创新设计服务平台能够在融合不同学科背景的创作者想法的基础上，发挥各专业的优势，并以更低的成本实现创新。群智创新将群体智慧与人工智能技术相结合，激发社会创新潜力，为社会提供更广泛的创新资源，拓展社会协同发展生态的边界。群智创新具备"数字化、共享化、协同化、智能化"等时代特征，它将引领着"人类社会空间-物理空间-信息空间"的三元空间走向群智创新的未来，为人类创造更多机遇，如图 4.4 所示。

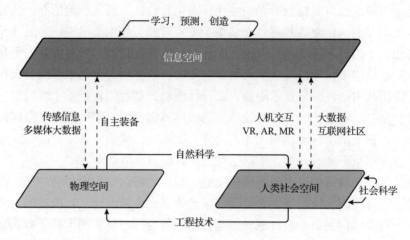

图 4.4　人类社会空间-物理空间-信息空间

2. "设计者"身份的转变

设计创新变革不仅发生在创新环境与创新模式上，也深刻影响了"设计师"定位。手工艺时期，手工艺人是当时手工艺品的主要制作者。受物质条件(生产方式与生产关系)的限制，设计产品的生产效率低下，而且设计产品大多是一些功能单一的日用消费品。此时，设计与生产过程高度集约，从创意生成到成果产出，全凭个体的手工技艺来实现。在工业化时期，手工艺人逐步向设计师身份转变。从近代设计开始，设计师的职业定位才逐步明确，但其负责的任务有限，以美工为主，参与工业生产过程中的图纸设计工作，此时设计师的潜力还尚未显现。在独立设计师的阶段，随着设计师身份的重要性逐步提升，设计师的工作内容逐渐向产品结构和造型设计转变。

目前，设计驱动创新正推动创新范式变革。设计不仅是个体的创造性活动，更是将不同领域的知识和专业技能有机整合，形成知识型集群的创新过程[12]。随着数字媒体的蓬勃发展，设计师的作用也不再局限于个体成果输出。设计过程中越来越多环节需要拓展信息获取来源，如产品研发、设计包装、创意输出等。通过团队合作来完成设计也是目前设计领域进行设计活动采用的主要方式。

在当前的社会背景和技术水平下，仅依靠单一团队来推进设计活动已经无法满足社会创新的需求，越来越多的新型技术手段融入设计生产活动中，设计工作者的身份发生进一步的转变。现代设计师需要具备全局主动洞察能力，包括产品侧洞察、用户侧洞察、体验侧洞察等能力。未来的设计工作者将融入以群智创新为驱动力的设计生态中，成为"人-机-物"共生体系中的组成部分，群智创新设计是设计学科发展的重要一站。

4.3.3 设计驱动群智创新案例

1. 设计任务激励的群体智慧中心

群体智慧中心(Center for Collective Intelligence, CCI)是麻省理工学院的一个研究中心,专注于群体智能相关领域的研究,其使命是将人和计算机"链接"起来,使集体的智能大于所有个人、计算机智能之和。

从 2009 年开始,CCI 部署了一系列名为 Colab(联合实验室)的在线平台,通过特定的组织和激励机制吸引参与者,形成多个群智知识生态,收集来自世界各地的优质创意来解决复杂问题。Climate Colab(气候联合实验室)是最早的 Colab 项目,世界各地的人可以在该平台上为气候变化问题出谋划策。气候变化是一个涉及工业、文化、经济等多个领域的复杂问题,一次性解决这样的复杂问题是不切实际的。Climate Colab 项目鼓励成员对气候问题进行大规模的协同规划,以实现群智价值共赢。

在 Climate Colab 项目中,使用者可以针对气候问题基于预设的模型提出自己的方案,通过模式化的输入,网站会预测完成这些行动后的影响,如图 4.5 所示。例如,使用者设定不同地区和国家的减排量,模型预测方案实施后的温度变化、海平面上升及实施方案所需的成本等[13]。任何人都可以对处于开放状态的方案进行修改,每次修改都会被记录,创建者可以将方案转换回历史版本,这有助于使用者自由地编辑方案。

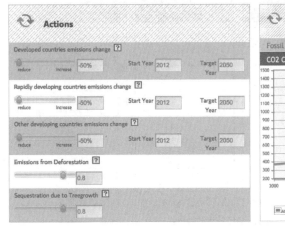
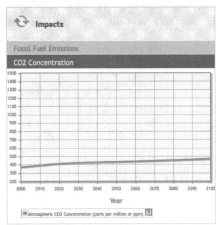

图 4.5 Colab 方案创建

为了更大程度利用群体智能,CCI 以竞赛网(contests webs)[14]的形式来收集解决方案。为此,CCI 设计出了一套分类方法,将复杂的气候问题分解为不同层级的子问题,再分别创建竞赛,并根据问题的范围大小将竞赛分为多个阶段。每一阶段的竞赛结束后，专家评审和成员会选择优质方案进入下一阶段。方案创建者有一段时间来改进他们的方案，最终由成员和专家评审投票选出最理想的提案，获得最多票数的方案和由评委选出的方案都将获得奖励。下面对 Climate Colab 竞赛的竞赛分类方法、群体智慧集成和群智激励机制设计进行介绍。

1) 竞赛分类方法

CCI 创建了针对这种复杂问题的分类标准：

(1) 分类法应具有整体性，所有可能的解决方案都应能分配到合适的类别。

(2) 在分类法的每一层级上，类别应是相互排斥且全面详尽的。一个层级中的类别不应该相互重叠，而应该共同涵盖该维度的所有可能性。

(3) 分类法的分类依据应该被领域内专家所认可。

(4) 分类法应简单直观，使成员能够方便理解。

根据这套分类标准，CCI 创建了一套针对气候问题的分类方法。将问题分为四个维度，即 what(采取什么行动)、where(在哪里采取行动)、who(由谁采取行动)、how(如何采取行动)。每个维度都可以进一步细分出更多选项。只需在每一维度中选取一个选项，就可以得到多个从不同角度解决气候变化问题的问题组合。例如，一场关于美国电子制造商可以采取什么实际行动来减少其工厂排放的竞赛，将被分类在图 4.6 中的 1.1.4、2.2.1、3.2 和 4.1 项中。该方法同样适用于划分其他大型问题，只需要对某些维度的基本内容和分类方式进行修改即可。图 4.6 呈现了复杂问题的一种分类标准。

图 4.6 复杂问题的分类标准

2) 群体智慧集成

CCI 通过创建综合竞赛并鼓励成员创建综合方案来集成群体智慧，具体方式如下：

(1)竞赛集成。复杂问题被划分为针对该问题的不同部分的子竞赛，通过这些竞赛得到的方案是相对独立分散的，而 Climate Colab 以创建综合竞赛的方式得到更综合全面的方案。随着竞赛要求解决问题的范围变广，所涵盖领域变多，最终可以得到解决气候变化问题的全球性方案。

(2)方案集成。Climate Colab 允许成员在部分竞赛中借鉴他人已提交的方案，并鼓励成员通过集成他人提交的方案来得到更加综合的方案。综合方案的创建者需要描述这些方案如何相互配合以及预测它们的综合减排效果，并添加其借鉴的方案链接。

在 2015 年的竞赛中，CCI 在前述的 where 维度上对竞赛进行了细分。其底层是 15 个基础竞赛，主题包括能源供应、建筑、交通、碳价格以及态度和行为的转变。其次是区域竞赛，CCI 将世界分成四个最大排放地区或国家(美国、欧洲、中国、印度等)、其他发达国家和其他发展中国家六个区域，最终进行全球竞赛，得到全球性方案。全球性方案可以是各个区域方案的集成，内容包括区域竞赛中的解决方案，而区域性方案又是各个领域的若干个基础方案的集成，内容应该包括基础竞赛中的解决方案等，如图 4.7 所示。

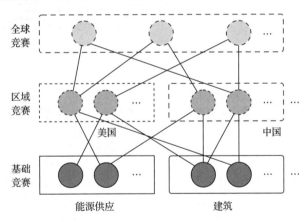

图 4.7　综合方案构成

3)群智激励机制设计

CCI 为竞赛的获奖者提供了积分奖励。对群体智慧平台而言，激励机制的设定难点在于如何衡量综合方案的创建者的奖励，因为一个综合方案可能建立在多名其他参与者的成果之上。CCI 为这类激励机制设计了一套参考标准：

(1)激励人们花更多的时间在整体问题的主要矛盾方面。

(2)不为游戏系统提供强大的激励。

(3)相对容易理解和管理。

(4)对参与者尽量公平。

(5)不浪费方案贡献者的努力。

根据这套标准，CCI 设计了一个基于 Colab 积分的综合竞赛激励系统。类似商品交易的原则，综合方案的提出者因为获奖而获得积分，他们也必须为其借鉴并使用的其他方案支付部分积分，这两个数额之间的差额就是他们最后获得的积分，即利润。因此，所有直接或间接被获奖方案使用的方案的提出者都会获得积分奖励，如图 4.8 所示。

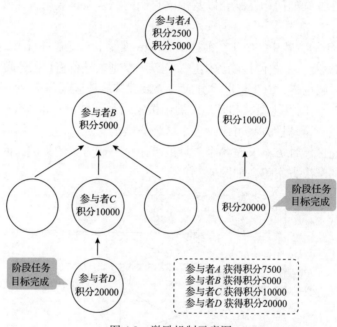

图 4.8 激励机制示意图

获奖者需支付的积分并非由双方协商得出，而是采取强制许可的方式。例如，在 2015 年的竞赛中，专家评委基于方案的工作量和重要性等因素分配积分。这个规则的优势在于综合方案的提出者可以自由使用他们想用的其他方案，而不必获得其他方案提出者的许可，使有价值的方案被充分利用。具体的积分计算规则由式(4.1)和式(4.2)给出：

$$V_i = k_1 x_1 + k_2 x_2 + \cdots + k_m x_m \tag{4.1}$$

$$P_i = V_i + \sum_{j \neq i}^{N} d_j V_i - \sum_{s \neq i}^{N} d_s V_s \tag{4.2}$$

式中，N 为参与者的总人数；V_i 为第 i 个($1 \leqslant i \leqslant n$)参与者提供方案的价值；

$X=\{x_1,x_2,\cdots,x_m\}$ 为由专家评委给出的评价指标，如工作量、创新度、重要性等；$K=\{k_1,k_2,\cdots,k_m\}$ 为每个评价指标的权重；P_i 为第 i 个 $(1\leqslant i\leqslant n)$ 参与者最终获得的积分奖励值，包含其提供方案本身的价值 V_i、被其他参与者参考而被支付的奖励 $\sum_{j\neq i}^{N}d_jV_i$，以及参考其他方案而向其他作者支付的积分 $\sum_{s\neq i}^{N}d_sV_s$，其中 d_j 和 d_s 是参考的比例。

此外，CCI 曾经还运用类似的群智激励机制来招募新成员。研究发现，通过此机制招募的新成员与原成员相比，更有可能提交高质量方案[15]。

2. 灵魂场景：轻量级 3D 模型和虚拟场景智能设计创作平台

业界有着如下共识：未来将向着元宇宙时代进发。通往元宇宙之路始于 3D 建模，3D 模型与场景的创作生态是元宇宙的新基建。因此，3D 模型素材平台将在元宇宙时代获得新的发展机会。2021 年 1 月，Shutterstock（一家美国商业摄影、影视素材和音乐素材供应商）收购了 TurboSquid（一家专门为各行各业提供 3D 模型的美国动画工作室和数字媒体公司），成为全球最大的 3D 模型公司；2021 年，3D 模型及素材平台 CGTrader（一家总部位于立陶宛的 3D 模型资源及设计师社区网站）完成 B 轮融资，旗下拥有 110 万个模型及 452 万会员；2022 年，Shutterstock 收购多媒体素材平台 POND5（美国的一个在线媒体资源网站）。可见，创作者经济爆发，全球商业图片库平台已经将 3D 模型、视频素材、音乐音效等数字创意素材定为下一个战略方向。

如何更简单地创建 3D 模型，如何更高效地创建 3D 场景是当前业界企业遇到的最大痛点。3D 模型和视频素材的创作和交易是元宇宙领域的典型市场，海量的 3D 模型与场景内容消耗的背后，是对现实世界的 3D 重构。"单模型""小场景"是灵魂场景在元宇宙时代提出的系统创新方案。作为一个轻量级 3D 模型和虚拟场景智能创作平台，灵魂场景致力于用 AIGC 和 3D 实时引擎等前沿技术，以元宇宙 3D 商业创意要素的智能生成为研发目标，为用户提供云端轻量级 3D 模型和虚拟场景智能生成引擎。灵魂场景一方面依托 Soul 3D-AIGC 3D 智能生成系统生成海量优质的 3D Model 单模型和 3D Scene 小场景；另一方面依托 Soul 3D-Design 轻量级 3D 设计协作系统构建高品质的可编辑、可互动、虚拟和现实融合的 3D 商业创意内容。

灵魂场景的创造核心是 Soul 3D 引擎（Soul 3D Engine）：一个轻量级 3D 模型和虚拟场景智能创作引擎。在创作者层面，Soul 创作者生态和 AI 基石大模型为虚拟化媒介创新提供了创作基础；在用户及消费者层面，Soul 3D Market 提供了 3D 素材及商业模板生成交易场所，利用群智创新技术为用户创造了数字人直播虚拟场景、动画短视频虚拟场景等场景下的多项商业应用。Soul 3D 引擎通过设计手段和群智创新技术整合资源,实现了模型的智能生成及数字资产的管理和保护。该引擎利用其 3D 智能生成平台库,可获取大量相关三维场景、模型、图片等异构资源,并将获取的资源与需求进行联系,生成二者之间的特征映射及需求映射。之后,对这些资源进行流形学习和感知评价,对使用者的需求做进一步评价与判断,平台也将会利用线性回归等人工智能算法推理产生设计,最终利用强化学习等手段做出优化与最终的决策,实现三维模型、三维场景的智能生成。此外,平台还会对设计过程中的三维资产进行实时保护,避免信息泄露。Soul 3D 引擎整体框架如图 4.9 所示。

灵魂场景结合群智创新的"选择-生成-产出"过程,能够快速为用户提供智能场景服务。因此,用户在灵魂场景上的操作成本极低。Soul 3D-AIGC 3D 智能生成系统功能演示如图 4.10 所示,系统以"设计+科技"深度融合,通过对操作流程进行设计优化,降低 3D 商业创意内容创作门槛,探索元宇宙 3D 商业创意内容的行业应用,满足虚拟直播、电商购物、视觉营销、娱乐社交、虚拟会展等行业用户对 3D 单模型和 XR 小场景的广泛需求。构建优质的 3D 商业创意内容创作生态,成为元宇宙 3D 商业创意内容的 DaaS(design as a service,设计即服务)新基建。

4.4 技术驱动的群智创新

4.4.1 技术驱动创新范式

技术创新可被划分为两类,一类是在原有技术基础上的应用性创新。以无人机为例,1917 年,Peter Cooper 和 Elmer Sperry 发明了第一台自动陀螺稳定仪,促成了无人飞行器的诞生——虽然当时无人机仅被应用于军事领域。2006 年,中国大疆公司成立,并逐渐引领了消费级无人机市场,改变了世界民用无人机的格局。中国大疆公司对现有无人机技术进行了优化与应用性调整,实现了无人机技术由军事化向民用化的创新性转变,是技术应用性创新的典型案例。

另一类是全新技术的研发与变革性的创新,如大数据、物联网、区块链技术等颠覆性技术掀起的创新变革。此类技术创新往往会改变固有的设计行为:大数据和物联网技术的应用,使开发者对用户和市场有了更全面的认识,并为参与者获取外界环境的数据提供了技术支持;人工智能的高速发展,使以人为创新主体的创新模式发生改变。人工智能技术使创新活动逐步呈现出技术驱动的主动创新态势,这将直接缩短创新周期,提高创新平台外部环境的动态适应力;而区块链技术促使传统创新协作方式向去中心化和分布式方向发展,也为创新活动在数字化网络时代中的知识产权保护提供了强有力的保障,同时也加强了创新体系内外

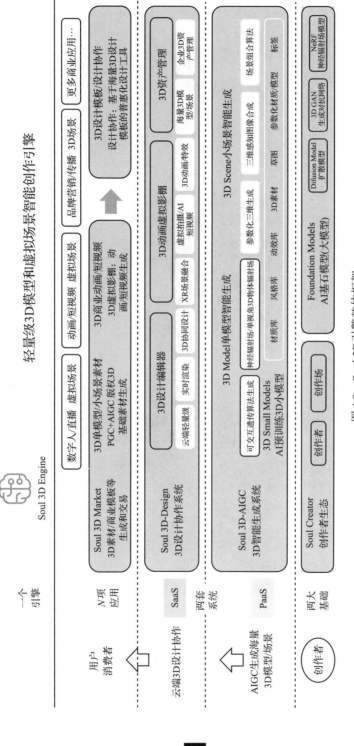

图 4.9 Soul 3D引擎整体框架

PaaS为platform-as-a-service，平台即服务；

PGC为professional generated content，即专业生成内容

Soul 3D-AIGC 3D智能生成系统功能演示

| Step 1 选择 | Step 2 生成 | Step 3 产出 |

Step 1
选择
用户/设计师可以检索海量的库存模型/场景，或者上传新的模型

Step 2
生成
对模型/场景自定义编辑后快速生成，或由系统随机生成新的模型/场景

Step 3
产出
用户择优选择新的模型/场景，或交由系统进行智能审美评价后推荐

Soul 3D-AIGC
3D智能生成系统

3D Model
3D单模型智能生成

参数化遗传算法生成海量全新的3D模型

对同一3D模型快速赋予1000+参数化肌理/材质

3D Scene
3D小场景智能生成

一秒出景 千人千面

对选择好的3D单体模型进行参数化配置

对3D模型配置预设1000+参数化材质

对选择好的3D场景进行参数化配置

快速生成全新形态的3D单体模型

快速生成不同肌理/材质的新3D模型

快速生成全新风格的3D小场景

对选择的3D场景进行参数配置

选择合适的3D模型进行商业应用

选择合适的3D小场景进行简单商业应用

图4.10　Soul 3D-AIGC 3D智能生成系统功能演示

部的交流协作。

技术驱动群智创新是以技术为导向的线性自发转化过程，具有自主性与上升性。在群智背景下的技术驱动创新并非以技术作为唯一驱动力，而是技术、设计和商业多元协同驱动的设计创新范式。群智创新设计作为互联网和人工智能技术深入发展的产物，其研究内容、技术构架和体系目前还处于初级阶段。下一阶段数字经济与社会发展的内在动力将主要源于技术、设计与商业的深度融合。在数字化网络下，用户市场变化迅速，企业方需要充分利用大数据技术扩展获取用户相关信息的渠道，实时调整设计战略，以增强自身的动态适应能力，实现数字化转型。同时，商业模式的转变表现为从单纯的线下商业模式向线上和线下相融合的全渠道商业模式转型。用户可以借助互联网快速掌握产品市场信息，对产品及服务的认知度具有动态性变化特征。商业创新通过实现设计产业与消费网络的有机融合，链接供给端和需求端，进而在设计驱动助力下从用户、商业、设计三维度创造价值，以推动企业实现经济价值提升。

4.4.2 关键性技术创新

1. 大数据驱动的创新

互联网大数据时代为创新带来了巨大契机。首先，数据和知识的获取来源更加丰富，信息获取难度相对较低。大数据不再只是海量、多样、迅捷的数据处理技术，更是一种新的生产要素、新的创新资源和新的思维方式；其次，大数据为大众互联奠定了技术基础，更多智慧被激发，这些大众智慧在群智体系中的互动和协作，为群智创新设计提供了更广泛的源泉[16]。在互联网环境下，以数据为驱动力的组织将采用有效技术手段获取、处理和分析数据，从海量数据中筛选出有效信息和知识，不断迭代和优化产品，或研发新产品，从而为组织创造价值和效益。数据驱动技术促使组织将重心从传统的数据或脚本维护转移至数据的构建和维护，从而能够通过参数化技术采用相同的处理方式对来源不同的海量数据进行测试和整合，以更高效地处理和利用多元数据。数据驱动作为技术驱动的分支，其核心在于利用技术手段将数据进行有效整合、利用与转化，关键环节包括海量数据产生、数据利用、数据内化等。

数据驱动创新需要采用严谨且有效的方法，数据驱动的创新范式需要遵循以下三点。

1）以数据资源为基础

互联网作为海量数据的来源，涵盖包括互联网交易数据、用户调研数据、专业知识数据、技术成果数据、专利成果数据等创新驱动相关的数据。数据驱动群智创新需要以大数据技术作为基础，对数据进行有效整合。对数据进行整合涉及多个数据处理环节，首先是数据融合，即将来源不同的数据以一定的规则处理为统一可调用的数据信息；其次是数据存储，即将有效数据及信息存放入数据库中，便于随时调用；再次是数据计算分析及其可视化，即利用数据分析技术和可视化工具，将海量数据转化为有效信息，并以直观、易懂的方式展示给企业或用户，以便其及时掌握信息；最后是多源异构数据解读，即使是不同组织或不同数据库中的数据信息也能够以统一规则方式进行解析。在这些环节中，组织能够将海量、抽象且价值未知的虚拟数据转化为精练、具体且有实用价值的信息，最终汇聚为创新知识，群智创新设计就是在此基础上，将数据转化为可利用资源。丰富的数据资源将促进多元协同的数据跨界融合创新平台的形成。

2）以智能算法为手段

在多元协同的群智创新设计服务平台中，智能算法作为重要手段，帮助创意的智能引导及创意方案推荐。智能算法为群智创新设计体系中海量数据信息的筛选和整合奠定了坚实的技术基础。创意的智能引导过程主要以创新知识图谱为导向，涉及创新知识图谱的获取、构建和可视化等方面，旨在基于创新性知识图谱构建智能检索系统，满足用户查询需求并实现创意智能引导。该系统包括知识图谱的文档表示和基于知识图谱获得的查询扩展词匹配等模块，能够快速准确地为用户提供满足其需求的查询结果，实现智能化的信息检索和引导。创新方案智能推荐根据基本发明原理，利用现有专利知识和专利挖掘方法支持创新设计，鼓励发明创造，加快用户创新进程，完成创意方案推荐。

3）以跨界融合为路径

在动力机械化、电力电网化、电子信息化之后，人类正经历一次科技产业变革，即在 CPH 三元空间中进行的数智化变革。数据驱动创新应当以 CPH 三元空间为主体展开，通过互联网将用户、企业、生产者等聚集在一起，跨界融合多领域、多学科知识。在此路径下，群智平台能够集中多方优势高效推进创新进程，以数据知识与技术作为驱动力实现共创、共享、共赢的协同创新。大数据驱动创新框架如图 4.11 所示。

智能时代下，知识的跨界融合逐渐深入，这将推动更多企业从相对稳定的供应链体系转向更广泛、更灵活、多方位的社会化产业网络。数据在该过程中将发挥出强大的驱动作用。这种转变能够实现设计产业从核心企业主导的中心化线性创新变革模式转向需求和价值共识主导的去中心化网状创新模式，意味着企业将与各种利益相关方建立更加紧密的联系，以满足市场需求和利益关系的多元化。

2. 人工智能驱动的创新

随着社会新需求的不断涌现，信息环境的更新迭代变化，数据信息的来源不

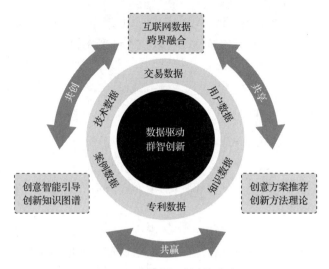

图 4.11　大数据驱动创新框架

断拓展，人工智能技术也在这些助力下迅速发展。实现人工智能驱动创新的关键在于将人工智能技术与创新设计相融合。人工智能驱动创新需要经历两个阶段。第一阶段是"学习"阶段，即人工智能通过学习和模拟人类认知过程，逐步掌握世界的基本结构和事物的本质属性，并逐层深入进行语义提取和理解，实现从表面信息到深层含义的抽象与推理；第二阶段是"创新"阶段，即以无监督学习方式实现创新设计[17]。近年来，深度学习、对抗式生成网络等作为人工智能领域中具有代表性的智能技术正飞速发展，这使人工智能在学习、模拟与增强人类智能方面取得了重大突破，在创意设计等方面也获得了巨大进展。人工智能在一定程度上开始具备创新能力，这使创新主体能够充分利用人工智能技术进行创新活动。现在，由人工智能独立或辅助设计师完成的设计呈现出高度创新性，如 AI 绘画生成，这是一种使用户能够利用文本生成绘画作品的绘画创作方式，借助深度学习自动生成风格不同的优美画作。

人工智能驱动的创新能够在不同设计环节中发挥优势作用。在创意方案产出环节，人工智能帮助设计师精准定位用户需求，将数据进行整合并以文字或可视化方式输出有效设计信息；在设计成果输出环节，人工智能通过无监督学习方式，计算并生成被设定好外观、功能、风格等的产品；在设计评价反馈环节，人工智能通过神经网络等方式对产品按照既定标准进行评价与筛选，从而确定最优方案。人工智能作为创新驱动力促使更多优质创意方案产出，在一定程度上解决了设计创新创意匮乏的问题。

由此可见，人工智能作为驱动力，能够与设计相辅相成，共同激发社会的无限创新潜力。新时代背景下，人工智能技术的发展为社会跨越式创新发展提供了巨大机遇，在推动创新应用领域进步的同时，也弥补了我国在基础技术研究和知识聚集方面的短板。人工智能创新性突破以技术创新作为支撑加快创新产业升级，为我国智能化社会创新体系升级推动技术创新、人工智能与效率变革有机融合提供强大驱动力[18]。

3. 区块链技术驱动的创新

当前企业在扩展自身创新边界、加强与外部创新协同的同时也必然会遇到诸多侵权行为的威胁及挑战：企业一旦进入开放式创新的发展阶段，信息披露悖论、反公地悲剧、激励问题、不完全合同、知识财产流失等一系列与知识产权相关的难题就会接踵而至[19]。

为了解决在创新活动中可能出现的知识产权保护问题，企业需要借助区块链技术进行支持。区块链技术利用块链式数据结构进行数据的校验与存储，采用分布式节点共识计算生成和更新数据，利用密码学原理保证数据传输和读取的安全性，是一种由自动化脚本代码组成的智能合约进行编程和数据操作的分布式基础架构与计算范式[20]，具有去中心化、开放性、自治性、安全性、可追溯性等特点，加强创新活动中的知识产权保护与信用保障。

在区块链技术驱动下，创新社区中的创新产权保护问题将得到解决。海尔集团在技术驱动创新方面充分利用区块链技术的优势，分别于 2013 年和 2017 年创建了开放创新平台 HOPE 和卡奥斯工业互联网平台 COSMOPlat，旨在实现企业资源与全球资源融合，推动跨领域的协同创新，构建基于群智创新设计的协同创新平台，进一步促进技术创新和发展。区块链技术的有效利用是海尔集团成功的关键之一，它不仅使协作创新成为可能，同时也为创新平台的构建与发展指明了方向。

在产权保护方面，区块链技术能够动态协同地对群智创新设计方案进行产权保护和共享，计算贡献量与报酬分配，建立合理的激励机制与可回溯机制。群智创新设计将利用区块链技术去中心化、去信任化、匿名化、难以篡改等特性，融合智能合约和数字水印技术，进行创新知识产权确权与交易、假冒现象检测及侵权行为鉴定，从而提高创新知识产权保护效率，形成新的产权保护机制。

在数字资产管理方面，区块链技术可实现对用户在群智共创过程中产生的私人数据资产以及在虚拟空间中衍生的私人数据资产的分类监管，实时跟踪区块链和分布式账本的数据流。区块链技术通过数字资产编码、节点标识、监督跟踪、模拟预测等管理流程，以数字标志为基础，实现数字资产的可跟踪管理，建立虚拟数字空间中的资产管理体系，确保群智驱动的数字资产便确权、可查询、易交易、能继承。在数字藏品盛行的 Web 3.0 时代，基于区块链技术的腾讯"至信链"在数字版权保护、数字藏品推广、跨平台协作等方面显现了优势。"至信链"作为国内联盟链，与多家公信力机构合作，为 QQ 音乐、酷狗音乐、阅文集团等合作伙伴的数字藏品项目落地发挥了主要作用。区块链技术为数字藏品版权防伪追溯和版权侵权取证提供了便利，同时也为数字互联网小生态圈的构建奠定了基础。

4.4.3　技术驱动群智创新案例

1. 亚马逊云科技

亚马逊云科技是亚马逊旗下的云计算服务平台，以技术作为支撑为客户提供计算存储、人工智能、数据湖、数据分析、物联网和机器学习等 200 多项云计算服务。亚马逊云科技的社区拥有初创公司、大型企业、政府机构等领域的数百万活跃客户和数以千计的合作伙伴，来自不同领域、不同体量规模的客户使用亚马逊云科技的技术经济高效地构建任务关键型解决方案，打造面向未来的云上业务生态，并激发更多不同领域的创新[21]。亚马逊云科技主要的产品是 EC2（亚马逊的虚拟机服务）和 S3（亚马逊的存储系统）[22]。亚马逊云科技作为典型的技术驱动型公司，目前已推出服务器、存储、网络、远程计算、电子邮件、移动开发和安全服务等数千项服务和功能，并还在不断加大研发投入以开发新的功能，下面分别对其进行介绍。

1）亚马逊的虚拟机服务

Amazon Elastic Compute Cloud（EC）是一项提供虚拟服务器计算容量（称为 EC2 实例）的服务。EC2 服务提供了数十种具有不同容量和大小的实例类型，专为特定的工作负载类型和应用程序量身定制。此外，亚马逊云科技还提供了一个弹性伸缩（auto scaling）工具来动态扩展容量，以保持实例运行状况和性能[23]。

早期的 EC2 使用纯软件的 Xen Hypervisor（Xen Hypervisor 是介于操作系统和硬件之间的一个软件描述层）来保护物理硬件和系统固件，虚拟化 CPU、存储和网络，并提供丰富的管理能力。但是使用这种架构时，一个实例中多达 30% 的资源被分配给了虚拟机管理程序，以及网络、存储和监控的运营管理程序。这种浪费并没有为客户提供直接价值。为了显著提高客户的性能、安全性和敏捷性，技术人员必须将大部分虚拟机管理程序功能迁移到专用硬件。Xen Hypervisor EC2 架构如图 4.12 所示。

亚马逊于 2013 年推出了第一款 C3 实例类型的 Nitro 卡，将网络进程转移到硬件中，于 2014 年推出 C4 实例类型，将弹性块存储（elastic block store, EBS）转移到硬件中。

2017 年，亚马逊正式推出完整版 Nitro，其引入了一个新的管理程序，它是具有 C5 实例类型的完整 Nitro 系统。Nitro 是一组自定义硬件和软件，目的是将虚拟机管理程序、网络和存储虚拟化转移到专用硬件，从而释放 CPU 以更高效地运行。Nitro 系统架构如图 4.13 所示。

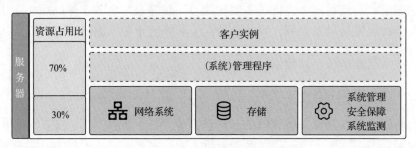

图 4.12　Xen Hypervisor EC2 架构

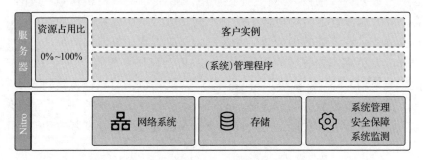

图 4.13　Nitro 系统架构

自亚马逊推出 Nitro 系统之后，EC2 实例快速增加，现在 Amazon EC2 已经拥有超过 500 个实例，计算方式也不断更新，从 EC2 实例开始，逐渐支持容器和无服务器，提供了 EKS（托管 Kubernetes 服务）、ECS 和 Fargate 三种容器管理工具。Amazon Lambda 也开创了无服务器计算时代，无服务器计算是一种按需提供后端服务的方法。无服务器提供者允许用户编写和部署代码，无须考虑底层基础设施。

2）亚马逊的存储系统

亚马逊简易存储服务（Simple Storage Service, S3）为数据备份、收集和分析提供可扩展的对象存储。IT 专业人员将数据和文件作为 S3 对象（最大可达 5GB）存储在 S3 存储系统中，企业可以使用 Amazon S3 Glacier 进行长期冷存储以节省资金。

Amazon Elastic Block Store 在使用 EC2 实例时为持久数据存储提供了块级存储卷。Amazon Elastic File System 则提供托管的云端文件存储服务。企业还可以通过 AWS Snowball 和 Snowmobile 等存储传输设备将数据迁移到云端，或者使用 AWS Storage Gateway 使本地应用程序能够访问云数据。

3）亚马逊云科技的云计算模型

亚马逊云科技通过三种云计算模型（基础设施即服务（infrastructure-as-a-service, IaaS)模型、平台即服务(PaaS)模型、软件即服务(SaaS)模型向其全球客户提供服务，每种模型代表云计算堆栈的一个独特部分。基于上述设备支撑，亚马逊云科技利用这三种云计算模型集成了一个软硬件结合的群智创新设计服务平台，三种云计算模型如图 4.14 所示。

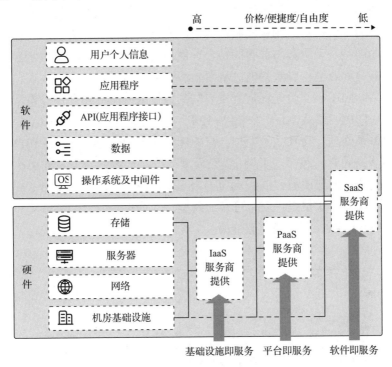

图 4.14　三种云计算模型

首先，系统利用 IaaS 模型通过互联网提供计算机的虚拟化环境。它提供按需存储、网络链接和数据处理等服务，并管理 IT 基础架构、服务器和网络资源，从而优化整个计算环境。AWS IaaS 帮助企业更快地实现数字化转型，同时允许企业将所有数据集成到一个平台上，因此 IaaS 模型可以存储大量各类型的资源和需求，同时也搭建了用于云计算等云服务的基础硬件设施。PaaS 模型提供了一个用于开发、运行和管理任何应用程序的平台。PaaS 模型可以通过私有云、公共云或混合云提供给客户可定制和灵活的云计算服务。借助云技术，开发人员可以从任何地方访问平台数据，可促进全球范围内的项目开发进程。SaaS 模型提供了一种完善的产品，它的运营和管理都由服务供应商负责。用户可以在 IaaS 模型中获取各种类型的基础设施和数据资源，并将其交由 SaaS 平台进行需求映射。随后，用户可以使用 PaaS 平台的计算能力进行项目评价、感知推理和决策优化，最终产出群智创新的项目方案。客户可以摆脱软件和硬件管理流程，还可以自定义品牌标志、工作流程、自动化等功能。SaaS 模型是一种软件分发模型，其应用程序由互联网托管并可供客户发现。

2. 基于云服务的 AI 开发平台：华为 ModelArts 平台

云服务是基于云计算技术通过互联网向客户提供广泛服务的总称。这些服务通常提供快捷、廉价的应用程序和资源访问权限，使计算能力成为一种可通过互联网流通的商品。云服务与群智的结合，使群智个体间的联系更加紧密，并可对大规模的群智资源进行有效管理，从而激活群智创新。

华为 ModelArts 平台是面向开发者的集数据处理、算法开发、模型训练、模型部署为一体的一站式 AI 开发平台。如图 4.15 所示，华为 ModelArts 平台提供了海量数据预处理、交互式预处理、智能标注、大规模分布式训练和自动化模型生成等功能；同时，还实现了端-边-云模型的按需部署，帮助不同层次的用户简单快速地创建和部署模型，并对 AI 工作流程进行全周期管理；此外，还配备了开发者生态社区，为用户提供安全可靠的模型、数据集等内容的共享交易平台，激励 AI 创新，实现 AI 资产的商业价值。

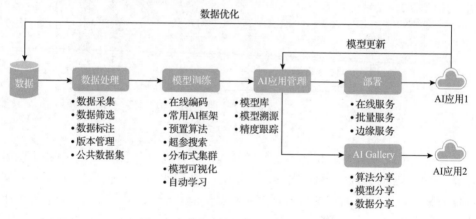

图 4.15　华为 ModelArts 平台系统架构

下面将从知识计算、感知-认知-决策智能闭环系统和端-边-云协同三个角度来介绍并分析华为 ModelArts 平台。

1）知识计算

知识计算是利用人工智能技术实现机器将知识转化成可计算模型的一种新计算模式，该模式将 AI 应用于提高决策准确性，帮助企业降本增效。华为云知识计算包括知识获取、知识建模、知识管理与知识应用四个层次。

（1）知识获取。华为首先将多模态的行业知识归为事实性知识、概念性知识、程序性知识以及元认知四大类，再利用自然语言处理[24]和信息抽取[25]等技术对这些知识进行理解、识别，完成知识向结构化数据的转化。

（2）知识建模。华为云拥有自动生成知识图谱的功能，可根据业务场景需求快速提取相关信息，迅速构建图谱并进行自动更新，使平台能够准确把握知识与其他实体之间的联系。

（3）知识管理。知识管理包括创建、共享、使用及管理组织知识与信息，有利于提高知识的利用效率。华为云在此基础上集成了高性能查询、自动更新与智能冲突管理等功能，为用户提供高质量、高时效性的优质信息资源和更便捷的信息流通渠道。

（4）知识应用。知识应用本质上是一个求解的过程，华为云以梯度下降(gradient descent)[26]、采样(sampling)[27]、变分推断(variable inference)[28]等求解算法为基础，提供知识搜索、可视化分析、知识推荐、智能对话、预测分析、知识推理等服务，帮助企业突破知识壁垒并最终找到最优解决方案。

2）感知-认知-决策智能闭环系统

平台融合感知模型、认知模型与决策引擎，形成了感知-认知-决策智能闭环系统。感知-认知-决策智能闭环系统可以广泛应用于各种场景，包括图像分类、物体检测、视频分析、语音识别、产品推荐、异常检测等。从感知模型角度来看，其融合联邦学习(federated learning)特性，解决了数据分散、隐私安全及数据相通性差的问题[29]，再利用加密方式交换更新模型参数来替代数据交换，实现联合建模；从认知模型角度来看，平台在感知模型的基础上融入语音语义与知识图谱，进一步整合多元数据，实现认知智能化；从决策引擎角度来看，平台依托运筹优化、强化学习、智能控制等算法实现智能决策，例如，华为自研的天筹(OptVerse) AI求解器(图 4.16)能够帮助企业在量化决策中充分利用资源，在流程管理中实现全流程全链路协同，提升企业决策水平。

3）端-边-云协同

云计算[30]与物联网[31]技术的高速发展造成本地计算与云中心计算的需求量激增，这就需要在充分发挥云计算优势的同时能灵活调动端计算，形成端-边-云协同的新计算模式。端-边-云协同是指端侧计算(local computing)、边缘计算(edge computing)与云计算(cloud computing)的三方协同[32]。端侧计算是指本地计算，相当于一个本地的小型数据中心；边缘计算是指一种优化云计算系统的方法，在网络边缘执行数据处理。端-边-云协同模式将云计算的全局全流程大数据处理和分析能力与边缘计算的实时高效数据处理能力融合，将云侧泛化模型与端侧个性化模型链接起来，使它们能相互协作学习和推理，从而提高人工智能的认知水平。

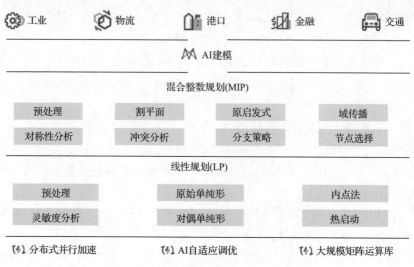

图 4.16　华为云天筹(OptVerse) AI 求解器

华为云基于擎天架构及云原生开放框架，提出软硬一体的端-边-云协同解决方案，以满足近场、现场全场景边缘业务低时延、数据本地化、边云协同等诉求，赋能行业数字化转型，如图 4.17 所示。图中，云游戏、CDN(content delivery network, 内容分发网络)、视频 RTC(real time communication, 实时通信)、VR/AR、AIoT(artificial intelligence & internet of things, 人工智能物联网)为低时延边缘服务，智能边缘平台(intelligent edge fabric, IEF)边云协同操作系统为标准应用框架，智能边缘云(intelligent edge cloud, IEC)、智能边缘小站(intelligent edge site, IES)为软硬一体边缘基座。该方案打造了"2+1+X"边缘基础设施，其中"2"指的是两个软硬一体的边缘解决方案，"1"指的是智能边缘平台，"X"指的是华为云在边缘上构筑的各种高阶服务能力。

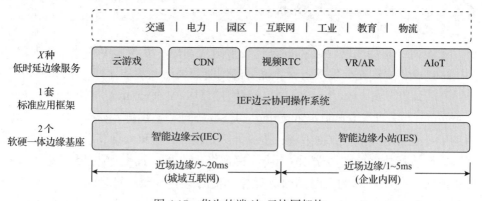

图 4.17　华为的端-边-云协同架构

3. 智能云工厂和云平台：博理科技 PollyPolymer

物联网技术、人工智能、增材制造技术、虚拟现实等全新技术革命正在催生面向未来的"新制造"方式，伴随着以 3D 打印为代表的增材制造技术的发展，基于数字化、智能化、个性化的全新增材制造快速成长，尤其是经过终端消费品领域产品设计的探索，3D 打印规模化、个性化定制的"新制造"模式逐步形成。

博理科技是全球领先的高分子材料 3D 打印制造企业，其多样化的高性能材料、超高速 3D 打印技术、智能云工厂和云平台，构建了敏捷、协同、柔性的供应链，实现了大规模个性化定制生产，为制造业赋能。3D 打印相比于传统制造业的优点在于：缩短产品开发周期，直接由设计数据驱动材料转化为产品，省去了复杂的开模过程，缩短了交付时间；满足多材料、复杂形状、任意批量的生产需求，帮助生产端实现按需制造，减轻库存压力；管控生产运输全流程，结合云端智能控制体系，提高工厂效率和产品良率，降低流通环节风险，确保产品按质准时交付。

智能制造正逐步成为主流，而 3D 打印作为融合新一代信息技术和制造技术的智造模式，正在引发制造业生态系统的迅速变化。

1）设计：智能算法，提升设计自由度

在产品开发过程中，通常需要多轮设计迭代，以交付一件完美的作品。传统制造的迭代通常需要模具的配合，导致成本增加和时间延长，也限制了设计方案呈现的自由度。博理科技研发推出的超高速 3D 打印技术能够打印任意曲线中空造型及咬花纹理等复杂结构，解决了设计师创意无法落地的问题。同时，博理科技自主研发的设计和图形软件系统可以对任意模型进行仿真优化、原型制作，并通过高速打印实现快速生产，省去了开模的成本和时间，满足了时间紧任务急的开发和生产需求，如图 4.18 所示。

Super Designer 是博理科技自主研发的参数化设计软件，可生成三维实体模型对应的轻量化最优多孔结构模型，并提供多种模型创意造型工具。这款软件的目标是为设计师和超高速 3D 打印技术搭建桥梁。传统制鞋工艺的开模时间需要 4～6 个星期，每次修改需要 2～3 天。基于博理科技的 3D 打印智能云工厂，设计师可设计多种款式、不同颜色的鞋，并运用包含开发、验证、生产、质检全流程的智能制造执行系统（manufacturing execution system, MES），将整个开发周期缩短在一个月以内，并且依托分布式智能云工厂，实现了规模化柔性定制生产。

2）生产：柔性智能制造，降本增效

传统的制造工艺如数控铣削或注塑，需要先加工模具和试板，然后将各个零件加工成型再进行各项测试，需要花费很长的时间。从设计稿到实体模型需要两周以上，如果出现问题，交货时间会更长，而且需要多次返工修改，成本很高，

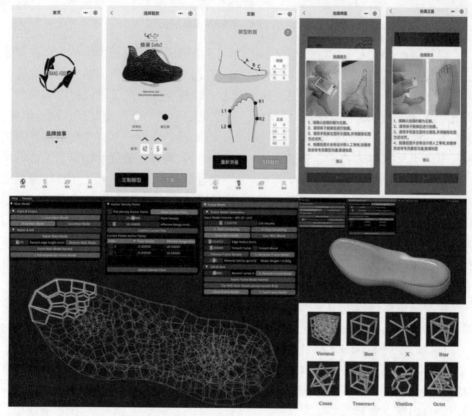

图 4.18　博理 Cells 一体化鞋履定制程序与 Super Designer 3D 打印参数化软件

再加上最低起订量和高的开模成本，制造成本更高。一旦需要返工，则会影响整个生产过程，无法实现快速高效的协同，也不能真正实现个性化定制。博理科技基于数字智能技术自主研发的云服务平台，实现了智能云工厂从接收外部需求到生产打印只需要数小时，最快可实现 24h 交付。即使需要修改设计，也可以在同一台机器上完成，无须重新开模或启动新的系统，提高产品迭代速度的同时为企业节省成本。此外，3D 打印小批量灵活生产的独特属性，既能保障产品供应，又能避免大量库存，提高了企业解决多样需求的应变能力。通过柔性生产，为客户带来更好的消费体验，实现真正的 C2M (customer to manufacturer，从消费者到生产者)个性化定制，实现协同柔性的数字智造。

　　3)供应链：柔性协同，分布式生产

　　在供应链上，3D 打印也体现出独有的柔性和协同优势。消费者在越来越在意优质产品和高效服务的同时，对于交货速度也变得越来越挑剔。传统制造过程中，需要多个流程和不同环节，加上工艺复杂，生产材料通常从不同地方采购，做成零部件后相继运输到同一工厂进行组装，冗杂的流通环节带来的是交货速度的停滞不前，以及运输造成的环境问题。对博理科技来说，设计师和品牌方无须储备不同类型的材料，只需要通过博理智能云平台即可实现对打印设备远程控制。客户在制造系统下单后，根据客户的位置信息将订单分配给最近的工厂进行打印生产；客户可以基于对产品信息的保密需求，灵活选择研发设计与应用系统的部署环境，实现高效、绿色、安全的分布式制造。

4）运维管理：降低库存，减轻风险

传统的制造业，往往依靠决策者的行业经验进行生产。这样有一个很大的弊端：一旦生产的产品无法被市场接受，就会产生巨大的沉没成本。此外，部分产品具有应季性强、生命周期短和需求不稳定等特征，如鞋服行业，市场波动大。博理科技根据这一问题，主动与相关行业平台和数据服务商合作，依靠数据挖掘和大数据系统，主动挖掘潮流设计和产品款式，同时结合生产订单系统，实现按需制造，并通过分布式生产将产品快速交付到用户手中。面对市场的不确定性，这种基于数智驱动的生产方式能提高企业供应链的灵活性和弹性，面向客户快速反应，有效抵御市场潜在风险。3D 打印这一生产优势，无疑将助力传统制造商降低库存，减轻风险。

博理科技 3D 打印智能云工厂以高分子材料、超高速打印设备为核心，以数据设计、数据传输、软件自动化、工业智能化为技术支撑，以云端数字平台为依托，面向多行业提供大规模定制化解决方案，开创以增材制造为基础的"设计即产品"新制造模式。

4.5　商业驱动的群智创新

4.5.1　商业驱动式创新

商业驱动创新是一个较为复杂的耦合过程。商业驱动创新不单是对商业模式或传统消费方式的调整，也要求决策者深入考虑场景、资源和市场等多重因素对创新活动的影响。在新的消费场景下，消费不再是货币交易，同时也涉及情感交流、用户消费体验、价值观趋同感；价格敏感将被体验所代替，价值会从基本的物理层面溢出，拓展至商业空间；数字经济社会下诞生了新物种、新商业模式以及新消费习惯，创新模式也走向了服务整合、用户体验提升、创新生态系统构筑、社会和产业价值共创等新形式。

商业驱动创新需要跳出传统价值观念的束缚，以群智创新为视角，从创新场景、创新主体、创新资源、创新技术以及市场需求等多个维度分析创新系统内外部因素，以期挖掘有利于商业驱动群智创新发展的潜在因素。外部因素对商业驱动创新的影响主要涉及政策法规、技术发展、企业竞争等要素。这些都是在商业驱动创新过程中需要重点关注的关键因素，如图 4.19 所示。

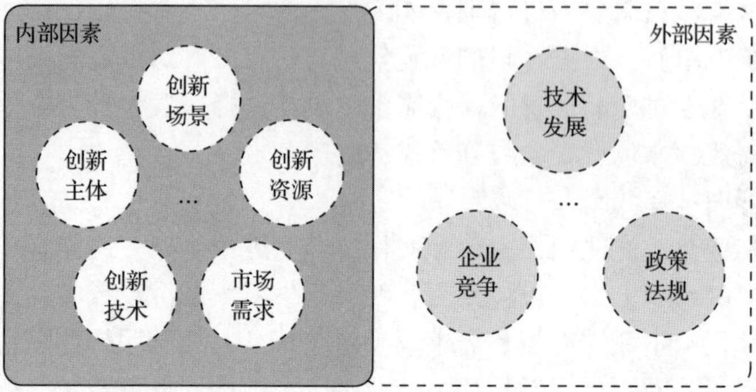

图 4.19　商业驱动群智创新影响因素

　　信息空间是人工智能 2.0 时代下三元空间的重要创新场所。新兴信息技术极大地拓展了商业场景与消费场景，世界已经在数字化信息场景下衍生出了新产品、新服务、新商业模式。Web 3.0 场景下的非同质化通证(NFT)产业的发展就是典型案例。商业驱动创新需要借助技术手段精准定位场景特征，促进新的消费激励因子产生，形成数字化创新产业链。在群智创新体系下，将创新场景相融合，信息场景与物理场景的融合也将迸发出巨大的商业潜力。除了信息空间下的商业创新，现实应用场景的转变也需要引起重视。

　　虽然技术的更新迭代不是商业模式创新的唯一驱动力，但技术的演进仍然与商业变革息息相关。目前，大数据、物联网、人工智能技术已经被广泛应用在各学科领域，这要求组织的商业创新及优化能够跟上技术更新迭代的速度。在此环境下，组织可以利用群体智能的优势整合技术创新成果，精准把握创新发展趋势，动态调整商业模式战略，将技术与商业因素统筹分析并智能决策，促进技术创新与商业创新相结合。以蚂蚁金服为例，其在区块链领域的技术研发工作主要集中在基础设施的底层技术开发方面，其中包括共识机制、平台架构、智能合约和隐私保护等。阿里巴巴的电商和物流体系非常庞大，蚂蚁金服通过将区块链技术与现实场景相结合，与电商和物流等业务相融合，为阿里商业创新提供可靠的信用保障，实现了组织内部的协调发展。目前，蚂蚁金服在交易信息追踪、食品安全溯源、医疗场景和物流分析等方面发挥着重要作用。从市场和用户需求的角度分析，市场需求是每个企业实现创新的重要部分。市场需求在一定程度上反映了代表消费者需求的信号，用户的价值需求则能够引发产业网络中的设计开发、生产制造、品牌塑造和销售推广等一系列价值活动。因此，商业驱动创新首先需要定位用户需求。群体智能能够在用户调研与需求理解阶段发挥优势作用，通过大数据技术手段，对用户的相关信息进行有效整合，借助周期性的数据预测与反馈进行循环往复的修正，从而帮助企业或组织建立用户心智模型，确定市场需求。基于市场与用户需求，企业可以通过挖掘潜在需求与创造新需求的方式开拓市场，从而借助商业模式创新为企业创造更高的价值。潜在需求挖掘是一种基于当前社会背景的大数据分析方法，旨在深入挖掘用户需求背后的潜在动因。通过对社会热点的剖析和用户需求动态变化的跟踪，能够更准确地了解用户的真实需求，并快速响应市场变化。这种方法可以有效优化产品策略，提高产品的市场占有率和用户满意度。创造新需求是指为了对用户的行为喜好进行预判，通过群智技术手段，多维度分析、筛选、评价用户的新需求，开拓新的市场，实现商业模式的外延或创新，如以方案创新助力品牌文化输出形成广阔潮玩市场的泡泡玛特。

商业驱动创新不仅需要充分调动外部有利因素，同时也需要注重创新主体、企业创新资源等内部因素。就创新主体而言，传统的商业模式创新决策者以企业或组织内部高层为主，且高度依赖决策高层的认知、判断与决策能力，是以经验主义为导向的创新。在群智创新设计的推动下，创新主体将发生转变，由个体或单个组织向多元协作的群体转变，其中包括但不仅限于企业、技术人员、生产商与用户等。企业间可形成竞争与协同的双重创新格局，在市场竞争推动下通过商业模式创新实现产品或服务差异化，并利用竞争刺激企业技术与商业创新。在群智背景下，以共同目标与利益作为企业间协同创新的出发点，由内向外形成优势互补，实现共创、共享、共赢。通过区块链技术确保专利与知识产权保护，企业能够在不影响其核心竞争力的前提下实现价值共创，同时也推进了群智创新渐进式发展。就创新资源而言，创新资源不仅是物质生产要素，技术、渠道等都应划入创新资源范畴内。数字经济时代已至，数字经济意味着企业竞争的空间将由工业时代以清晰的价值链主导而框定的行业边界，扩展为以共创而生的、价值网主导的商业模式边界[33]。创新资源作为企业创造价值的决定性因素，在一定程度上影响着价值网主导的商业模式的边界。在群智创新设计理论下，具有价值共识的协同组织企业能够在价值共识的引导下通过多元协同的方式实现创新资源的整合，推动商业模式向"共创、共享、共赢"转型和发展，构建以价值共赢为导向的群智创新生态网络。

商业驱动创新是基于价值共赢理念的多因素协调耦合过程。创新活动需要从内外部激活创新驱动因素，将创新场景与创新主体融合，将创新资源与技术融合。创新主体需要把握市场需求与用户需求动态变化带来的机遇，在群智协同创新背景下实现商业驱动创新。

4.5.2 设计产业网与群智创新

1. 设计产业网

在数字化和智能化经济环境下，设计产业网是一种新兴的产业形态，通过协同创新设计触发各产业链网状链接的新产业形态产生。设计产业网以设计价值共创、共享作为内核，辐射了从创意形成、产品定位、设计开发、生产制造、运输物流、销售推广、品牌塑造、产品迭代、知识确权到产权管理整个互联网设计创新的相关组织及组织间的关系网络。

设计产业网主体主要由七部分构成：需求方（产品、服务的使用者和消费者）、生产方（设计方案、产品和服务的生产者）、供给方（供应商、第三方企业、竞争者等协同组织）、利益相关方（金融机构、公益组织、工会、投资方等中介类机构组织）、营销方（发行商、广告商、运营方等）、监管方（政府部门与行业协会等）以及设计产业创新平台（负责整合设计生产过程中的各类资源，提升产品整体价值的平台组织等）。

在设计产业网主体构成中，设计活动主要围绕产业创新平台进行，其中需求方是设计价值发现的出发点，生产方是设计价值创造的支柱，供给方是设计价值传递的引擎，营销方和利益相关方是设计价值共创的资源保障，监管方是价值共创的制度支撑。通过将设计产业创新平台作为核心，群智创新设计将各构成主体聚集于设计产业网中，并与系统中的各个组成部分合作，如图 4.20 所示。

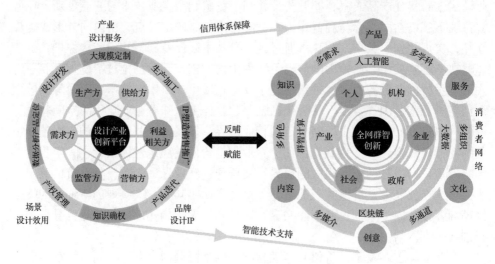

图 4.20　设计产业网驱动群智创新模式

设计产业网驱动下的群智创新是一种全域性、多层次的全民协同创新模式。其全域性体现在以下几点：

（1）设计产业网中的协作主体覆盖范围广，其中包括个人、企业、政府、产业、科研机构等不同的组织。

（2）设计产业网中创新资源丰富，群智创新使各个组织能够突破时空限制和技术壁垒，创新资源包括但不限于生产资料、创新技术、开发工具、渠道通路等。

(3)专业学科领域覆盖全面,群智创新设计产业网能够将设计、自然科学、计算机、社会科学等学科有机融合。

多层次则体现在群智创新通过"需求引导+平台汇聚+多元协同+设计产业网驱动"多个层次来激发设计产业网中参与者的协同创新活动。将需求数据作为引导,以设计创新平台作为设计产业网的基础,参与者在平台层面实现了多元协同,最终以设计产业网驱动群智创新,形成群智网络创新生态圈。淘宝创意众筹平台、海尔集团 HOPE 平台等都是借助设计产业网的跨界资源链接实现各方价值共创的典型案例。

2. 设计产业网中群智创新协同与共享

群智创新能够通过资源整合的方式协同设计产业网中的设计师、设计机构、创新企业、政府机构、科研院所等多层组织,多维地汇聚各方创意资源及知识,创造新型共享设计赋能工具。设计产业网通过构建设计产业开发革新式创意平台,以促进"设计-产品-产业"的价值转化。

高效推进设计产业网中群智创新协同与共享包括以下要点,如图 4.21 所示。

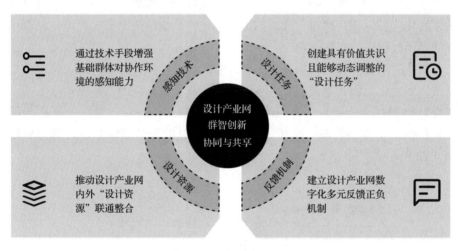

图 4.21　设计产业网群智创新协同与共享四要点

(1)通过技术手段增强基础群体对协作环境的感知能力,以实现高效协同共享。设计产业网中包含海量数据来源,依靠群智数据感知技术对多元数据进行整合,创意方案检测与获取是群智创新协同共享的关键。

(2)创建具有价值共识且能够动态调整的"设计任务"。在共同的价值目标下,设计任务能够有效调动产业网各参与主体的创新积极性,从而助力平台挖掘创新知识与创新潜能,最大化地提升共创价值。在执行阶段,创新平台需要根据参与者特征进行分析,将设计任务分解,将子任务与参与者匹配并进行合理配置。在协同阶段，创新平台需要建立群体行为模型与群体特征知识图谱，根据创新进展情况对设计任务进行动态调整。

(3)推动设计产业网内外"设计资源"联通整合。产业资源能够打通设计产业网同产业上下游的联系，赋能设计产业网内外联动，促使产业整体价值增值。该举措能够促使外部资源向设计产业网内部整合，扩大群智创新协同共享的范围。

(4)建立设计产业网数字化多元反馈正负机制。设计产业创新平台对设计创新活动各个环节动态过程中的主体或成果进行数据监测并及时反馈，充分利用数字化反馈分析技术构建产业网，逐步形成协同反馈正负机制，促进群智协同共享创新效率、优化群智协同共享创新品质。在群体智能 2.0 时代，设计产业网中群智创新是全新的创新模式，在创新过程中强调合作性与包容性。群智创新的协同共享理念将对推动产业升级、提升国家产业竞争力产生重要而深远的影响。

4.5.3 设计管理

Mozota[34]认为设计管理是结合了设计与管理，研究设计在项目、组织或国家中的应用与管理的特殊战略手段。设计管理就像一座桥梁，努力把各种分裂对立的关系转化成可以相互探讨与理解的融合境地，从而解决企业、产业，甚至国家在发展创新过程中的实际问题。

在商业驱动的群智创新生态下，设计管理将发挥融合剂的作用，将多领域、多层次、多元化的创新要素融合，从而促使具有价值共识的创新模式产生。

设计管理有三个层面，即战略层、职能层以及执行层。这三个层面与设计创新价值的三个方面相契合，可以从三个维度对设计管理体系进行解构分析，如图 4.22 所示。

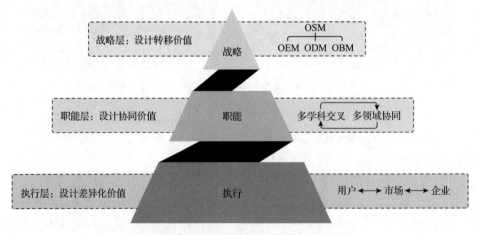

图 4.22　商业驱动群体智能设计管理层次图

1. 战略层

战略层体现的是设计的转移价值。企业与设计的关系是相辅相成的。战略层各要素以设计作为中心点，能够促进价值链布局的转变及产业价值共识的产生，通过知识管理和网络管理来实现创新。从战略层角度分析，企业的运营模式正在经历从原厂委托制造（original entrusted manufacture, OEM）、原厂委托设计（original design manufacture, ODM）、品牌自营（original brand manufacture, OBM）到自有战略管理（original strategic management, OSM）的转变。OEM 经营模式的核心竞争力是技术，以富士康为例，富士康专注代工服务，研发生产精密零组件、结构件等，通过产业上下游垂直整合的方式建立起巨大的经济规模。ODM 经营模式的核心竞争力是设计。通过设计创新的不断发展，企业最终实现由资本密集型向知识密集型的转型。OBM 经营模式的核心竞争力是品牌。例如，在联想集团的经营策略中，全球化品牌营销是其核心和重点。而在 OSM 经营模式中，群智创新战略将作为企业的核心竞争力。通过战略手段对创新业务进行调整，挖掘出价值共识，推动创新资源整合，形成优势协同新态势。

2. 职能层

职能层体现的是设计的协同价值。设计可以视为企业的管理竞争手段，它能够改变价值链的支持活动，这是通过技术管理和创新管理来实现的。从职能层看，设计管理可分为群智系统的内部设计管理和外部设计管理。其中，内部设计管理可以进一步细分为系统内部的个人或各个组织机构，以及涉及创新活动的其他要素；外部设计管理包括创新推广运营和外部资源汇聚两个方面。

设计管理是企业的组织管理手段，它要求企业有计划地将设计应用于创新与产品开发全链路中。此时创新设计活动不仅局限于产品与服务本身，而是从多领域协同、多学科交叉的角度运用设计解决创新问题。群智创新系统通过数字化手段对创新设计活动过程建立模型，利用群智感知计算的优势对多元数据进行整合，建立全链路的检测和反馈体系，以实现整体创新设计管理，并对各环节动态调整，从而促进创新活动稳定推进。

3. 执行层

执行层体现的是设计的差异化价值。设计将作为经济竞争力，改变价值链的基本活动，这是通过品牌市场、生产以及沟通来实现的。从执行层看，创新设计流程可以细分为设计规划、概念构想以及模型设计三个阶段。其中，设计规划又可以细分为市场需求、价值取向研究与设计概要，设计规划将市场、用户、企业等创新主体融入群智系统中，利用技术手段建立市场需求模型、用户心智模型等，精准定位需求，智能预测潜在市场，对创意方案进行智能决策。设计规划也是价值创造的关键环节。

在群智创新系统下，大众参与创新的关注将会逐渐转变成对大众实现个人价值的关注，而个人价值又与社会价值导向密不可分。群智创新也将更加关注如何让大众实现自身价值，同时满足社会发展的需求。这需要各个组织在价值共识的指引下协同合作，在组织间建立更加复杂的立体动态联系。商业模式的创新需要价值创造模式实现由价值点向价值链、价值网络、价值星群的转变。随着知识经济时代的到来，个体创新力量被激发，各类创新平台也应运而生。企业应当从战略层、职能层、执行层的视角多维度分析创新要素，借助激励手段创建能激发大众参与的群智创新设计服务平台，由此每个人都可以成为价值创造的激发点，彼此互利互惠。

4.5.4 商业驱动群智创新案例

第一次工业革命以后，大批量生产模式凭借其快速高效、成本低廉等优势逐渐取代了农耕时代手工作坊式的生产模式。然而，随着消费者需求的日益多元化和个性化，大规模的生产方式和传统的商业模式难以满足市场的整体需求。由于产品种类较少，顾客难以得到他们所需要的个性化产品。这推动了顾客直连工厂（customer to manufactory, C2M）大规模定制生产模式的兴起，这种新兴的互联网电子商务模式能够满足消费者对多样化和个性化的需求[35]。本节以海尔卡奥斯工业互联网平台（COSMOPlat）为案例进行阐述。

在智能协同制造已成为我国制造业产业升级促进新趋势的背景下，海尔于2016 年推出了 COSMOPlat。该平台是一个采用用户全流程参与机制的工业互联网平台，其核心的大规模定制生产有助于企业适应新经济形势下的市场细分，从而获得竞争优势[36]，如图 4.23 所示。该平台基于数据驱动的全过程并行交互智能协同制造机制[37]，通过不断地与用户进行交互，把用户的想法和创意转化为真实产品，使用户从被动购买者成为新产品的创造者。

基于海尔 COSMOPlat 平台，产业生态系统中的客户、企业等实体交织于同一个交互平台上，所有实体都可以实时沟通客户需求和解决产品问题。这能够帮助新的工业生态系统用户进行远程交互和协同设计定制制造项目，利用数据驱动生产流程的各个方面，让制造企业实现从销售单一产品到提供智能解决方案的合作转变，支持传统制造向智能制造的升级。该机制的目的是提高体验质量，并通过分析客户数据和建立情感模型来衡量体验质量的可变性，然后根据客户的情感和需求动态调整设计和制造方案[38]。下面介绍该平台的具体构成和卡奥斯 D^3OS 数字孪生服务。

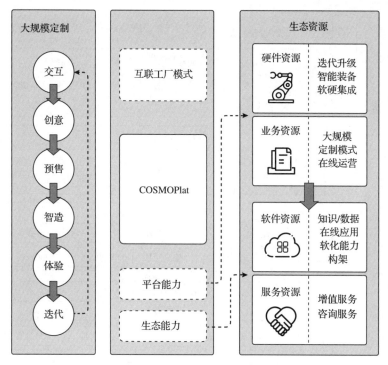

图 4.23 海尔 COSMOPlat 平台

1. 用户全流程参与体验的工业互联网平台

海尔 COSMOPlat 平台的架构包含 IaaS 层、PaaS 层、SaaS 层及边缘层。该平台完全开放开源，致力于构建模块化、云化形成交互定制、精准营销、模块采购、智能制造、智慧物流和智慧服务七大模块系列产品矩阵。该平台通过将用户纳入产品开发和服务体系中的商业创新方式为平台创新活动注入活力。海尔 COSMOPlat 平台技术架构如图 4.24 所示。

海尔 COSMOPlat 平台技术架构具体如下。

(1) 边缘层：底层的数据采集和链接。边缘层负责底层的数据采集和链接，是一切工业数据的基础。基于海尔多年在制造业积累的经验，目前边缘层已支持数十种工业通信协议通过网关联入，对不同来源和结构各异的数据进行广泛采集。一方面，该平台通过与交互子平台和服务子平台的交互连接用户；另一方面，该平台通过物联网子平台与制造企业仪器仪表、工业设备、工控系统、上位机链接，具有协议转换功能，利用统一的消息队列遥测传输 (message queuing telemetry transport, MQTT) 协议将数据上传到云端进行交互、设计、采购、销售、生产、物流和服务。

(2) IaaS 层：云计算平台。IaaS 层采用现代云计算技术，建立了一个能够根

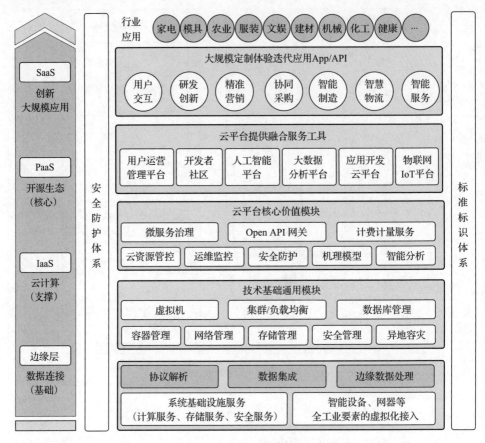

图 4.24　海尔 COSMOPlat 平台技术架构

API 为 application program interface，即应用程序接口

据负载灵活扩展的工业场景需求的云计算平台。在功能方面，IaaS 层可以通过公有云和私有云的建设实现数据管理、网络管理、数据库管理、安全管理、异地容灾管理等。在安全方面，该平台打造了海云智造工业网络安全态势感知平台，主要为工业企业的安全态势感知、安全防护检测、应急响应三大业务领域提供安全服务。

（3）PaaS 层：开源生态。PaaS 层采用一种新型基于工业的云计算模式，它与代码仓库对接，通过自动化测试与建设，加快了开发和交付过程，使代码迅速地投放到市场上。在应用的发布与部署方面，PaaS 层采用基于容器的标准交付，构建了一个企业应用程序商店，能够在几秒内完成复杂的分布式应用程序的部署。PaaS 层构建了一个支持大规模工业数据处理的环境，为企业提供数据治理方案，并解决了大量的数据管理与安全问题。同时，PaaS 层为企业的应用程序开发、测试、部署等提供了开发工具和开发环境。具体来说，海尔 COSMOPlat 平台将 PaaS

层的功能交给开发者，重点围绕开发者构建工业应用开发生态。它不仅为开发者提供 12 种开发语言环境(Java、PHP、Python 等)、102 种主流通用算法模型(聚类算法、时间序列模型、威布尔分布概率密度、本福特算法等)，还为开发者提供 30 个通用开发工具(软件包、软件框架、硬件平台和操作系统等)、4 种微服务组件(RabbitMQ、ActiveMQ、ZooKeeper、Kafka)，以实现"规范化+专业化+个性化"的应用模式，为开发者提供全方位的支持。对开发者而言，其只需按照规定的注册流程完成注册，就可以接入到平台进行应用开发，并借助 COSMOPlat 打造的天星服务市场进行工业 App 的发布和交易，在开发者和企业之间建立起一个完整的生态圈。

(4)SaaS 层：大规模应用。针对高精度产品创新和高效智能生产，海尔基于多种智能技术构建了智能应用平台，其中包括用户交互、精准营销、研发创新、协同采购、智能制造、智慧物流、智能服务七大平台，实现以用户个性化需求为核心的大规模定制化应用服务。

用户交互平台是用户社区定制化交互体验平台。用户可以在该平台提出需求、想法、意见，与家电进行在线互动，成为产品创新的源泉和驱动力。

精准营销平台建立在客户关系管理(customer relationship management, CRM)和用户社区资源的基础上。通过大数据分析，平台对内部用户数据及第三方数据进行深入研究，利用聚类分析技术构建用户画像，并创建标签管理系统，以实现精准营销。开放式研发平台由海尔开放合作生态(HOPE)、HID 迭代研发平台、协同开发平台三个关键组成部分构成，以适应在技术需求交互、产品设计和开发等各个阶段的需求，以及模块厂商的实施、协同开发互动。

模块化采购平台是在模块供应商的协同采购平台上开发的。该平台旨在满足组件厂商、资源及用户之间零距离交互的需求，通过提供组件厂商资源与服务，实现组件厂商的按需设计和模块化供应。采购系统采用分布式架构，将用户需求公开发送给全球模组厂商，系统智能匹配合适的厂商，推动流程向前发展。

智能生产平台配备 12 个智能生产关键软件模块，可以实现智能生产调度、实时监控、精确分配、计划和功率优化等。通过其部署，支持工厂大规模定制，实现百万级定制，消除工厂、用户、资源之间的距离。智慧物流平台由智能运营和可视化两大核心组成，包括预约管理、智能物流运输管理系统(transportation management system, TMS)、配送协同、物流轨迹可视化和智能车辆管理等多个模块。该平台提供包括预约系统、智能车辆配送在内的八种软件产品，以及仓储管理系统(warehouse management system, WMS)、集线器配送和移动应用系统等服务，旨在为用户提供全面而高效的一站式物流服务体验。

智慧服务平台采取体验流商业策略，为用户提供一种新型家电服务体验，满足用户对家电的动态化需求。用户可以将家电信息上传至系统，创建家电专属文件，这种方式替代了传统纸质保修卡，同时也为用户信息安全提供了保障。

2. 卡奥斯 D³OS 数字孪生解决方案

卡奥斯 D³OS 数字孪生解决方案是基于数据智能与数字孪生的端对端解决方案，以满足工业企业的数字化转型。D³OS 的三个 D 代表数据汇聚、孪生模型、决策引擎。第一层以数据汇聚为基础，将工业数据与 IT 数据融合在一起，生成特征映射与需求映射；第二层是一个低代码可组态的数字孪生空间；第三层则是以数据为基础，通过模拟和预测未来的场景，利用人工智能算法达到最优。这三个层次分别对应空间(从设备到工厂)、时间(总结过去、管理现在、预测未来)、场景(由实到虚，再到实)。D³OS 数字孪生产品架构如图 4.25 所示。

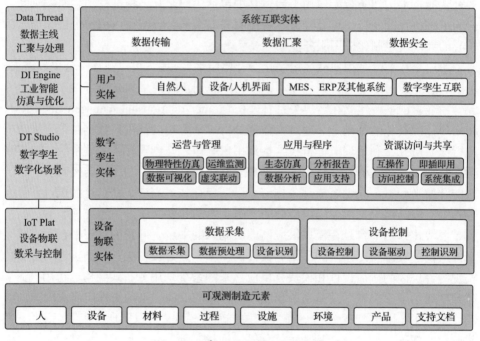

图 4.25　D³OS 数字孪生产品架构

从数字孪生、物联网、数据主线、工业智能四个维度拓展 D³OS 数字产品的商业价值，其涵盖产品构思、供应链整合、售后运维、产品退市的整个生命周期，为企业数字化转型提供可视、可管、可预测的"工业大脑"，以新的生产和商业创新架构创造工业元空间的互动体验。

D³OS 数字孪生新产品的开发流程如图 4.26 所示。在实际应用中，该平台基于资源池中的各类型资源，汇聚人、设备、材料等可观测制造元素产生的各类型信息知识，利用人工智能学习算法建立相应知识图谱，并对来自需求池的新产品开发流程进行统一建模。此外，该平台通过学习大量的制造相关知识，将产品在现实中的试制流程移植到了数字化的环境中，形成了特征间的映射，实现了实体与数据的"孪生"，以解决大规模定制模式下产品种类多、订单变动大的问题。该平台利用真实数据的反馈和决策模型的评价，不断采用各种回归算法和集成学习方法来推导出最佳的工艺流程和调度方案，实现对生产和系统的不断优化，最终实现"虚实共生"的目标。该平台通过物联网、大数据、工业智能引擎等相关技术，将企业的设备与系统之间的数据链链接起来，对数据进行深度挖掘，利用数字孪生技术建立高保真、实时同步的虚拟实体，实现 1:1 的工业元宇宙复刻。

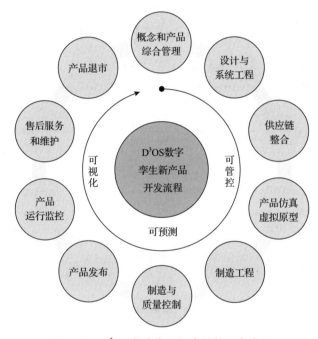

图 4.26　D^3OS 数字孪生新产品的开发流程

参 考 文 献

[1] Howe J. Crowdsourcing: Why the Power of the Crowd is Driving the Future of Business[M]. New York: Crown Publishing Group, 2008.

[2] 冯剑红, 李国良, 冯建华. 众包技术研究综述[J]. 计算机学报, 2015, 38(9): 1713-1726.

[3] Michelucci P, Dickinson J L. The power of crowds[J]. Science, 2016, 351(6268): 32-33.

[4] 向为. 创意设计柔性众包的方法与应用[D]. 杭州: 浙江大学, 2017.

[5] 罗仕鉴, 沈诚仪, 卢世主. 群智创新时代服务设计新生态[J]. 创意与设计, 2020, 69(4): 30-34.

[6] 罗仕鉴, 田馨, 房聪, 等. 群智创新驱动的数字原生设计[J]. 美术大观, 2021, 405(9): 129-131.

[7] 罗仕鉴. 群智创新: 人工智能 2.0 时代的新兴创新范式[J]. 包装工程, 2020, 41(6): 50-56, 66.

[8] 罗仕鉴, 田馨, 梁存收, 等. 设计产业网构成与创新模式[J]. 装饰, 2021, 338(6): 64-68.

[9] 罗仕鉴, 张德寅. 设计产业数字化创新模式研究[J]. 装饰, 2022, 345(1): 17-21.

[10] 陈劲, 陈雪颂. 设计驱动式创新: 一种开放社会下的创新模式[J]. 技术经济, 2010, 29(8): 1-5.

[11] 梁存收, 罗仕鉴, 房聪. 群智创新驱动的信息产品设计 8D 模型研究[J]. 艺术设计研究, 2021, 98(6): 24-27.

[12] 黄宁燕, 王培德. 实施创新驱动发展战略的制度设计思考[J]. 中国软科学, 2013, 268(4): 60-68.

[13] Introne J E, Laubacher R J, Olson G, et al. The Climate CoLab: Large scale model-based collaborative planning[C]. International Conference on Collaboration Technologies and Systems, Philadelphia, 2011: 40-47.

[14] Malone T, Nickerson J, Laubacher R, et al. Putting the pieces back together again: Contest webs for large-scale problem solving[C]. Proceedings of the ACM Conference on Computer Supported Cooperative Work and Social Computing, Minneapolis, 2017: 1661-1674.

[15] Duhaime E P, Bond B M, Yang Q, et al. Recruiting hay to find needles: Recursive incentives and innovation in social networks[J]. Social Science Research Network, 2019, 6(9): 22.

[16] 鹿旭东, 宋伟凤, 郭伟, 等. 大数据驱动的创新方法论与创新服务平台[J]. 数据与计算发展前沿, 2021, 3(5): 141-155.

[17] 胡洁. 人工智能驱动的创新设计是未来的趋势: 胡洁谈设计与科技[J]. 设计, 2020, 33(8): 31-35.

[18] 陈晓斌, 张玉荣, 刘斌. 人工智能、技术创新与效率变革[J]. 生产力研究, 2021, 349(8): 66-71, 123.

[19] 陈永伟. 用区块链破解开放式创新中的知识产权难题[J]. 知识产权, 2018, 205(3): 72-79.

[20] 熊熊, 张瑾怡. 区块链技术在多领域中的应用研究综述[J]. 天津大学学报(社会科学版), 2018, 20(3): 193-201.

[21] 王宜凡. 基于云服务的跨境电商企业管理模式研究[J]. 物流技术, 2021, 40(7): 125-131.

[22] 刘义颖. Amazon Web Services(AWS)云平台可靠性技术研究[J]. 电脑知识与技术, 2014, 10(33): 8030-8031, 8033.

[23] Freniere C, Pathak A, Raessi M, et al. The feasibility of Amazon's cloud computing platform for parallel, GPU-accelerated, multiphase-flow simulations[J]. Computing in Science & Engineering, 2016, 18(5): 68-77.

[24] Socher R, Bengio Y, Manning C D. Deep learning for NLP (without magic)[C]. The 50th

Annual Meeting of the Association for Computational Linguistics: Tutorial Abstracts, Montreal, 2012: 5.

[25] Freitag D. Machine learning for information extraction in informal domains[J]. Machine Learning, 2000, 39(2): 169-202.

[26] Ruder S. An overview of gradient descent optimization algorithms[J]. ArXiv, 2016, 16(9): 4732-4747.

[27] Thompson S K. Sampling[M]. Hoboken: John Wiley & Sons, 2012.

[28] Baiocchi M, Cheng J, Small D S. Instrumental variable methods for causal inference[J]. Statistics in Medicine, 2014, 33(13): 2297-2340.

[29] Bonawitz K, Eichner H, Grieskamp W, et al. Towards federated learning at scale: System design[C]. Proceedings of Machine Learning and Systems, Palo Alto, 2019: 374-388.

[30] Ray P P. An introduction to dew computing: Definition, concept and implications[J]. IEEE Access, 2017, 6: 723-737.

[31] Rose K, Eldridge S, Chapin L. The internet of things: An overview[J]. The Internet Society (ISOC), 2015, 80: 1-50.

[32] Dilley J, Maggs B, Parikh J, et al. Globally distributed content delivery[J]. IEEE Internet Computing, 2002, 6(5): 50-58.

[33] 陈劲, 杨洋, 于君博. 商业模式创新研究综述与展望[J]. 软科学, 2022, 36(4): 1-7.

[34] Mozota B B D. Challenge of Design Relationships: The Converging Paradigm[M]. Hoboken: Wiley, 1998.

[35] 宋丹霞, 谭绮琦. 工业互联网时代 C2M 大规模定制实现路径研究——基于企业价值链重塑视角[J]. 现代管理科学, 2021, 329(6): 80-88.

[36] 吴画斌, 陈政融, 魏珂. 工业互联网平台创新引领制造产业转型升级——基于海尔集团 COSMOPlat 的探索性案例研究[J]. 现代管理科学, 2019, 319(10): 21-24.

[37] Xie Y, Li Y. Research on haier COSMOPlat promoting industry upstream and downstream collaboration and cross-border integration[C]. IEEE 7th International Conference on Industrial Engineering and Applications, Bangkok, 2020: 370-376.

[38] 吕文晶, 陈劲, 刘进. 智能制造与全球价值链升级——海尔 COSMOPlat 案例研究[J]. 科研管理, 2019, 40(4): 145-156.

第 5 章　群智创新设计的自组织、自适应、自优化机制

群智创新设计是互联网生态的创新范式。它是依托现代互联网，运用人工智能、区块链、大数据等技术手段，跨越学科屏障，聚集多学科资源，开展协同创新设计的一种活动。群智创新设计依赖组织成员间的高效协作以实现价值共创。自组织、自适应、自优化是群智创新设计的三大特征，三者在群智创新设计过程中相辅相成，实现系统中创新个体技能的提升及群体能力的升维。

5.1　自组织、自适应、自优化机制

5.1.1　自组织机制

自组织的概念源于自然科学，最早于 20 世纪 70 年代被提出，如今已经发展成为了较为系统的科学理论。自组织是指社会群体自发地成立、运行具有一定公共性目标的组织或活动的过程，是社会群体或系统自身所具有的一种去中心化的特质。这种特质使群体中个体的行为可以通过正反馈效应得到增强，从而进一步加强群体的自我组织特性。具体来说，群体中个体的行为会受到已有结构的指导，并通过释放自身的信息素来强化这些行为，这种效应可以进一步促进群体的自组织过程，从而实现共同的目标。因此，群体的自组织机制可以被视为一种自发的反馈机制，其关键在于个体行为的反馈效应不断增强，从而使群体能够更好地自我组织和协同行动。

群智创新设计利用特定的平台系统结构吸引和汇聚自主参与者，通过设计数据和三元空间中的组成元素之间的实时动态交互，实现自组织的过程。平台的设计和开发借助人工智能等先进技术，实现了对数据和信息的高效处理与分析；同时，采用大数据和区块链等技术，实现了对平台的全生命周期管理和监控，提升了平台的安全性和可靠性。在融合多学科跨领域资源的基础上，平台汇聚大众参与的创新想法流，通过平台系统内各组成要素间的自主交互，在时间、空间、逻辑上实现了高效协作。这促进了新服务场景、新组织特征和新价值属性的创造。

5.1.2　自适应机制

自适应是指在信息管理与大数据分析过程中，系统或算法能够根据外界环境

和内部特征自主调整参数、策略和行为，以适应环境的变化并实现最优化的目标。在数据分析过程中，自适应技术可以帮助分析人员根据数据特点和分析任务的不同，灵活调整分析方法、流程、参数等，以最大限度地提高数据分析的准确性和效率。同时，自适应技术也可以应用于数据挖掘、模式识别、机器学习等领域，帮助算法在学习过程中不断优化模型和预测结果。

群智创新设计中的自适应机制基于设计过程中的分布式动态关联和全周期设计数据反馈。平台和异构设备可以动态感知设计数据和需求变化，并利用自适应机制进行产品或服务的迭代优化。在群智创新设计中，自适应机制可以通过处理海量设计数据、融合修复多源异构制造大数据以及统一表达多源异构设计数据，提高群智系统在复杂环境下的适应能力。

5.1.3 自优化机制

群智创新设计中的自优化主要包括三个方面：自学习增强与自适应优化、群智知识迁移与优化以及群体智慧传播衍生。自优化机制是指群智个体在相互协作、竞争和博弈的过程中，通过自主学习和适应，不断提高整体能力。这一过程借鉴生物界协作、竞争和进化等机制，达到了群体自我优化的目的[1]。

当设计数据持续输入，导致用户需求或者设计策略发生变化时，群智创新设计系统还会积累和保存之前的设计知识，避免遗忘并能够在需要时进行快速回溯和使用。群智知识迁移与优化的能力是群智系统的核心能力之一，能够使系统更灵活地处理多源异构的设计数据，并及时应对动态变化的群体性设计需求。当面对新的设计任务时，创新主体充分利用系统已积累和学习的设计知识进行创新设计，以解决新的设计问题和满足新的设计需求。群体智慧传播衍生是指将与用户需求高度匹配的创新设计方案自动更新至群智创新知识网络，便于需求匹配及设计决策[2]。

5.1.4 三者关系

群智创新设计的自组织机制关注群智创新设计系统中个体在设计能力和资源方面的创造性特点，充分利用多源异构体之间的优势互补。自适应机制强调系统个体之间高效的协作能力，并基于海量数据处理能力提升群智系统的适应性。自优化机制是群智创新设计系统需要根据动态变化的设计环境主动适应性地改变设计方法和策略。自组织、自适应、自优化在群智创新设计中相辅相成，实现系统个体设计技能和群体设计能力的飞跃。自组织、自适应、自优化的三者关系如图 5.1 所示。

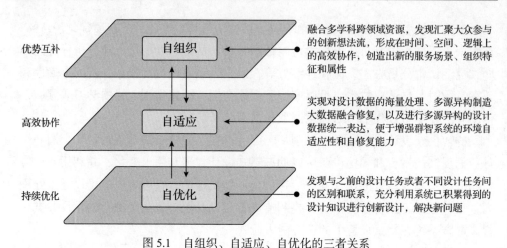

图 5.1 自组织、自适应、自优化的三者关系

5.2 群智自组织机制

群智创新设计汇集个人、社会组织、公司、政府、高等院校等创新主体的集体智慧，汇聚各方力量协同研发创新软件、工具和服务系统平台等，形成群智网络生态[3]。在用户组成上，系统包括设计人员、客户、社会大众等多元角色，汇聚艺术学科、管理学科、信息学科、人文学科等多学科资源。通过群智创新主体之间的知识交流和创新合作，新的交互规则和高效协同规律得以涌现，这些规则和规律值得进一步探究。群智自组织机制的研究重心在于如何让广泛的群智主体间进行创新协同，以完成复杂的设计任务；如何汇聚创新主体已有的群体智慧并创造新的设计知识，以构建社会实际需要同设计方案之间的高效融合等。

5.2.1 用户信息建模

群智创新设计可以让更多的人参与到设计的过程中，从而使参与者更深入地了解设计师的角色，并发挥自己的创意和想象力。用户作为群体智慧的源头和参与者，在群智创新中扮演着至关重要的角色。因此，在群智创新设计中，对用户信息进行建模、对用户属性和特征进行深入分析，是非常关键的一步。这可以为设计师提供更为准确和全面的用户需求信息，从而为设计过程提供更有价值的参考和支持。本节从以下两个部分进行用户模型的分析。

1. 用户属性及特征分析

自互联网时代以来，数字资源成为设计创新的重要资源，消费者和设计师的界限越发模糊，由多方参与者合力挑战复杂设计任务成为新时代下的创新常态。

参与群智创新的多角色主体包括企业经营者、学者、设计师、投资者以及风险投资机构、媒体和意见领袖等，其中既包含直接获得创新利益的利益相关者，如企业经营者和设计师，也包括因为价值观趋同而愿意参与创新的间接参与者，如一些志愿者和设计爱好者。此外，还包括使用或享受创新成果的参与者，如最终消费者和广大社会公众。

根据不同的属性可以将群智创新设计的主要参与者分为三类，即平台开发者、需求发布者、设计执行者。三类参与者如图 5.2 所示。

首要的职责是开发，其次是对平台的日常维护，其中较为重要的是群智创新平台的后台技术支持

指用群智创新平台发布自身需求，平台根据需求产出设计产品或服务为其所用的主要人群

指设计方案、产品和服务生产的主要参与者，主动或被动在激励机制下根据需求发布者的发布内容推进设计进程最终完成设计方案的个体、组织、机构、企业等

图 5.2　群智创新设计的三类参与者

1）平台开发者

平台开发者的主要职责是开发和设计群智创新设计服务平台的各种功能和服务，包括用户注册、项目管理、数据分析等方面。在这些工作中，后台技术支持是至关重要的一环。为此，人工智能技术将在认知心理学、脑机科学和社会历史发展过程中汲取启示，并融合跨领域知识图谱、因果推演、用户画像、持续学习等专业技能，形成连续获取和管理知识的有效机制，使知识可以被计算机理解和应用[4]。同时，平台利用区块链技术，动态协同地对群智创新设计方案进行知识产权保护与共享，保证知识和创意的合法性和可追溯性。

为了更好地满足用户需求，平台开发人员会根据平台的使用情况、市场调研和用户反馈，更新和添加相应的算法。此外，平台的供给方也是平台开发的重要组成部分，其中包括第三方服务企业、供应商、创新型企业等，他们为平台提供必要的支持和服务。

平台开发利益相关方的主要构成是中介机构，如投资者、金融机构等。这些群体将平台协同创新过程中用户反馈的信息对应到平台开发的相应触点，通过与其他利益相关方高效协作，从而实现价值共创。例如，广告主和推广商在百度投放广告和推广内容，帮助百度收集和分析用户搜索行为、热点话题等数据，从而优化搜索算法和结果页面的显示方式，为用户提供更好的搜索体验。同时，百度还依赖硬件和软件供应商的支持来保证搜索引擎的高效稳定运行。这些利益相关方的合作推动了百度搜索引擎的发展。

平台以群智创新活动中的每一个环节为创新触点，通过汇聚和融合各方设计产出和服务过程中的多种资源，共同创造更多具有创新性和价值的设计产品。这些创新触点包括设计需求发布、方案产生、反馈收集和实施等环节。阿里巴巴的全新智能设计平台以消费者需求为核心，作为设计创新活动的桥梁，使用户、设计人员和合作伙伴高度关联。平台将设计数据转化为设计知识，并构建了多类型的设计资源库，以适应动态变化的消费者个性化需求。

2) 需求发布者

需求发布者是指在平台上发布自身需求的用户，其需求将被平台用于设计产品或提供服务。平台将用户视为共同创造价值的参与者，认为需求发布者既是服务的对象，也是服务内容的创造者之一。Doritos(多力多滋)是一款由美国百事公司于 1966 年推出的零食品牌，该品牌于 2006 年推出了"原创广告大赛"活动。其主要目的是让用户自己制作广告，并将其上传到平台以供其他用户观看和投票，通过投票选出胜出者。为了衡量这个活动的有效性，Doritos 采用四个标准进行评估：

(1) 转发率，即广告被观看后被分享和传播的程度。

(2) 网络竞赛价值，即广告在互联网上产生的影响力和讨论度。

(3) 媒体价值，即广告在传统媒体上的曝光度和影响力。

(4) 品牌资产，即该活动对 Doritos 品牌的影响和促销效果。

通过这些标准的综合评估，Doritos 可以判断这个活动是否成功，是否达到了预期的宣传和品牌推广效果。Doritos 广告高居尼尔森发布的最受欢迎广告榜首页，这印证了消费者参与"众包+用户生成内容(user generated content, UGC)"模式的巨大成功。平台的用户包括个人用户以及企业、组织、机构等团体用户。这些用户可以在平台上发布个性化的设计需求。组织和机构等使用平台汇聚大众的创意想法流，经过平台的设计数据处理，获得可用的设计方案，或是发布组织需求，使用平台进行设计开发、生产加工、品牌塑造、销售推广等活动。平台自身设有相应的激励机制，可以吸引更多的用户参与其中。

3) 设计执行者

设计执行者是指在设计方案、产品和服务的生产中扮演主要角色的个人、组织、机构和企业等，其被激励机制所推动，根据需求发布者发布的需求内容，推进设计进程并最终完成设计方案。在平台中，用户是设计任务的主导者，这不同于传统设计中设计任务由专业设计师人员主要负责的特点。平台中由诸多个体产生创意想法流，利用信息技术资源和生产要素变成现实产品或者服务。

个体设计师和设计组织是最主要的设计执行者，出于自愿或赢得激励的目的，他们可在智能设备终端，如智能手机、平板电脑、笔记本电脑上查看在平台中由需求发布者发布的用户需求。当有新的用户需求发布时，平台会根据历史经验或个体信息主动筛选出能够满足用户需求的设计执行者。被筛选出来的个体或是设计组织根据用户需求和自身情况选择性接受项目，平台将链接设计执行者和需求发布者，以便双方能够建立联系并共同优化设计方案。他们根据平台中已有的设计知识模型和多学科信息资源共同实现产品创新、服务激活、文化复兴、创意迭代、内容更新、知识产权保护，建立知识、信息、人员跨领域共融的群智创新设计服务平台，提升产品和服务的国际竞争力，最终对其他产业实现赋能。

InnoCentive 是一个开放式创新平台，旨在通过协作和众包的方式解决全球性的科技难题。该平台汇聚了来自 200 多个国家和地区的超过 36 万的用户，包括科学家、工程师、设计师、发明家和业余爱好者等，涵盖了各个领域的专业人才。这些用户可以在平台上寻求解决方案，或是为其他用户提供创新的解决方案。

自成立以来，InnoCentive 已经成功实现了 2000 多项创新，这些创新涵盖了从新型材料开发到医疗保健技术的多个领域。平台的创新模式被广泛应用于企业、政府机构、学术研究机构和非营利组织等领域，为推动科技进步和解决全球性问题作出了贡献[5]。

2. 需求理解

在心理学领域，需求被认为是个体在心理和生理上所需要的资源和条件，以实现其潜在的自我实现和幸福感。这些需求涵盖了各个方面，包括生理需求、安全需求、社交需求、自尊需求以及自我实现需求等。在设计产品时，了解和满足用户需求对于提升用户体验感和满意度至关重要。用户对产品的情感反应和体验与产品能否满足其需求直接相关，因此深度理解用户需求是产品设计的重要一环。

需求主要由用户需求导向、产业需求导向和社会需求导向三种类型组成[6]。目前，在设计领域，大多数设计工作都以用户需求为导向。因此，深入理解用户需求是进行产品设计的首要任务。进入三元空间后，人类需求信息获取呈现出社群化、决策场景化及行为碎片化的特征[7]。群智创新设计服务平台利用互联网信息技术可获得用户与社会交互的数据，通过用户数据挖掘、机器学习、数据可视化、数据库管理等技术分析出用户行为特征，如用户对智能家居产品的兴趣偏好和使用习惯等。设计执行者利用工具精准把握用户需求和变化趋势，以用户生理及情感需求为创新导向进行下一步设计。Zhang 等[8]从人机交互研究的角度提出了用户分类模型，将用户分为三类，即个体用户、团体用户和社区用户。群体需求和个体需求的分类架构如图 5.3 所示。

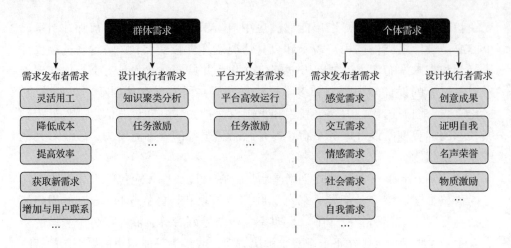

图 5.3　群体需求和个体需求的分类架构

1) 群体需求

群体型用户包括组织、机构、政府部门等。作为需求发布者，他们希望通过群智创新设计服务平台实现灵活用工、降低成本并提高效率。对设计部门而言，平台为他们提供了一个有效获取设计需求的渠道，可以从中确定具体的设计目标，为群体创造更多的经济、社会和环境价值。设计部门可以在平台上发布已有设计目标或自身无法完成的部分，寻找合适的执行者来完成这些设计目标。

对于其他群体型用户，如各种社会组织、非营利机构等，他们可以在平台上发布设计需求，吸引以获取激励为主要目的的执行者参与。群体型用户通过平台智能技术的支持，可以对企业与用户之间的关系进行大数据分析，从而实现更加紧密的合作或设计协同。平台为群体型用户提供了一个高效、便捷的渠道来管理集体与用户之间的关系，实现更好的需求管理和人才配置。

群体型用户在平台中担任的角色不仅仅是需求发布者，还可以是执行者和开发者。作为需求发布者，他们发布的设计需求或设计目标一般完成周期长，涉及范围广，需要调用的平台设计数据相对复杂且更为全面。作为执行者，他们往往利用平台工具对未经处理的数据流进行标注、整理和聚类分析，从而构建设计方案的差异化知识模型。执行者能够完成较为复杂的设计任务，因此需要适当的任务激励。任务的难度和完成周期会直接影响激励的数量，平台会根据任务的复杂程度和市场行情来设置激励金额，以吸引更多的执行者参与任务。作为开发者，他们负责平台技术的研发、维护和升级，确保平台在安全、高效、稳定的状态下运行。此外，他们还需要不断优化平台的技术架构，确保数据安全，提高用户体验感，以满足群体型用户的需求，同时保持平台的竞争力和创新性。

2) 个体需求

作为需求发布者，个体用户的主要目的是通过平台解决自己或他人在生活中遇到的问题。个体发布的需求在用户体验上有五个层次，分别是感觉需求、交互需求、情感需求、社会需求、自我需求。感觉是对产品或者系统的五官感觉，包括视觉、听觉、触觉、嗅觉和味觉等，是对产品或者系统的第一感受。交互需求是用户与产品或者系统交流互动过程中所产生的需求，包括完成任务的时间和效率、任务是否进行得顺利、对用户是否有帮助等。情感需求是人在操作产品、系统或者享受服务过程中所产生的情感，如从产品本身和使用过程中感受到关爱、互动和乐趣。在基本的感觉需求、交互需求和情感需求得到满足后，人们开始追求更高层次的需求，这些需求可以帮助用户实现自我提升和提高快乐感、满足感。这些更高层次的需求包括自我实现、个人成长、社交互动等。在设计或产品层面上，为了满足这些更高层次的需求，产品应该注重用户的个性化和差异化需求，并为用户提供更具创新性、个性化的体验，从而提升用户对产品的信任度和忠诚度，进而为企业带来更高的商业价值。

作为设计执行者，个体用户期望从完成的设计任务中获得激励。在执行不同设计任务的过程中，由于设计执行者的受教育程度、年龄层次不同，他们期望从任务中获得的激励也存在很大差异。例如，执行者是设计专业在读学生时，较有吸引力的激励是锻炼专业能力的机会和经济收入，或者是可丰富自身履历的设计项目。

个体型用户在群智创新的过程中主要担任设计执行者和需求发布者的角色，需要通过两个方面来刻画个体用户属性。一方面是用户专业能力，有专业能力的用户一般包括个体设计师、设计学科在校学生、互联网从业者等。通过对精通不同领域个体用户进行专业细分，群智创新设计服务平台可以将获取的需求任务精准地分配给相应的执行者，从而提高工作效率。另一方面是时间规划，在面对一些比较紧急的设计需求时，时间是一个尤为重要的因素，它将直接影响任务完成的概率。因此，通过合理的时间规划，平台可以更好地优化任务的制定和分配方式，以确保设计任务能够在规定的时间内高质量完成。

5.2.2 群智知识挖掘

在群智网络空间中，收集、梳理、分类和传播的创新想法流尤其关键。群智组织将通过智能技术，在合理时间范围内获取、分类、理解并传递高价值数据和信息，并用于决策流程。新一代人工智能将在认知心理学、脑科学和人类社会发展史研究中获取灵感，并整合跨领域的认知图谱、因果推演、用户画像、持续学习等技术手段，形成稳定收集并表达知识的有效机制，从而使知识可以被机器认知和使用。群智平台对设计知识及环境的感知和挖掘是平台个体间进行信息交互、信息共享、高效协同的基础，对后续的知识建模、评价、共享和传播等将起到促进作用。

1. 群智知识产生方式

本节介绍群智创新知识的获取与进化。在群智创新空间，创新想法的生成是一个网络状、交互迭代的过程。群智知识主要有以下四种产生方式。

1)用户生成内容

用户生成内容，泛指以任何表现形式在网络上发表的文字、图片、声音、视讯等信息。用户生成内容是 Web 2.0 环境下的一种新型互联网数据资源创作和管理方式，主要的平台涵盖微博、博客、图片共享平台、维基、网络问答、SNS 等社交工具媒体[9]。群智时代的到来，将汇聚源源不断的非结构化知识、异构知识、个性化知识等内容，为群智创新带来机遇和挑战。在参与用户生成内容的过程中，个体或集体用户承担的角色是动态变化的。随着参与程度和经验的增加，参与的角色可能会从消费者变为创作者、编辑、评价者、传播者等多个角色。用户生成内容的多维度关系如图 5.4 所示。

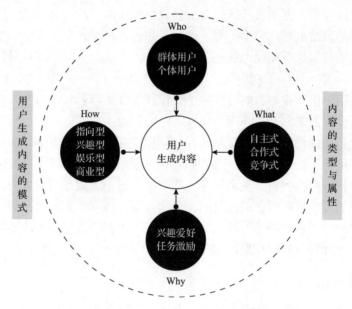

图 5.4　用户生成内容的多维度关系

(1)内容的类型与属性。Armstrong 等[10]将虚拟社区分为兴趣型社区、关系型社区、娱乐型社区和交易型社区。本节借鉴上述分类，将平台的用户生成内容分为指向型、兴趣型、娱乐型、商业型。指向型内容是用户基于特定领域的个人创作，如设计师在平台上分享的个人设计作品。兴趣型内容涉及用户在平台上分享设计知识，并与同行进行交流探讨，如学者主动参与编辑的百度百科信息。娱乐型内容则包括用户在平台上发布的原创搞笑视频、推文和音乐作品，如歌手发布的抖音短视频作品。商业型内容专指与商业设计相关的信息,如电商平台上买家评论的内容等。

(2)用户生成内容的模式。用户生成内容的生成模式可以被抽象为信息内容产出过程(information production process, IPP),即将用户视为源元素,将内容视为项元素,生成模式表现为两者之间的映射关系[11]。基于平台的用户生成内容模式可以归纳为三种形式,即自主式、合作式、竞争式。自主式主要适用于个体用户,指用户可不受外界影响自主完成创作内容的发布,如用户原创文章、视频等产出的设计知识。合作式对个体、集体用户都适用:对于个体用户,通过彼此间的协作不断提高设计知识产出质量,例如,在石墨文档中,用户可以通过分享链接使其他用户参与到设计内容的创作中来,共同对内容进行改进迭代;对于集体用户,合作式可以促进团队协作和沟通,提高协同创新的效率和成果,例如,在 Trello 这样的团队协作平台上,团队成员可以共享任务和进度,以便更好地协作完成项目。竞争式主要适用于集体用户,平台的激励机制是用户间产生竞争的主要动因,竞争主要体现在结果上,只有少数的内容能够被采纳,具有较强的目标性,例如,在设计众包中,任务发布者在众多执行者给出的设计方案中选出最佳方案和一些优秀方案,并给予激励。

2)专业生成内容

专业生成内容(PGC)是指以专业人士或机构为主体的内容资源生成方式。与用户生成内容相比,专业生成内容更具一致性和专业性。生产者通常是由集体用户组成的,如设计部门或社会组织等。生产者通过平台与用户建立联系,并将他们的内容资源推送给用户。尽管生产者和用户之间的交互性相对较弱,但具有高质量和专业性。

平台的专业生成内容通过专门的集体用户账号发布,用户通过有偿订阅的方式获取相关内容,这意味着平台拥有内容的控制权和管理权。用户无法对内容进行直接参与和互动,这个过程趋于单向性。专业生成内容产业生态链模型如图 5.5 所示。

平台的专业生成内容分发是一个关键问题。算法推荐、社交分享、用户订阅、搜索逻辑和编辑推荐是主流的分发方式,其中算法推荐是目前发展最快的方式。算法推荐是指群智创新设计服务平台依托大数据得到积累、根据用户偏好建立数据模型,向用户自动推荐内容;社交分享是指用户通过平台或者其他社交媒体分享平台内的专业生成内容;用户订阅是指用户通过平台的订阅号根据自身兴趣爱好主动订阅内容;搜索逻辑是指用户根据热点或偏好主动搜索内容;编辑推荐是指平台编辑依据自身的历史经验向用户推荐内容。例如,UC 头条、优酷土豆和新浪微博联合成立了视频文娱大联盟,旨在通过共享底层数据和算法,利用大数据技术实现信息的精准推荐,并通过阿里电商平台辅助商业变现。UC 头条算法推荐策略如图 5.6 所示。

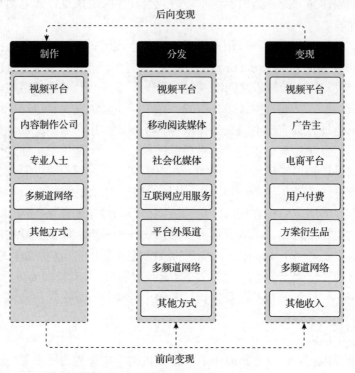

图 5.5　专业生成内容产业生态链模型

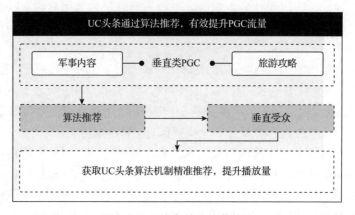

图 5.6　UC 头条算法推荐策略

　　这种联盟模式可以帮助各个平台实现优势互补，提高用户体验和商业效益。通过数据和算法互通，联盟成员可以获取更为准确和全面的用户画像，精准推荐用户感兴趣的内容，提高用户黏性和留存率。同时，联盟还可以共同开发原创内容，提高平台内容质量和竞争力。通过阿里电商平台的加入，联盟可实现商业变现，帮助平台提高广告收入和用户付费率。视频文娱大联盟的成立为各个平台提供了新的发展机遇，促进了产业协同和创新发展。

3) 需求驱动方式

在需求驱动方式下，用户通过平台参与相关设计话题的线上交流，并在交流过程中贡献设计数据。为了扩大用户参与的渠道和方式，平台还将线下交流活动与线上论坛相结合，实现了虚拟空间和物理空间的信息交互。平台利用互联网信息技术可获得用户与社会交互的数据，并且通过后端的用户数据分析得到用户特征。平台通过需求驱动产生设计知识收集任务，通过任务分配和参与者选择，最终根据任务需求产出设计知识为合适的用户发放任务激励。例如，2020 年 3 月，为应对疫情，欧美高校仓促转向在线教学，由于技术和师资准备不足，高校急需高质量的在线教育资源，为填补这一空白，Coursera（一个大型公开在线课程项目）迅速跟进，宣布为受校园疫情影响而关闭的大学提供免费的 Coursera 课程，这一举措为 Coursera 拓展线上课程时长奠定了坚实的基础。通过这种方式，Coursera 为学生提供了高质量的在线教育资源，同时也推动了在线教育的发展。

4) 隐性驱动方式

隐性驱动方式是指一种无意识的、不明显的、难以察觉的驱动方式。与需求驱动方式不同，隐性驱动方式通常是由个体或系统内部的因素所驱动，而非外部明显的激励或约束。在群智领域中，隐性驱动模式可以通过用户的间接输入、认知启发和相互协作等方式发挥作用，从而促进群体智慧的涌现。

在需求驱动方式下，用户主动提供设计数据增强知识涌现，而在隐性驱动方式下，用户将无意识地参与群智知识的涌现过程。隐性驱动方式主要发生于人-机-物交互情境和社群交互情境中。用户、智能手机等移动终端、环境在群智发生的过程中会产生大量的语义信息和设计数据。在使用已有服务的过程中，用户会无意识地提供数据，但不会感受到明确的任务需求。平台利用大数据技术手段将这些数据进行整合，并建立需求评估模型，从而创造新的服务价值。

2. 群智知识汇聚的挑战

随着信息空间与人类、物理世界的关联不断加强，人们正在利用信息空间认识和改变物理世界，这促进了丰富多样的群智知识的产生和汇聚。用户、移动终端、平台以及其他技术设备作为知识汇聚的主要组成部分，利用智能物联网和移动互联网高效协作，实现大规模的知识获取和汇聚。同时，这也带来了新的挑战，如图 5.7 所示。

1) 知识异构

群智知识和数据来源于多个异构的组成部分，包括用户、环境（包括物理环境

知识异构	+	知识冗余	+	知识海量
知识的呈现大都包括文本、图像、音频、视频等具有多模态特征的形式		由于群智知识产生的来源不同,彼此之间会存在内容重叠或冗余等现象		针对关注的研究目标或者需求任务,产出的设计数据呈现出海量且碎片化的特征

图 5.7　群智知识汇聚的三大挑战

和虚拟环境)、互联网、移动终端等。这些知识通常以文本、图像、音频、视频等多种形式呈现,具有多模态特征。

模态是数据和知识的不同呈现形式。在设计领域,同一种设计活动可能会产生文本、图片、视频等不同的描述信息,这些不同的描述信息形成了不同的数据模态。以阿里巴巴设计周为例,该活动是一个集中展示优秀设计和设计思维的年度盛会。在活动期间,来自世界各地的设计师和行业专家齐聚一堂,分享他们的设计思路和经验,展示他们的设计成果。这些设计成果可能以不同的形式呈现,如设计作品的图片和视频、专家的演讲文本和视频记录,以及参与者的评论和反馈等。

单一模态的设计数据往往存在局限性,很难从其背后挖掘出丰富且有价值的信息,在描述同一对象时,不同模态之间可以贡献一定的辅助信息,模态与模态之间存在某些联系,因此需要构建可以融合多模态数据和知识的群智模型。群智知识和数据来自不同模态,它们的表征方式有很大差异,直接将多种模态的知识和数据建立联系极具挑战性。多模态融合方法是多模态深度学习技术的核心内容,该方法实现了不同模态数据之间的互补融合,能够联合学习多种模态数据的潜在耦合信息,有效地达到分类、识别、决策等智能分析目标[12,13]。Peng 等[14]和 Wu 等[15]基于跨媒体计算的研究,提出了一种将不同模态的数据及其交互属性混为一体的构想,使计算机与人更好地协同,进而取长补短,构建一种"1+1>2"的智能系统。潘云鹤[16]指出:人工智能 2.0 将以更贴近人类智能的形式出现,以提升人们智力活动水平为目标,密切融合我们的日常生活(跨媒介计算),收集、组织和融合丰富的人类知识(多源群体智能),并为生活、生产、资源、环保等经济社会发展问题提供建议,在更多专业领域的博弈、识别、管理、预测过程中,具有更贴近或者超过人的水平功能[17]。在群智时代背景下,不同模态设计数据间建立简单联系并不能保证建立的群智模型的有效性,如何使多模态数据有效融合仍然面临很大挑战。知识异构形成的知识来源及呈现形式如图 5.8 所示。

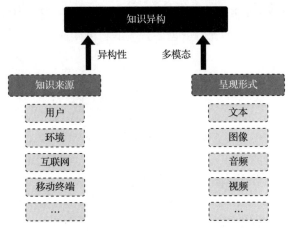

图 5.8　知识异构形成的知识来源及呈现形式

2) 知识海量

随着参与平台的个体种类和数量增加(包括用户和智能设备等),产生的设计数据呈现出海量、碎片化且相互关联的特征。这些数据间的联系呈现出非线性和复杂性,这给特定的研究目标或需求任务的数据挖掘和分析带来了挑战。例如,个体用户针对某项需求产出的用户生成内容往往不能很好地满足需求,且可信度也存在问题。因此,需要通过群智知识积聚来分析和处理用户产生的内容,以从海量而杂乱的数据中挖掘出有价值的设计知识。这是群智知识汇聚过程中的主要挑战之一。

3) 知识冗余

平台中还存在汇聚的设计数据和知识质量不一、数据可信度良莠不齐等问题。在群智涌现过程中,个体或集体用户产生的用户生成内容和专业生成内容之间的质量差异较大。由于群智知识的产生来源不同,产出的内容间存在重叠或冗余等现象,数据中可能包含视频和音频等多媒体内容,这些内容常常存在质量低下的情况,如音频有杂音、视频图像模糊、音视频语言不通等,这使平台难以从中获取有价值的信息。群智知识汇聚收集到的知识和数据随时间变化不断涌现,囊括了众多冗余数据,给知识和数据的及时处理带来了很大挑战。针对杂乱的群智数据,采用语义相似度度量的方法有助于减少冗余,提高数据质量。刘怀亮等[18]提出了一种基于知网语义相似度的文本相似度加权算法,并对该算法进行了中文文本分类实验,准确计算中文文本间的相似度,提升了文本分类的精度。

随着智能移动终端、物联网、互联网、嵌入式技术的飞速发展,我们可以获取到跨越时间、空间以及学科的多源异构的群智数据。然而,在某一任务或活动中,平台个体贡献的数据可能存在重叠的现象,从而导致群智感知获取的数据存在冗余。为了提高群智知识融合的效率，对平台汇聚的数据知识进行质量评估和优选，将得到的设计知识运用到群智创新方案的智能生成中，是当前群智创新设计的研究重点之一。

3. 群智知识挖掘步骤

1) 质量评估

在群智网络空间中，群智数据的汇聚是形成并传播创新想法流的基础。然而，在群智知识的感知过程中，人类参与者(个体用户、集体用户)在自身水平和任务认知等方面存在一定差异，同时平台借助智能技术从不同群智体(如智能手机、平板电脑等)所感知到的数据也存在差异性，这些因素都会显著影响知识汇聚过程，并导致所获取到的数据知识在质量上存在良莠不齐的问题。平台能否客观地评估采集到的数据知识的质量，并主动选择高质量的数据知识，是群智网络空间中知识汇聚和应用的重要研究课题。

群智数据和知识的质量受多方面条件制约，主要包括用户认知水平、用户参与程度和数据知识隐私。

(1) 用户认知水平。在群智网络空间中，用户认知水平是影响群智数据和知识质量的一个重要制约因素。例如，对于某一需求任务，PGC 的内容产出者相较于 UGC 的内容产出者更能满足需求，原因在于 PGC 用户具有更高的专业知识和技能水平。此外，不同用户群体对同一事物的理解也存在差距，专家用户和非专家用户在认知水平上存在明显差异，这会影响群智知识的质量和准确性。因此，平台需要考虑如何合理利用不同类型的用户群体，根据任务需求和用户特点来选择最合适的内容产出者。

(2) 用户参与程度。为了快速获取奖励，有些用户可能会提供不符合需求任务的数据或内容，这些贡献无法满足要求，导致用户参与积极性下降。

(3) 数据知识隐私。数据知识的保护是群智网络空间中的一个重要问题。数据知识贯穿于平台的不同环节，因此隐私保护是动员用户和智能体共同参与群智涌现的基本前提之一。

数据知识的质量与平台的运行和群智创新的效率有密切的联系。需对平台汇聚的数据知识进行质量评估，并采取相应的措施提升数据知识的质量，进而提升设计决策的准确性和效率。

群智数据知识的质量评估主要包括两个方面。一方面是人为因素的干扰，用户参与群智涌现的程度较低，导致群智知识质量较差。针对此种问题，平台需要建立支持群智创新参与者多样化的评价机制，如信誉系统、虚拟积分、荣誉激励等。另一方面是从数据知识获取和汇聚过程中提升质量。评估知识质量的一个重要方式是可用性和用户满意度。在前群智创新时代，对数据知识的评价方式存在一定的个人主观因素和滞后性。群智创新时代的知识质量评估具有及时性、客观性，可以从知识的复用参考、真实有效、独特创新、完整合规四个维度入手，以建立知识优化评估模型。其中，反馈效能分析技术是一种可以应用于群智知识质量评估的技术，它可以通过对群智知识的使用效果进行实时反馈和分析，评估知识的优劣程度，进而进行知识优化和改进。

刘兆峰[19]根据 GSM 模型(一种对设计效果进行量化呈现的模型)构建了一套行之有效的指标体系，用以解读定性和定量的反馈数据，有效评估和直观体现设计价值，指导后续的设计实践。Qualtrics[20]及 SurveyMonkey[21]都是典型的用户体验管理(customer experience management, CXM)评价软件，它们利用人工智能和大数据的技术优势，可以实现在服务过程中的及时响应。在服务开始时，评价体系可以在服务过程中及时检测和修正问题，以提高用户体验。

2) 知识优选

平台完成对数据知识的质量评估后，还需要对剩下的海量数据知识进行筛选，剔除冗余和杂乱的数据，提高有用数据知识的转化率，如图 5.9 所示。在群体智能领域，为了评估信息的质量，许多研究使用了多维物理状态数据，这些数据是由研究人员在感知物体相互作用中获取的，包括光能、加速度、拍摄角度等。针对这些数据，研究人员提出了群体数据质量评估模型。当前关于移动群智感知信息质量量化评价问题的研究资料相对较少，主要侧重于在分析阶段通过数据挖掘、机器学习等技术，发现并筛选异常信息后进行数据优选[22]。除了用大数据分析等量化方法外，也有研究工作者使用语义相似度量的方法减少数据知识冗余，从而

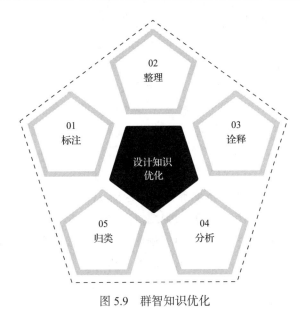

图 5.9 群智知识优化

实现知识优选。詹志建等[23]通过分析百度百科关键词条资料，综合考虑关键词条相似性的情况，经由统计部分的相似性情况得出了总体的相似性情况。尹坤等[24]将 SimRank 方法运用在百度百科的词条上，并利用词条间的链接关系判断词条语义相似的程度。通过知识优化方法，平台可以对其出现的数据知识进行内容相关方向的标注、整理、诠释、分析、归类，这有利于利用技术进行创意推理等活动。

5.3 群智知识的自适应演化范式

随着大数据与人工智能时代的到来，新一轮科技产业变革将建立在数据知识、算力、算法和平台基础上。技术架构、网络平台、工具集、知识本体、设计活动及三元空间共同构成了一种新型的设计生态系统——群智设计生态系统。作为该生态系统的重要组成部分，群智知识在整个流程中扮演着至关重要的角色。通过与系统的各个组成要素进行信息交互和任务协作，群智知识与其他要素之间建立了相互影响和反馈的关系，从而实现了知识的融合与自适应演化。群智知识在自适应演化过程中所涌现出的交互原则和规律具有重要的研究价值，值得深入探索和发现。

5.3.1 信息发现与积聚

1. 信息发现

信息资源是群智设计生态系统的核心资源之一，其质量直接影响系统工作性能。高质量的信息流对于保障系统正常运行以及在设计相关领域(如人机交互、智能设计等)广泛应用至关重要。

近年来，大数据源爆发式增长，云计算技术瓶颈凸显，边缘计算技术越来越受到电子工业界和学术界的重点关注[25]。边缘计算的实质是将云中心的部分功能置于更靠近数据源的网络边界侧，以进行数据处理和相关联应用的就地或就近处理。在数据处理能力不断增强的背景下，边缘计算技术既降低了云中心的数据处理流量压力，又可提升信息处理效能，同时具备时延少、宽带低、实时性高等优点。在"云-边-端"协同中，云服务主要解决非实时性、难度高、全域性的大数据分析服务；边缘侧支撑小型实时的本地数据服务，在运算和存储上都没有产生较大的系统成本，且经济性较好；用户端成为主要信息来源，拥有丰富的细致化数据分析能力，以保障上层管理和精确数据分析，可以实现智能、快捷、个性的服务。在群智创新设计生态系统中，如何利用"云-边-端"架构实现信息发现和高效积聚是研究的重点内容。

群智系统组成要素间的信息交互，将产生大规模的多源异构数据。系统对这些多模态数据处理时，如果仅进行简单的关联，并不能及时有效地挖掘出数据背后隐藏的设计知识。为了得到数据之间的复杂联系，实现设计方案调整、改进、完善与迭代中的多感官互动，系统需要对大量的群智信息加以分析和处理，最后转化为有用的设计知识，这个过程称为信息发现。

群智数据融合技术是实现信息发现的关键。群智数据融合级别分类主要为数据级融合、特征级融合和决策级融合。数据融合技术综合了数字信号处理、统计估算、控制理论、人工智能和经典数据方法，常见的融合算法有加权平均法、卡尔曼滤波法、贝叶斯估计法、统计决策理论法、D-S 证据推理法、模糊推理法、小波变换法等。数据融合算法和数据融合层级如图 5.10 所示。

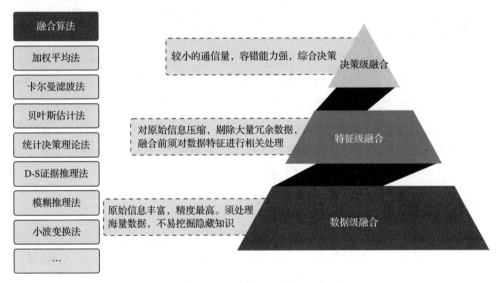

图 5.10　数据融合算法和数据融合层级

1）数据级融合

数据级融合中包含丰富的原始信息，在三个融合层次中精度最高，能够提供详细的信息。然而，对于处理海量的群智数据，采用数据级融合技术的代价相对较高，且难以发现数据间的内在关联，不易挖掘隐藏知识。因此，在信息发现过程中，通常需要采用其他的融合技术，如特征级融合和决策级融合，以提高数据处理效率和挖掘隐藏知识的能力。

2）特征级融合

特征级融合通过对海量未处理原始信息的压缩，剔除了大量冗余、杂乱的数据，因此其成本相对于数据级融合巨幅减小。在进行融合之前，必须对数据特征进行相关处理。与数据级融合相比，特征级融合可以使群智数据更易于被系统理解。

3）决策级融合

决策级融合是指在融合之前，各数据源都经过变换并获得独立的身份估计。信息按照一定标准和决策的可信度把各种决策结果加以整合，最后得出整体统一的结果方案[26]。决策级融合仅需要较小的通信量，容错能力强。在群智创新设计服务平台上，决策级融合可以对相同领域的设计数据进行整合，对整合结果进行综合决策，使群智创新过程高效推进。

2. 信息积聚

边缘计算为群智感知数据汇聚提供了新的途径，使具有"云-边-端"网络结构特征的新型群智感知网络获得了发展机遇。目前，利用"云-边-端"的群智信息汇聚工作还很少。北京工业大学林绍福团队构建了基于"云-边-端"协同的国家速滑馆智慧环境监控和数据汇聚共享系统，实现了对国家速滑馆观众区、速滑赛道上方及周边区域、地下消防控制室等部署的温湿度、翻转座椅状态、烟感、室内有机性挥发气体等环境数据的实时采集、传输、汇聚共享和可视化展示。该系统能够满足国家速滑馆不同区域环境状态的实时监测和多方位、分区域空间环境状态调控，支撑国家速滑馆进行精细化场馆运行管理，并为观众提供便捷优质的观赛体验。信息的发现和积聚是群智设计生态系统的核心，利用数据融合和"云-边-端"的网络结构可以实现对群智信息的高效积聚。

5.3.2 自适应知识迁移

知识和技能可迁移作为群智能算法的重要特征，是人、机、物面对多源、异构、多模态数据，复杂、异质、动态任务时应具备的核心能力之一。人类能够完成新任务，不断进步，是因为人类具有出色的迁移能力和学习能力[27]。

在群智设计生态系统中，可能会出现需要在平台和终端上执行相关但不同任务的情况，如同一需求的用户画像生成、产品定义等。多任务学习（multi-task learning, MTL）是指系统在同时学习多个相关任务时，使这些任务在学习过程中共享理论知识，利用多个任务之间的相互作用来提高模型在每个重要目标任务上的性能和泛化水平。基于群智系统的多任务学习强调知识共享，它是一种迁移学习方法，但是迁移学习是单向的知识迁移，只能够提高模型在目标任务上的性能；多任务学习旨在提高所有任务的性能，是双向的知识迁移。群智系统利用多任务学习方法，可以实现群智知识针对关联任务的协同工作。

为了深入探究多任务学习与知识迁移之间的联系，需要明确三个关键问题："何时分享知识""分享什么知识""如何分享知识"。关于"何时分享知识"，这主要涉及在处理多任务问题时是选择单任务模型还是多任务模型。尽管有些自动化算法如基于任务相似性的聚类方法，能够帮助我们自动决定何时进行知识共享，但这一领域的研究仍然较为有限。在实际应用中，往往需要依赖人类专家，根据任务间的相似度、复杂度、相互依赖程度等因素进行综合判断。对于"分享什么知识"，需要明确在多任务间进行知识分享的具体形式。一般来说，知识分享主要有三种形式，即特征、实例和参数。基于特征的多任务学习侧重于学习不同任务间的共同特征，将其作为共享知识的一种方式；基于实例的多任务学习着眼于在多任务进程中，识别出对其他子任务有用的知识实例进行知识共享；基于参数的多任务学习则利用一个任务中的模型参数，以正则化的方式辅助学习其他任务中的模型参数。现有的多任务学习研究大多集中在基于特征和参数的方法上，只有少数研究涉及基于实例的方法。"如何分享知识"则详细规定了任务间共享知识的具体方式。例如，在基于特征的多任务学习中，常见的做法是特征学习方法，通过多个任务学习基于浅层或深层模型的共同特征表示，以此来提高不同任务的性能。这种方法通过学习共同的特征表示，不仅可以大大减少模型的参数数量，提高模型的泛化能力，同时也能增强模型在新任务上的适应能力。

在基于参数的多任务学习中，主要有四种方法：低秩方法、任务聚类方法、任务关系学习方法和分解方法，如图 5.11 所示。低秩方法将多个任务的关联性解释为这些任务的参数矩阵的低秩性；任务聚类方法是为了识别任务群组，每个群组包含类似的任务；任务关系学习方法旨在从数据中自动学习任务之间的定量关系；分解方法将所有任务的模型参数分解为两个或更多的组成部分，并通过不同的正则化项进行惩罚，以促进每个组件的稀疏性或低秩性，这有助于提高模型的泛化能力和解释性。

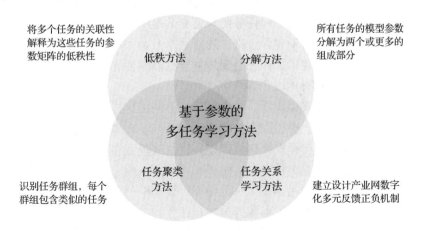

图 5.11　基于参数的多任务学习方法

多任务学习方法中的一个主要挑战是如何设计任务之间的共享机制。因为任务之间的相关性和差异性会对共享机制的选择产生影响，所以不同的共享机制也可能对模型的性能和泛化能力产生不同的影响。神经网络模型提供了便捷的共享方式，包括硬共享模式、软共享模式、层次共享模式、共享-私有模式。

硬共享模式：在该模式下，执行不同任务的神经网络模型共用某些低层模块，从而抓取通用的特征信息。为了抓取与任务相关的特征信息，该模式还对不同的任务设置私有模块。这种方法能够在不同的任务之间共享低层的特征信息，提高模型的效率和泛化能力，同时也能够充分利用任务之间的相互关联性，进一步提高模型的性能。硬共享模式如图 5.12 所示。

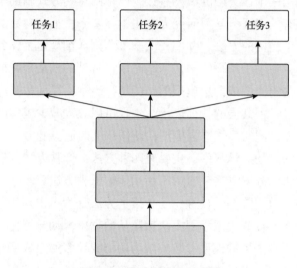

图 5.12　硬共享模式示意图

软共享模式：在该模式下，每个任务都学习自己的模型。通过共享部分模型参数并利用正则化方法，使不同任务的模型参数足够相似。与硬共享模式不同，软共享模式的共享方式基于参数级别，通过共享参数来达到多任务学习的目的。这种方法在一定程度上兼顾了任务之间的差异性和共性，具有更好的灵活性和泛化能力。软共享模式如图 5.13 所示。

层次共享模式：在该模式下，神经网络中不同层次抓取不同类型的特征，低层次抓取局部特征，高层次抓取更抽象的语义特征。在多任务学习中，如果不同任务有优先级区分，那么层次共享可以使高优先级任务在高层次输出，而低优先级任务在低层次输出。层次共享模式如图 5.14 所示。

共享-私有模式：在这种模式下，神经网络模型中的共享模块抓取多个任务之间共享的特征，而私有模块负责捕捉与各自任务相关的特征。这种分工明确的方法可以充分利用共享和私有特征，共同表示最终的任务结果，提高多任务学习的性能和泛化能力。共享-私有模式如图 5.15 所示。

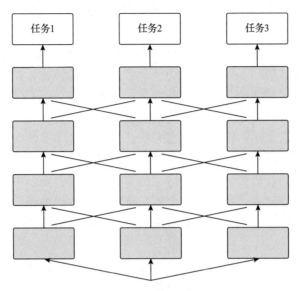

图 5.13　软共享模式示意图

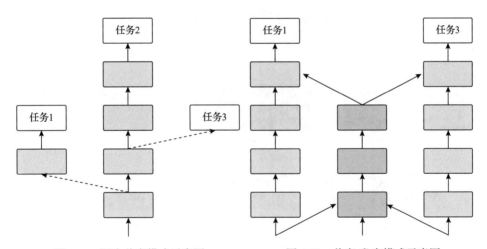

图 5.14　层次共享模式示意图　　　　图 5.15　共享-私有模式示意图

多任务学习过程可分为两个步骤：

(1) 利用多个相关任务共同训练模型，以增强模型的表示能力和泛化能力，并实现知识共享，共同提升模型的性能。在这个过程中，模型的参数被更新，以适应多个任务的特征。

(2) 单任务精调，根据联合学习得到的参数，模型分别在单独任务精调。当多任务的差异性较大时，进行单任务实现模型参数优化可继续提升模型能力。

5.4　群智设计知识生态自优化

对于组织和团队，构建完善、健康的群智创新生态系统是实现持续创新和竞争优势的重要前提。群智创新活动涉及多方参与和协同，生态系统的完善和健康程度可以决定群智创新的效率和质量，进而影响组织和团队的创新能力和持续发展。在群智创新过程中，尽管群智创新的参与者和技术媒介会随着任务内容和技术变革而变动，但整个生态系统必须维持基本平衡。群智创新需要实现与管理、技术、设计、人文、商业等各方面的融合。为此，需要将传统的单线性、多线性的创新形式转化为网络化的群智协作整合创新方法。这种转变有助于创新数字消费模式，扩大消费空间，促进行业群智的互联网数字化变革，并提高用户信息认知能力，优化大数据消费方式和网络环境，从而加速建立群智创新的新生态。

群智设计生态系统通过组成个体与群智设计数据和设计知识间的信息交互、高效协作，提高个体与系统内群体的能力水平。在三元空间中，异构、多源、多模态的海量群智数据的存在给设计知识的获取与组织带来了挑战，如何利用这些数据实现设计知识的自组织并使群智设计生态系统具有环境自适应能力和自优化能力，成为一个亟待研究的重大问题。群智创新生态构建及相互关系如图 5.16 所示。

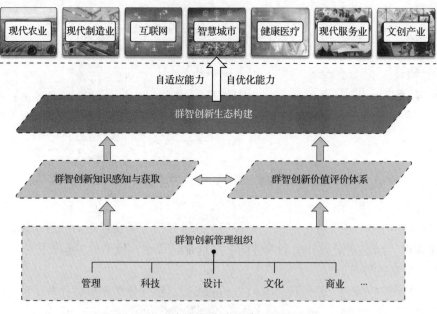

图 5.16　群智创新生态构建及相互关系

5.4.1　自学习增强与自适应优化技术

　　智能物联网是一种新兴的概念，其定义为通过各种信息感应器实时收集各类信息，并利用终端装置、边缘计算或云中心等技术，应用机器学习技能对这些信息进行智能分级，包括定位、比对、预测、调度等。目前，物联网技术尚处于高速发展的时期，而未来几百亿的设备并发链接带来的交互应用、大数据分析等功能，将推动 IoT 和 AI 技术的进一步深入结合[28]。在智能物联网时代，移动嵌入式终端执行深度学习模型实现智能推断逐渐成为一种趋势[29]。

　　在群智创新时代下，设计场景更加多变，海量的多源异构群智数据和需求不断涌现，而平台的后台支撑(系统算力、存储等)有限，难以建立一个普遍适用于所有设计场景的深度学习模型。因此，急需一种具有稳定的自适应优化和自学习增强能力的深度学习模型演化范式。

　　1. 强化学习

　　强化学习(reinforcement learning)[30]是一种机器学习方法，其灵感来源于行为主义心理学理论。强化学习的目标是让智能体在与环境交互的过程中学会如何做出最优决策，从而获得最大的奖励。为了实现这一目标，智能体需要学习如何从当前状态中选择最佳的动作，形成状态到动作的映射关系。该方式不同于监督学习技术利用正例、反例来告诉计算机实施何种举动，而是利用试错法找到最佳行动对策。深度学习模型通过强化学习，可以使计算机拥有人类观察环境、学习经验和总结规律的自主决策能力[31]。因此，它被广泛应用于无人驾驶领域。

　　在无人驾驶领域，设计团队需要考虑很多问题，如如何躲避障碍、该区域是否允许行驶等。自动驾驶任务可与强化学习相结合，如轨迹优化、运动规划、动态路径、最优控制和高速路况情景学习策略等。自动停车策略能够完成自动停车。变道通过 Q-learning(强化学习早期最为经典的强化算法之一)来实现，超车学习策略帮助车辆完成超车的同时躲避障碍，且之后保持稳定速度。AWS DeepRacer 是一款设计用来测试强化学习算法在实际轨道中变浅的自动驾驶赛车。它能使用摄像头可视化赛道，并且可以使用强化学习模型控制油门和方向。

　　马尔可夫决策过程(Markov decision process, MDP)通常用来描述强化学习问题。它被定义为一个六元组 $M=(S, A, P, r, \rho_0(s_0), \gamma)$。

　　S 表示所有状态的集合，也称为状态空间。状态空间的大小可以是有限的，也可以是无限的；$\rho_0(s_0)$ 表示初始状态的分布；A 表示所有动作(action)的集合，也称为动作空间。动作空间同样可以是有限的，也可以是无限的。

　　$P \in \mathbf{R}^{|S| \times |A| \times |S|}$表示状态转移概率(state transition probability)。具体来说，$P(s' \mid s, a)$表示在状态 s 上执行动作 a 状态的概率。显然，对于任意 (s, a, s')，都有 $0 \leqslant P(s' \mid s,$

$a) \le 1$，且 $\Sigma P(s' \mid s, a) = 1$。

$r \in \mathbf{R}^{|S| \times |A| \times |S|}$ 表示状态转移过程的奖励函数（reward function）。$r(s_t, a_t, s_{t+1})$ 简记作为 r_t，表示在状态 s_t 上执行动作 a_t 后转移到状态 s_{t+1} 得到的数值奖励。

γ 表示状态转移过程中的折扣系数（discount coefficient），其值通常在区间 $(0, 1)$。马尔可夫决策过程的不同设定会影响强化学习算法的设计及理论分析。马尔可夫决策过程有一个重要的性质——马尔可夫性质。$P(s_t \mid s_0, a_0, s_1, a_1, \cdots, s_{t-1}, a_{t-1}) = P(s_t \mid s_{t-1}, a_{t-1})$ 表示下一时间步的状态只受到当前状态和动作的影响。马尔可夫性质简化了交互过程中状态动作之间的相互作用。

图 5.17 呈现了智能体与环境之间的交互。首先在初始分布中产生一个初始状态 s_0；然后智能体采用策略 π 产生当前状态对应的动作 a_0，并在环境中执行动作 a_0；环境将根据智能体的行为产生对应的奖励 r_0 和下一个状态 s_1。

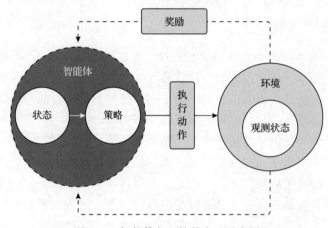

图 5.17　智能体与环境的交互示意图

重复进行这个交互过程，智能体就可以得到一系列状态、动作和奖励。$\{s_0, a_0, r_0, s_1, a_1, r_1, \cdots\}$ 称为当前策略的一个轨迹（trajectory）。这个轨迹可以拆分成一个个的 (s_t, a_t, r_t, s_{t+1})，将其称为状态转移样本。如果这个交互过程有周期性，在智能体与环境交互一定时间步之后，整个交互过程会重置。如果这个交互过程是无限期，智能体可与环境重复交互，直至触发终止条件。

针对强化学习的优化目标进行讨论，强化学习关注智能体与环境交互产生的长期累积奖励。具体来说，对于每条轨迹，如果给未来的奖励加上折扣系数 γ，可以计算一个累积奖励 G_t：

$$G_t = \sum_{i=t}^{T} \gamma^{i-t} r_i = r_t + \gamma r_{t+1} + \gamma^2 r_{t+2} + \cdots + \gamma^{T-t} r_T \tag{5.1}$$

如果智能体和环境的交互是无限的，即 $T \to +\infty$，那么累积奖励 G_t 的计算公式为

$$G_t = \sum_{i=t}^{+\infty} \gamma^{i-t} r_i = r_t + \gamma \cdot r_{t+1} + \gamma^2 \cdot r_{t+2} + \gamma^3 \cdot r_{t+3} + \cdots \qquad (5.2)$$

折扣系数的范围是 $(0, 1)$，因此上述优化目标在无穷时间步的情况下具有数学意义的上界，便于研究分析。折扣系数越趋近于 0，优化目标越注重短期收益；折扣系数越趋近于 1，优化目标越注重长期累积收益。假设现在有两种不同的策略，一种策略在初始步骤中具有短暂但非常高的奖励，而在之后的步骤中得分较低；另一种策略在整个过程中都保持着相对稳定的奖励。这两种策略的长期累积奖励相同，但平均累积奖励无法区分它们的优劣。然而，当折扣系数趋近于 0 时，折扣累积奖励更倾向于选择第一种策略。因此，在强化学习领域，通常使用折扣累积奖励作为优化目标。

2. 深度学习模型中的持续学习

人类的学习已经进化到能在动态学习环境中不断适应和发展的阶段。人类学习的一个重要特征是对于不断变化的任务和连续的经验具有鲁棒性。然而，这种鲁棒性与最强大的现代机器学习方法形成了鲜明的对比，后者只有在数据经过仔细的洗牌、平衡和均质后才能表现良好；而且在某些情况(如数据分布变化、新任务的出现、噪声或对抗攻击等)下，这些模型不仅表现不佳，甚至会完全失败，或者在早期学习的任务中出现性能快速下降的情况，即灾难性遗忘[32]。

1)持续学习

持续学习问题通常由两方面来定义，即顺序训练协议和解决方案特征。其中，顺序训练协议是指在学习过程中，如何将新的任务或数据与已有的任务或数据进行结合，并在此过程中保留先前所学的知识。解决方案特征则是指在持续学习过程中设计者和开发者期望的一些性质，如模型的可扩展性、可重用性、适应性、稳健性等。因此，在持续学习中，需要重新修改优化学习算法，以实现对这两方面的有效处理。与机器学习通用设置中的静态数据集或环境相比，持续学习设置特别关注非平稳或不断变化的环境。通常，这些环境包含一系列需要按顺序完成的任务，旨在模拟真实世界中动态的学习场景。此设置可能在任务转换(平滑或离散)、任务长度和重复以及任务类型(如无监督、监督或强化学习)等方面有所不同，或者它甚至可能没有明确定义的任务[33]。与课程学习相比，学习者不控制任务排序[34]。

在群智设计生态系统中存在广泛的设计场景，这些场景需要建立和分场景部

署一些不同规模的深度学习模型，以生成相对应的设计方案。随着新的海量数据持续输入、需求变化、设计场景拓展，深度模型需要不断学习新的设计技能，避免遗忘过去的经验和知识。系统需要在个性化设计应用场景中，不断加强深度学习模型的持续学习能力，延长模型生命周期。

2) 终身学习

人类的大脑具备持续学习的能力，能够在不遗忘旧知识的前提下不断积累新知识，通过旧知识学习新知识和解决新问题，并不断优化自身的学习策略。类似地，我们希望深度学习模型模仿人类的持续学习能力，学习和迁移周边所有相互联系的已有知识，并将其运用于新的学习任务，这被称为模型的终身学习(lifelong learning)过程[35]，如图 5.18 所示。终身学习使用一个模型来完成一系列任务(如从任务 1 到任务 N)。它探索的是一个模型能否在众多的任务中表现良好，并长期增强模型能力。

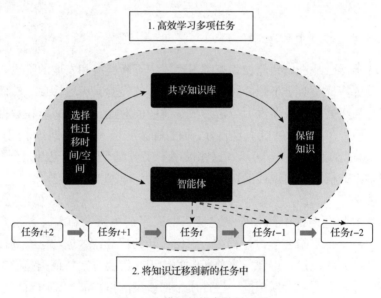

图 5.18　模型的终身学习过程

终身学习有三个重要特征，即知识记忆、知识迁移和模型扩张。知识记忆表示模型有记忆能力，能够明确积累已学到的知识，并在之后的学习中进行利用；知识迁移表示模型能触类旁通，如在通过学习顺序完成任务 1 和任务 2 后，能够将已积累的知识迁移到新的任务上，并取得良好表现；模型扩张表示模型需要学习一系列任务，其参数会不断增加，这种扩张能够提高模型的有效性，缓解因计算和存储问题导致的模型失效。

当前，模型的终身学习算法大多是根据特定数据和任务类型而设计的，还没有一个能支持所有领域中不同任务类型的普适终身学习系统。

3）知识记忆

知识遗忘的原因在于，模型完成任务 1 学习开始任务 2 学习时，内部参数会调整。若参数调整方向与任务 1 的梯度方向相反，则会影响模型进行任务 1 的表现。因此，为了确保模型在学习新任务时不会完全丢失已学到的知识，需要对模型参数进行限制和调整。

4）可塑权重巩固

可塑权重巩固（elastic weight consolidation）用于帮助增强知识记忆。它通过在损失函数上加入正则表达式，使更新模型参数满足以下三个条件：

$$L'(\theta) = L(\theta) + \lambda \sum_{i}^{n} b_i (\theta_i - \theta_i^b)^2 \tag{5.3}$$

式中，$L(\theta)$ 为原始的损失函数，后面一项为正则项；b_i 为参数更新权重；θ_i 为需要更新的参数；θ_i^b 为该参数在之前任务上学到的数值。

5）评价方法

深度学习模型的终身评价涉及模型学习性能的评估步骤，如图 5.19～图 5.22 所示。其中横轴表示学习完某个任务后在其他任务上的表现，纵轴表示某任务在其他任务学习完后的表现。

当 $i > j$ 时，表示学习完任务 i 后，对任务 j 的记忆情况，代表模型记忆能力。

当 $i < j$ 时，表示学习完任务 i 后，模型在还没有学习的任务 j 上的表现，代表模型的迁移能力。模型学习性能评估步骤一如图 5.19 所示。

		测试任务			
		任务1	任务2	⋯	任务T
随机初始化		$R_{0,1}$	$R_{0,2}$	⋯	$R_{0,T}$
训练后	任务1	$R_{1,1}$	$R_{1,2}$	⋯	$R_{1,T}$
	任务2	$R_{2,1}$	$R_{2,2}$	⋯	$R_{2,T}$
	⋮	⋮	⋮	⋮	⋮
	任务T−1	$R_{T-1,1}$	$R_{T-1,2}$	⋯	$R_{T-1,T}$
	任务T	$R_{T,1}$	$R_{T,2}$	⋯	$R_{T,T}$

图 5.19 模型学习性能评估步骤一

模型准确率，即学习完最后一个任务 T 后，模型在任务 1、任务 2、任务 $T-1$ 上的平均准确率。模型学习性能评估步骤二如图 5.20 所示。模型准确率的计算公式如下：

$$\text{Accuracy} = \frac{1}{T} \sum_{i=1}^{T} R_{T,i} \qquad (5.4)$$

		测试任务			
		任务1	任务2	⋯	任务T
	随机初始化	$R_{0,1}$	$R_{0,2}$	⋯	$R_{0,T}$
训练后	任务1	$R_{1,1}$	$R_{1,2}$	⋯	$R_{1,T}$
	任务2	$R_{2,1}$	$R_{2,2}$	⋯	$R_{2,T}$
	⋮	⋮	⋮		⋮
	任务$T-1$	$R_{T-1,1}$	$R_{T-1,2}$	⋯	$R_{T-1,T}$
	任务T	$R_{T,1}$	$R_{T,2}$	⋯	$R_{T,T}$

图 5.20　模型学习性能评估步骤二

记忆能力衡量模型学习完最后一个任务 T，在之前任务上的表现。一般而言，模型会忘记之前的任务，这个指标为负数。因此，记忆能力通常用负的遗忘指数来衡量，该指数表示模型在学习完最后一个任务后，在之前任务上的表现下降了多少。如果遗忘指数为负数，表示模型在学习新任务时还能够保持之前任务的表现；如果遗忘指数为正数，表示模型在学习新任务时出现了遗忘现象，之前任务的表现下降了一定程度。模型学习性能评估步骤三如图 5.21 所示。记忆能力的遗忘指数 k_f 计算公式如下：

$$k_f = \frac{1}{T-1} \sum_{i=1}^{T-1} (R_{T,i} - R_{i,i}) \qquad (5.5)$$

		测试任务			
		任务1	任务2	⋯	任务T
	随机初始化	$R_{0,1}$	$R_{0,2}$	⋯	$R_{0,T}$
训练后	任务1	$R_{1,1}$	$R_{1,2}$	⋯	$R_{1,T}$
	任务2	$R_{2,1}$	$R_{2,2}$	⋯	$R_{2,T}$
	⋮				⋮
	任务$T-1$	$R_{T-1,1}$	$R_{T-1,2}$	⋯	$R_{T-1,T}$
	任务T	$R_{T,1}$	$R_{T,2}$	⋯	$R_{T,T}$

图 5.21　模型学习性能评估步骤三

迁移能力衡量了模型在学习完一个任务后，在未学习任务上的表现。一般和随机初始化的模型进行对比。一种常见的迁移能力评估方式是比较终身学习模型在未学习任务上的准确率与从头开始训练模型在同一未学习任务上的准确率，以前者减去后者的结果作为衡量迁移能力的指标。模型学习性能评估步骤四如图 5.22 所示。迁移能力指数 k_r 计算公式如下：

$$k_r = \frac{1}{T-1} \sum_{i=2}^{T-1} (R_{i-1,i} - R_{0,i}) \tag{5.6}$$

	测试任务			
	任务1	任务2	⋯	任务 T
随机初始化	$R_{0,1}$	$R_{0,2}$	⋯	$R_{0,T}$
训练后　任务1	$R_{1,1}$	$R_{1,2}$	⋯	$R_{1,T}$
任务2	$R_{2,1}$	$R_{2,2}$	⋯	$R_{2,T}$
⋮	⋮	⋮		
任务 $T-1$	$R_{T-1,1}$	$R_{T-1,2}$	⋯	$R_{T-1,T}$
任务 T	$R_{T,1}$	$R_{T,2}$	⋯	$R_{T,T}$

图 5.22　模型学习性能评估步骤四

5.4.2　群智知识迁移与优化

面对新设计目标、新设计情境，群智创新设计生态系统需要发现不同设计任务间的区别与联系。群智系统的优势在于其具备举一反三的能力，善于利用历史积累的群智知识贡献创造性的解决方案。

1. 群智知识迁移方法

人类的认知与迁移能力是指将所学专业知识应用于新情境，创造性处理新问题的主要推动力。该能力可被划分为新情境认识与处理能力、历史认识和新情境的关联能力等。认知与迁移能力是指将所学知识运用到新的环境中，处理问题时所体现出的一种能力和素质。它包括三个层面：①对新环境的认识与处理能力，即能够识别新情境的特点，理解新问题的本质，从多个角度进行思考和分析；②对旧认知与新环境之间的衔接能力，即能够将已有知识与新环境结合起来，形成新的思维方式和解决方案；③对问题的认识与处理能力，即能够对问题进行准确的定义和分类，快速有效地寻找解决方案，以及在面对不确定性和复杂性时具有较强的决策能力。知识迁移能力是人类自主学习和提升的核心能力，也是学习模型智能化的重要技能组成部分。知识迁移能力针对群智创新生态系统各组成要素间的协同创新中面对的重大挑战(多源异构数据处理等)和主要需求(个性化方案、可用性服务等)贡献迁移方案。

1) 多智能体交互知识迁移

多智能体系统是多个智能体组成的集合，其目标是将大而复杂的系统分解成小而自治的子系统，通过相互通信、协调和合作，完成系统的任务，并实现系统的管理和控制。多智能体系统自 20 世纪 70 年代被提出以来，就在智能机器人、交通控制、分布式决策、商业管理、软件开发、虚拟现实等各个领域迅速得到了应用，目前已经成为一种对复杂系统进行分析与模拟的工具[36]。

多智能体系统在协同学习、智能控制、分布式决策等领域有广泛应用。群智设计生态系统中，人类的认知能力和创新思维具有不可替代的优势，如需求理解、问题发现和思维发散等。机器智能体则能够运用先进的算法和数据分析技术，更加高效地进行知识探索、计算决策和方案生成等任务。因此，人机协同能够更好地发挥各自的优势，实现更加智能化和高效的设计创新。

在进行多智能体学习模型的迁移时，需要解决三个关键问题，即"哪些知识进行迁移""如何有效地实施迁移"以及"何时进行迁移"。这些问题涉及如何在不同智能体间共享知识、如何在不同环境中将知识进行迁移以及如何确定合适的时间点进行知识迁移。在解决这些问题时，需要考虑各种因素，如知识的可迁移性、智能体之间的相似性、迁移成本以及迁移后的性能改善等。

其中，"人-机"间知识迁移的主要问题是如何将人类知识迁移至多智能体中。人类知识的迁移需要考虑知识的表达和传递方式、多智能体的协调与沟通以及人类和机器智能体的协同等问题。如何有效地将人类知识应用于多智能体学习模型中，是"人-机"知识迁移研究的核心问题。

"机-机"间知识迁移的主要问题是如何在智能体间进行信息交互，实现迁移学习。机器智能体之间的知识迁移需要考虑如何共享和传递知识、如何协调和集成各自的知识，以及如何优化智能体之间的合作与竞争等问题。因此，"机-机"间知识迁移需要研究智能体之间的信息交互和协作机制，以实现知识的迁移和共享，促进多智能体系统的智能化和协同发展。

2) 基于知识蒸馏的群智知识迁移

知识蒸馏 (knowledge distillation, KD)[37]框架是一种教师-学生 (teacher-student) 训练框架，教师模型 (或大型模型集合) 通过训练来提供知识，学生模型则从教师模型中"蒸馏"获得知识，从而实现将复杂教师模型的知识迁移到另一种更轻量级的学生模型上，只损失轻微的性能。这是一种新兴的模型压缩方法，旨在有效地减少模型大小和计算量，提高模型的可部署性和效率。对于资源受限的设备，知识蒸馏方法可以使简单模型达到近似甚至超越复杂模型的效果，从而使资源受限的设备以较低的复杂度完成任务。知识蒸馏的主要方法包括知识合并 (knowledge amalgamation, KA)、跨模态蒸馏、终身蒸馏等。

此外，知识合并和知识蒸馏也有密切的关联。知识合并被视为一种更加复杂的知识蒸馏方法。知识合并是将多个复杂模型或多任务知识迁移至学生模型，赋予学生模型的同时完成多任务的能力。对于学生模型，如何将教师模型的知识应用于自身参数，并且在处理源任务时有效地利用这些知识是关键。相较于知识蒸馏，知识合并更注重多模型之间的知识互补和融合，通过将不同模型的知识融合到学生模型中，可以进一步提高模型的泛化能力和应对多样性任务的能力。因此，知识合并适用于需要同时处理多个相关任务或需要在多种不同的输入数据集上进行训练和测试的情况。知识合并过程如图 5.23 所示。

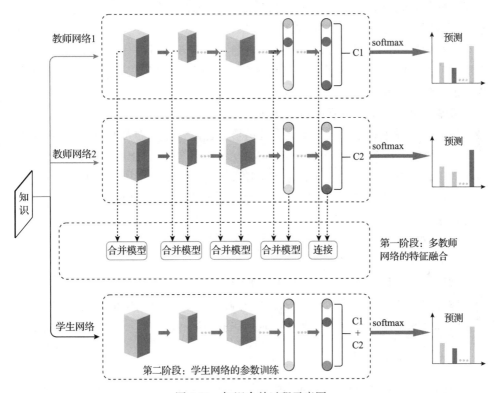

图 5.23　知识合并过程示意图

(1)跨模态蒸馏(cross modal distillation)。在群智设计生态系统中，数据通常以多模态形式呈现，描述同一事件的数据可能来自不同模态。受限于隐私保护机制，难以获得数据的完整多模态信息。跨模态蒸馏是一种有效的方法，它可以通过同步多模态信息来实现知识迁移，并且适用于这种情况。通过跨模态蒸馏，可以将一个模态的知识转移到另一个模态上，从而提高模型的泛化能力和性能。这种技术可以在不需要原始多模态数据的情况下，利用多模态数据中的相关性进行知识迁移。跨模态蒸馏也有助于减少模型的计算成本和参数量，提高模型的可用性和可扩展性。

Su 等[38]通过带标记的高分辨率图形的教师模型来训练低分辨率图形的学生模型。在这种方法中，教师模型包含高质量、详细的图像信息，但是它比较复杂，难以直接应用于低分辨率图像的处理。因此，该方法的主要思想是将教师模型中隐藏的"特权信息"传递到学生模型中，以提高学生模型的性能和精度。这些特权信息可能包括高分辨率图片的颜色信号、纹理等细节信息等。

(2)终身蒸馏(lifelong distillation)。目前，使用知识蒸馏实现终身学习的方法称为终身蒸馏[39]，它是一种应用于深度学习模型的终身学习方法。在深度学习模型学习新任务时，通常会出现灾难性遗忘现象，即旧任务的运算性能会急剧下降，这会严重影响模型的整体性能和效果。

终身蒸馏保证了模型在记忆旧目标任务和学习新目标任务间的性能稳定。早期的研究中，Li 等[40]引入了知识蒸馏模型，以便在保持旧目标任务性能的同时实现不遗忘学习(learning without forgetting)算法。

3)基于分层学习的群智知识迁移

在群智设计生态系统中，不同设计情境下需求任务所需要的设计知识存在较大差异。因此，技能迁移(skills transfer)成为一种非常重要的学习方法。该方法可以从先前任务学习到的经验中提取更高层次的知识抽象——技能，即不同场景知识的高度融合。通过对知识进行迁移，群智能体和群应用可以摆脱对具体任务知识的依赖，从而提升在复杂任务中的表现。分层学习(layered learning)也是一种重要的学习方法。该方法通过将复杂任务分解成若干子任务，通过分而治之的方式逐个完成子任务，最终解决复杂任务。

群智知识迁移方法是群智创新的重要组成部分。通过诸多知识迁移方法建立的群体智慧融合模型，能够在与设计实践调和的过程中有效降低创新成本，提高创新效率。它是建立具有创造性、智能化和进化机制的群智创新环境的关键。

2. 群智演化协同计算

协同计算(cooperative computing)的概念源于计算机支持的协同工作(computer supported cooperative work, CSCW)，是指在地域上分散的一组群体通过计算机技术相互协作，共同完成一项任务。协同计算的概念自 20 世纪 80 年代中期提出以来，吸引了学术界和工业界的广泛关注。

群智演化协同计算是服务于群智设计生态系统的一项重要技术。它将系统中的需求任务以设计流程为标准进行任务划分，通过多个计算设备协同计算，分析并筛选系统资源，形成辅助设计方案。这种方式可以解决深度模型在硬件资源(如能耗、物理尺寸、内存等)上的部署问题，为设计过程提供强大的计算能力支持。基于此，本节介绍基于边缘智能的群智协同计算。

边缘人工智能(edge AI)，也称为端侧人工智能，是一种在数据生成的近端执行 AI 算法的技术。它利用先进的计算能力，将机器学习模型部署在靠近数据源的设备上，以实现快速响应、降低数据传输成本、增强数据隐私保护的目的[41]。基于边缘智能的协同计算有四种模式，分别为边-云协同、边-边协同、边-物协同和云-边-物协同。

(1)边-云协同，即边缘和云端协同，是技术比较成熟的合作机制。在边-云协同计算中，云端与边缘之间有三种完全不同的协同运算模式：①训练-预测的边-云协同[42, 43]。在这种模式下，云端使用从边缘上传的数据进行智能建模的设计、训练以及定期的模型更新，边缘设备则负责管理数据采集以及使用最新的模型来预测真实的数据信息。②云导向的边-云协同。在这种模式下，云端不仅负责模型的训练和管理，还承担了部分预测任务。具体来说，神经网络的建模过程可以被拆分，云端承担模型前端的计算任务，然后将结果传递给边缘端，由边缘端继续执行预测任务以获取最终结果。③边缘导向的边-云协同。在这种模式下，云端仅承担最初的训练任务，一旦模型训练完成，有效数据将被下载到边缘端进行分析。在此过程中，边缘端不仅负责数据的分析，还承担着训练任务，并利用本地存储的信息进行训练。这种方式能够更有效地利用信息的局部性，从而实现更多样化的功能。

(2)边-边协同，该模式下存在三种协同方式：①边-边预测协同。在这种方式下，云端先训练好模型，然后根据边缘设备的算力情况将模型分解为模块，并将其配置到边缘设备上。这样，每个边缘设备可以执行一个模块，从而降低计算压力。这种边缘协同方法已经广泛应用于计算资源有限的边缘设备中，如手机和手环等。②边-边分布式训练协同。在这种方式下，各个边缘设备作为计算节点完成人工智能模型的训练任务。每个边缘设备都具备全部或部分模型，并且训练集来源于边缘设备本身提供的信息。这种边缘协同模式适用于需要大量训练数据的场景，如语音识别和图像分类等。③边-边联邦训练协同。联邦学习的协同是基于数据安全和隐私保护而提出的[44]。在这种方式下，一个边缘计算节点保持最优模型，并对各个边缘的计算节点进行模型的训练。在不违反数据保密协议的前提下，其他计算节点会向该节点更新参数。这种协同方式能够避免原始数据的泄露，同时利用分布在各个边缘的数据来提高模型的效果和准确性。

(3)边-物协同，该模式下，物端负责收集数据并发送至边缘，同时接收边缘的命令，以完成具体的操作执行；边缘共同负责对多路数据的集中运算、发送命令，并且对外提供服务。随着物联网设备和应用的融合越来越密切，边-物协同也被看成人工智能应用落地的重要一环。

(4)云-边-物协同，是一种综合利用整个计算资源链路的方法，充分发挥各种设备的优点。它主要包括两种协同方式：①功能性协同，是指根据各个设备所在的地域空间、所承担的角色等差异，使每个设备承担不同的功能，如物端负责信息收集、边缘端负责预处理、云端承担多路数据的管理和业务提供等。通过这种协同方式，不同设备之间可以实现高效协作，共同完成任务。②性能性协同，是指基于计算能力的限制,各个层次的运算设备可以承载各种计算力所需要的任务,包括对任务的纵向切换与分解等。通过这种协同方式,不同设备之间可以协同完成复杂的计算任务,提高计算效率和性能。

5.4.3 群体智慧的交互情境及传播衍生

1. 群体智慧的交互情境

群体是指在特定的时间内,聚集到某特定空间的一群物种,该物种具有共同的行为和动机[45]。群体智慧的概念起源于昆虫学家对蚂蚁行为的观察。昆虫学家发现蚂蚁能够通过个体间的协作和相互作用,实现复杂的任务和行为,形成一种超出单个蚂蚁个体能力的集体智慧。这一观察为群体智慧概念的提出提供了重要的学术基础。群体智慧包括群体间协作、知识共享与信息交互、解决难题的效能三个方面。Surowiecki[46]认为群体智慧具有认知、合作与协作三大主要功能,不同功能在交互情境中发挥不同的作用。

群体智慧的认知功能体现了个体多样性和独立性。个体多样性是指群体中个体在知识学习、经验积累和认知水平等方面存在差异,并形成多样性特点;独立性是指个体认知由于主客观原因不易受到外界干扰,并形成独立性特点。平台运用适应迁移方法将个体智慧汇聚融合为群体智慧,从而解决设计问题。这种群体智慧不仅可以为设计问题提供创新的设计方案,还能深入理解用户需求,为设计执行者提供设计参考。群体智慧的合作功能是基于平台的信任机制实现的,体现了群体智慧中各方参与者基于平台的去中心化组织方式,以平等的个体关系,自组织、自适应、自优化地开展设计活动。群体智慧的协作功能应用于协调多源异构设计数据,引导平台中不同个体间的行为,高效协同地完成设计任务。

群体智慧的交互情境可应用于平台中"需求发布"和"创新"的问题,为平台提供丰富而多样化的解决方案。平台通过筛选并聚焦这些解决方案,形成金字塔形的设计方案体系。该体系将平台自动生成的创意方案与设计执行者的专业设计能力相结合,并通过平台评价机制和专家主观评价标准的协同作用,对方案进行评价和筛选,实现平台与多方参与者的价值共创。

目前,单一领域知识和技能已不能满足产品或服务创新的需要,群智创新设计活动需要多个领域和学科间的资源协同合作。因此,群体智慧的交互情境具有广泛性、灵活性的特点。

交互情境的参与者包括个体用户、集体用户、设计从业者等,他们是群智涌现的主体,也是创新性产品的用户。在交互情境中,各方参与者围绕创新行为积极沟通,相互交流新技术和新产品,分享自身历史经验和创新想法,协同解决创新产品和服务中的难题。设计执行者可从交互情境中获取用户需求信息，用户也可从交互情境中了解产品实现的技术信息以及获得满足自身需求的产品。交互情境在链接大众参与者、专家、平台以及汇聚设计知识和实现知识迁移等方面发挥着重要的作用。通过交互情境，大众参与者得以培养创新能力，专家和领先用户得以参与其中，设计知识得以高效汇聚和适应迁移。此外，交互情境还提供了大众参与者与各领域专家互动交流和合作的机会，并为大众参与者之间的学习和交流提供了场所和机遇。

2. 群体智慧交互情境的价值

目前，我国设计人才的培养规模已处于全球前列。据统计资料，2015 年我国高校应届设计学科毕业生规模已达到了 10 万人，成为国内毕业生人数最多的 10 个学科之一。目前，我国设计师队伍已达到 1700 万人，数量位居世界第一，占全世界设计师总数的 19%，占全欧洲设计师总数的 45%；其中，工业设计从业人员已达到 50 万人[47]。

众多创新人才(包括设计从业者、设计爱好者、非设计领域专家)以及互联网用户的创造力会带来不可估量的社会价值。平台为创新人才和互联网用户提供了更加开放和自由的交互情境，吸引广泛用户参与大众创新，不断贡献丰富平台资源并加强平台协作，为创新用户提供创意实现机会和价值转化支持。这种交互情境是一种大众创新社区，其价值在于：一方面，广泛的平台用户和设计师通过情境交互发布原创性设计作品和创新性概念，平台运用人工智能技术汇聚优选广泛的原创性作品和创新想法流；另一方面，平台的优选原创性作品和创新想法流吸引了更多的投资方和设计产业加入。平台利用其汇聚的资源可将创新想法流实体化和商业化。总之，交互情境为平台带来更多的活力和创新驱动力，各种创新性想法得以落地，为价值共创提供源源不断的动力。

交互情境支持有创新想法的用户和设计师寻找合作伙伴的过程。用户可以在该平台上发布创新性想法，并与其他用户进行讨论和交流，以进一步完善和优化这些想法。即使这些想法尚未获得知识产权或专利保护，也可以通过大众协作实现创新。在这种基于群体智慧的交互情境中，平台为创新用户提供合作机会，促进创造力的释放并带来创新成果。平台通过自学习增强和自适应演化技术，优选出用户贡献的原创内容，并对创新方案进行评估和决策，从而进一步加强与创新用户的合作。这为创新研究提供了新的途径和机会。

3. 群体智慧的传播衍生

群体智慧汇聚众多优质的创新想法流，开启了群智创新模式。它强调设计内容的自发性和自主性、设计方案细化的动态汇聚，从而衍生出更客观、高效且多样的创新方案。群体智慧在全流程设计中，如用户调研、需求确认、方案评价与迭代等，起到不可替代的作用。

平台对创新方案的筛选与分类是群体智慧传播衍生的基础。用户评估、专家评估和平台评估是评估创新方案的基本步骤，评估内容包括创新方案的相关场景、技术、用户、服务等，这有助于企业或设计团队充分挖掘方案价值，以形成网状动态衍生的产品族体系。

(1)用户评估。平台用户是创新产品或服务的使用者。平台通过用户偏好分析等方式组织一定数量用户对创新产品或服务进行评估，获得方案的分类参考及市场预期。为了确保对创新方案的评估具备客观性和科学性，平台需要建立一套基本标准，主要围绕"用户需求、方案类型、创新程度、可接受度、可用性、情感偏好"等具有方案特征化的方面进行评估。这些评估指标应当充分考虑创新方案的实用性、可行性、市场需求和用户体验等因素，从而确保评估结果对于企业或设计团队的决策具有参考价值和指导意义。

为了保护创新方案的知识产权，平台需要采取相应的保护措施。其中，封闭式评估是一种较为有效的措施。平台可以规定用户在有限的时间内对创新方案进行评估。在此期间，平台须清晰明确地传达方案的创新性、功能实现、技术支持、应用场景、痛点解决等信息。在用户完成评估后，将其上传至平台，以供平台进行下一步的评估和保护。封闭式评估可以确保创新方案不会被恶意抄袭或侵犯知识产权，并为企业或设计团队提供可靠的保障。

(2)专家评估。创新方案需要进一步获得专家认可。专家评估内容与用户评价存在差异性，更能体现专家的认知水平和创新方案的最终目的，即将方案成功推向市场并进一步完善群智创新设计网络。平台专家应该包括设计、技术和市场营销等领域的专业人员，分别从方案创新性、方案可用性、技术可行性等方面进行主客观评价，为平台进一步确定创新方案贡献重要参考依据。

(3)平台评估。平台算法将基于用户评价和专家评估的结论，对创新方案的全过程信息进行综合梳理和整合，识别具备共性或潜在重大设计意义的设计方案信息，并传输至群智创新设计服务平台进行筛选和存储，进而形成系统信息网络。为确保信息的安全性和权益，平台利用区块链技术手段实现信息确权，传输至群智社区创意池实现信息广泛传播共享，以便于推进设计优化衍生。

5.4.4　可重用的群智创新设计系统及创新生态

在互联网环境下，群智创新设计充分利用了互联网平台的广泛智能资源和群体智慧的强大应用能力，成功地解决了多维度的产品设计难题。因此，它已经成为企业在拓展设计能力、解决设计工作难题和实现转型升级方面的重要方式。针对信息时代海量、多源、异构、多模态的群智数据，为提高群智创新设计的开发效率和可重用性，亟须构建一套适用于多场景应用的群智创新设计模式。为建立一个可持续发展的群智创新设计生态系统，使其不仅具备处理多源异构、多模态的海量群智数据的可重用性能，还具备在应用过程中不断进行自优化迭代的能力，具体可从以下几点深入开展可重用的适配优化：精准的需求分析、高鲁棒性的节点布局、低负荷的任务分配机制、根据需求自调节的激励机制、精准推荐与高效实施等。

在构建可重用机制的过程中，首要步骤是对输入源信息进行详尽分析，随后根据特定需求制定与之匹配的系统调节方案。这一方案不仅涉及计算单元的优化配置，还涵盖节点布局与任务分配的关键工作。除系统底层重组与架构调整的能力外，表现层组件的重用性同样是衡量系统性能不可忽视的重要指标。业界普遍认为，在系统成功搭建并获得创新设计工作中的正面反馈后，应进一步追求卓越的性能、精确的结果以及更强的可重用性。

可重用系统中，改变系统设计结构并实现组件重用的思想可以追溯至基于原子模式的设计理念，并借此赋予系统灵活的可扩展性。1977 年，Christopher 在 *A Pattern Language*: *Towns, Buildings, Construction*《建筑模式语言：城镇·建筑·构造》中首次提出了模式的概念；随后，Brad Forst 在 *Atomic Design*（《原子设计》）中提出了原子设计分层建立设计系统的理念；再由 Alla Kholmatova 于 *Design Systems*: *A Practical Guide for Creating Design Languages for Digital Products*《设计系统：数字产品设计语言实用指南》中归纳总结，提出了完整的设计系统概念。整体而言，原子设计使用了化学中一个实际比喻，借用原子特性将设计分解为仍然具有独立功能的各个元素。为了匹配不同输入源，满足不同的系统需求，用户可以将这些原子组合成不同样式的群体，并实时保障各单元并发地正常工作。该群体在原子设计理念中被视为分子，代表着设计系统在该理念的运用中可以自由重组。这种分子化的设计方法可以提高设计的可维护性和可扩展性，同时也能够减少重复的工作。

在群智创新设计过程中使用设计系统的主要优势和价值是：使设计参与者或执行者能在元素、组件和模式中重复使用已定义明确的样式，为群智创新设计过程提供可拓展性和一致性的优势，使设计和开发环节更加集中高效；建立和记录一个共同的词汇、一种视觉语言、一套唯一的执行标准，以提供清晰可识别的指导。这不仅更易于系统用户使用，还减少了系统开发成本和用户的学习与认知成本。

移动应用程序设计库 Rico 是一个群智创新设计系统案例，它支持五类数据驱动应用程序，包括设计搜索、UI 布局生成、UI 代码生成、用户交互建模和用户感知的预测。Rico 构建了一个结合众包和自动化的系统，以便在运行时从 Android 应用程序中大规模挖掘设计和交互数据[48]。Rico 从挖掘数据的过程中找到其自优化的方向，更好地提升自身在相应场景中的创造能力，从而打造一个可重用的群智创新设计系统，是一个可重用的创新生态。

从创新设计系统提升到创新生态级别的关键点在于，其是否具备自身迭代优化的能力。在数据挖掘技术的辅助下，每个新增用户，无论是使用系统进行设计的设计师，还是使用通过系统生成产品的用户，均能为该系统带来新的数据源，并提高系统健全度。用户意图识别流程如图 5.24 所示，通过量化用户体验并识别用户意图，管理者可进一步打造面向多场景、可重用的界面布局智能设计创新生态。

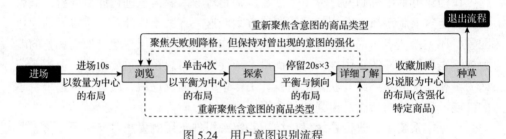

图 5.24　用户意图识别流程

阿里巴巴鹿班设计团队构建了一个高效的群智设计系统——鹿班群智设计系统。用户只需自定义尺寸和风格，该系统即可代替人工完成素材分析、抠图、配色等耗时耗力的设计相关工作，实时生成多套符合用户输入的设计解决方案。基于图像智能生成技术，鹿班群智设计系统改变了传统的人力设计模式，可在短时间内完成大量设计方案。仅在 2019 年双十一期间，鹿班就为淘宝设计了 4.1 亿张图片。这些图片包括海报图、会场图的设计和网页排版等。这瞩目的成果都构建在一套可重用的设计模式之上。当同样的一套工作流程搭配上大量的用户数据时，一个相对完整的群智创新设计系统便能在快速增长的数据中逐渐孵化，进而形成生态。

在形成可不断自组织、自适应、自优化的设计生态后，群智系统需要采集每一次用户导入信息源时的用户行为，并实时分析用户意图。通过推断用户画像，系统可以针对不同的目标进行自我调整，以更好地匹配新的用户信息导入，贯彻可重用的理念。通过唯一的执行标准，群智系统可以对节点布局和任务调度做出正确的指令，从而在低成本损耗的情况下完成设计方案的产出。下面以基于群智创新的数字化体验管理平台为例进行介绍。

在移动互联网的红海时代，随着社会消费水平升级，人们的需求从追求物质上的满足逐渐转向了精神层面的丰富和提升。客户及其体验成为各大企业的关注重点，体验经济的时代已经悄然而至，而如何对产品或服务的客户体验进行评估、监控和管理成为企业的核心痛点。知了体验管理云是一款基于用户旅程，帮助企业构建端到端的用户体验管理体系的产品。通过全渠道的客户行为数据采集和客户调研，生成主观数据和客观数据，结合行业的客户体验模型和算法，智能地对产品或服务的客户体验进行监测、评估和管理，生成实时的预警、简报并推给相应的员工，打通各个部门的信息孤岛。这为各大企业创新产品、增强竞争力提供了大数据支撑和智能服务支持。

当前，传统客户体验评估及优化都是以部门职能为导向。体验动作体现在单一环节或单一触点上，无法打破部门及渠道壁垒，存在监控不全面、响应不及时等问题。数字化体验管理云平台为打造良好的客户体验管理，开发以客户为中心，以客户旅程为基础，联通企业内部所有部门，内外协同的全面体验管理闭环。数据-分析-洞察-行动的管理闭环由四个层次组成，下面分别进行阐述。

（1）"数据"层次。平台针对客户进行的调研具有动态、实时的特点，通过对客户行为、反馈和转化的分析，采取多种维度评定机制动态地对客户分群，可以针对不同的客户画像采取不同的设计和营销策略，形成千人千面的个性化运营。在该层次，平台汇集运营及用户行为的客观数据(客户在产品或服务的使用过程中的运营及行为数据，如操作路径、停留时长、消费金额、频次、活跃度、流失率等)和体验反馈的主观数据(客户在体验过程中的反馈，如咨询建议、评价、态度等)，力求更全面了解客户，为后续的设计行为提供依据和指引。

（2）"分析"层次。平台基于获得的客户数据及相关文件，根据企业需求或产品要求，以客户为中心重新组织行为、态度、业务等数据，并与企业已有内外部数据整合，形成围绕用户体验的全数据链，以更清晰的方式明确需求。

（3）"洞察"层次。平台依据体验指标体系和客户画像等多种模型，通过智能算法和分析模型获得智能分析报告，报告中包含客户满意度、产品效果及运行效率、用户建议及设计创新等关键数据。平台方通过智能报告洞察客户使用产品或服务的完整路径旅程，明确客户转化的途径或产品服务的改进方向，确定下一步的迭代目标。

（4）"行动"层次。平台总结客户需求与反馈，与拥护者、贬损者和预警平台(包括产品、销售、客服等)形成即时体验管理闭环。平台激励设计方每位员工进行协同合作，通过推送各个员工所需的数据、各个岗位所面对的客户痛点及针对客户体验的专家洞察报告，结合工作流程来驱动整个公司的实时协作，并将结果及时向企业反馈，实现产品和服务的迭代、优化与创新。

"数据-分析-洞察-行动"的管理闭环如图 5.25 所示。

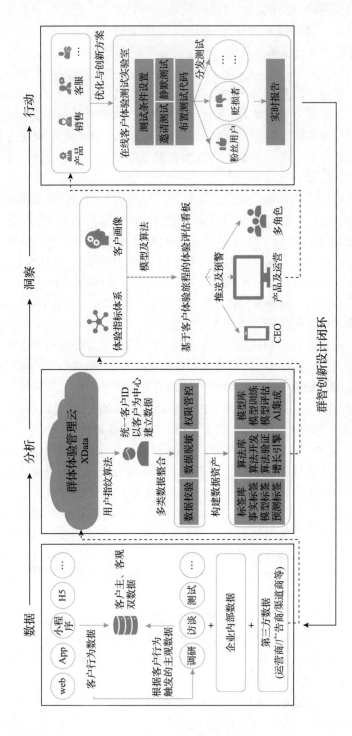

图5.25 "数据-分析-洞察-行动"的管理闭环

H5为HTML5(HTML为超文本标记语言；CEO为首席执行官

　　数字化体验管理云平台可以全面洞察客户的旅程，实时分析激活员工行动相关数据，即时优化客户体验，具备体验指标、体验旅程、客户画像、行为分析、精准调研和 API（应用程序接口）六大核心能力，如图 5.26 所示。

　　在体验指标方面，平台建立以数据驱动的体验指标管理机制。体验指标管理机制以基于核心数据指标的分层级作战地图为基准，统一部署学习模型并促进各层级间的运营协作。该机制一方面保障数据可以及时向上汇总及确认，另一方面也可以依据指标维度层层下钻，分析指标情况。平台体验指标管理机制如图 5.27 所示。

　　在体验旅程方面，平台打造端到端的用户旅程全触点，并结合主客观数据，为用户提供更深入的洞察。通过结合洞察机制，平台可以基于用户旅程持续度量产品或服务在各个触点的主观及客观指标，形成全面的体验洞察。这种机制可以更好地发现产品或服务流程中的机会点或痛点，促进产品或服务的不断迭代与升级。在该阶段，平台使用北极星指标（north star metric, NSM）驱动算法计算客户旅程中影响指标的关键因子。平台基于净推荐值（net promoter score, NPS）和满意度构建的体验模型，通过驱动算法穿透各类中间环节，基于大量数据实时测算出影响北极星指标的关键因子及权重，并及时给出系统优化建议。相较于传统的归因算法，北极星驱动算法具有计算更实时、更自动的优势，可将其应用于战略框架（如企业战略的 NPS 等）及战术框架（如某类活动的 NPS 等）的体验评估。

　　在客户画像方面，平台依托模型算法等动态大数据计算，可以获得动态客户画像，根据客户的不同商业目的将客户进行标记（如观望客户、忠实客户、沉默客户等），并对不同客户采取不同的设计策略，如图 5.28 所示。

　　在行为分析方面，平台通过观察客户属性及行为、业务内容、客户反馈等多种条件组合，自动筛选符合条件的客户并对真实用户发起调研，降低非真实客户的干扰，提升调研的精准性，如图 5.29 所示。

　　在精准调研方面，平台采集客户旅程上每一个触点的客户行为数据和态度数据，以及 API 接入的企业内外部数据，及时洞察客户真正的需求和痛点，如图 5.30 所示。

　　平台提供通用 API，企业的各类系统和数据可以自由与平台对接，把数据应用到相对应的业务，实现数据和预警行动的信息交互。平台系统架构基于模块化理念进行设计，使行为采集、调研平台等能够更便捷地融入客户已有的产品矩阵，避免了重复建设。平台 API 的信息传输过程如图 5.31 所示。

API

对接企业的CRM、OA等系统，打通知了云数据和企业部门的通路，建立数据链路打破信息孤岛，建立数据链路。

体验旅程

端到端的用户旅程全链路的数据，结合智能算法和模型，实时计算，全旅程实时洞察各触点体验情况

客户画像

用户生理、社会、行为、态度、业务多种属性结合智能构建画像，洞察人性，对正确的人采取行动

行为分析

全渠道、全设备、全触点收集客户使用产品的真实行为，并智能分析客观行为数据，发现问题

精准调研

基于多维度条件触发的调研机制，实现对场景、客户和反馈的精准定位，以及对问题的实时预警。收集客户的主观反馈，以洞察问题的根本原因

体验指标

业绩、体验双增长的体验指标体系，分析、预警，评估体验管理闭环，体验指标体系，构建体验管理闭环

图5.26　数字化体验管理云平台的六大核心功能

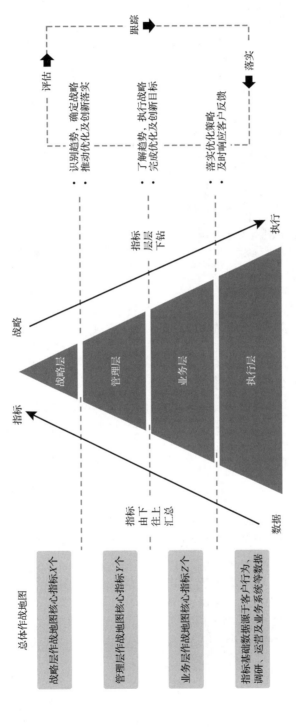

图5.27 平台体验指标管理机制

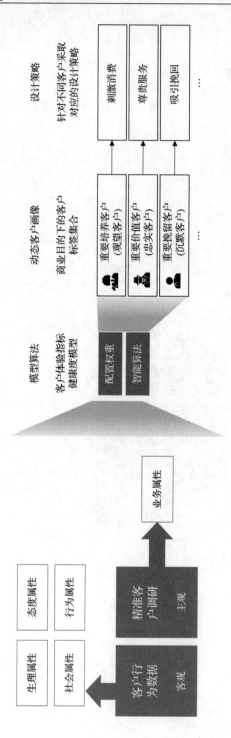

图5.28 平台客户画像采集方式示意图

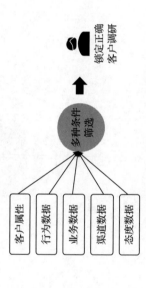

图5.29 平台行为分析方面锁定正确客户模型示意图

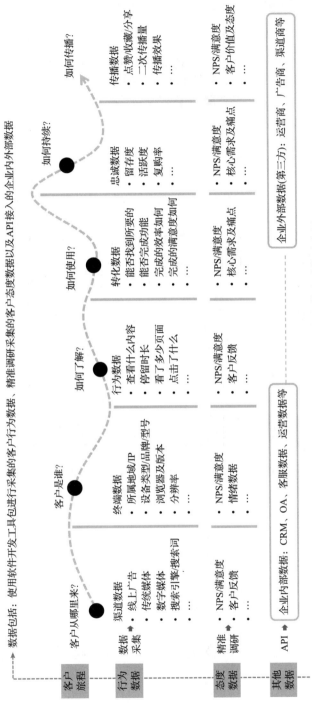

图5.30　平台精准调研方面全触点信息采集示意图

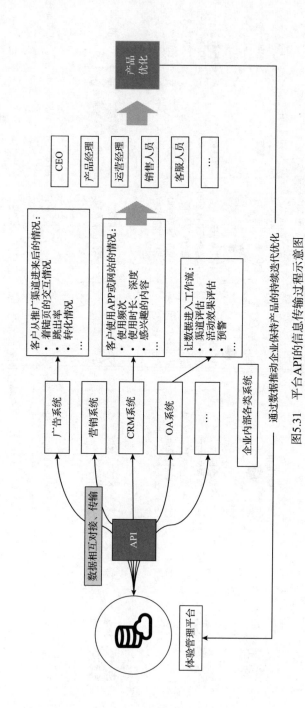

图5.31 平台API的信息传输过程示意图

参 考 文 献

[1] 郭斌, 刘思聪, 於志文. 人机物融合群智计算[M]. 北京: 机械工业出版社, 2022.

[2] 罗仕鉴, 田馨, 房聪, 等. 群智创新驱动的数字原生设计[J]. 美术大观, 2021, 405(9): 129-131.

[3] 罗仕鉴, 田馨, 梁存收, 等. 设计产业网构成与创新模式[J]. 装饰, 2021, 388(6): 64-68.

[4] 罗仕鉴. 群智创新: 人工智能 2.0 时代的新兴创新范式[J]. 包装工程, 2020, 41(6): 50-56, 66.

[5] 孙妮妮, 孟庆良, 杭益, 等. 众包创新平台用户间互动对其创新贡献的影响: 以 IdeaStorm 为例[J]. 技术经济, 2020, 39(7): 80-88.

[6] 罗仕鉴, 房聪, 单萍. 群智创新时代的四维智能创意设计体系[J]. 设计艺术研究, 2021, 11(1): 1-5, 14.

[7] 黄敏学, 张皓. 信息流广告的前沿实践及其理论阐释[J]. 经济管理, 2019, 41(4): 193-208.

[8] Zhang P, Galletta D. Human-Computer Interaction and Management Information Systems—Foundations[M]. New York: Routledge, 2006.

[9] 范哲, 朱庆华, 赵宇翔. Web 2.0 环境下 UGC 研究述评[J]. 图书情报工作, 2009, 53(22): 60-63, 102.

[10] Armstrong A G, Hagel J. The real value of online communities[J]. Harvard Business Reviews, 1996, 72(3): 134-140.

[11] 赵宇翔. 社会化媒体中用户生成内容的动因与激励设计研究[D]. 南京: 南京大学, 2011.

[12] Dmellos K. A review and meta-analysis of multimodal affect detection systems[J]. ACM Computing Surveys, 2015, 47(3): 43-50.

[13] Zeng Z H, Pantic M, Roisman G I, et al. A survey of affect recognition methods: Audio, visual, and spontaneous expressions[J]. IEEE Transactions on Pattern Analysis and Machine Intelligence, 2009, 31(1): 39-58.

[14] Peng Y X, Zhu W W, Zhao Y, et al. Cross-media analysis and reasoning: Advances and directions[J]. Frontiers of Information Technology & Electronic Engineering, 2017, 18(1): 44-57.

[15] Wu F, Lu C W, Zhu M J, et al. Towards a new generation of artificial intelligence in China[J]. Nature Machine Intelligence, 2020, 2(6): 312-316.

[16] 潘云鹤. 人工智能走向 2.0[J]. Engineering, 2016, 2(4): 51-61.

[17] Zheng Y. Methodologies for cross-domain data fusion: An overview[J]. IEEE Transactions on Big Data, 2015, 1(1): 16-34.

[18] 刘怀亮, 杜坤, 秦春秀. 基于知网语义相似度的中文文本分类研究[J]. 现代图书情报技术, 2015, (2): 39-45.

[19] 刘兆峰. 设计价值量化评估方法及应用[J]. 工业设计研究(第六辑), 2018, (1): 381-386.

[20] Waclawski E. How I use it: Survey monkey[J]. Occupational Medicine, 2012, 62(6): 475-477.

[21] Wang F X, Wang F, Ma X Q, et al. Demystifying the crowd intelligence in last mile parcel delivery for smart cities[J]. IEEE Network, 2019, 33(2): 23-29.

[22] 於志文, 郭斌, 王亮. 群智感知计算[M]. 北京: 清华大学出版社, 2021.

[23] 詹志建, 梁丽娜, 杨小平. 基于百度百科的词语相似度计算[J]. 计算机科学, 2013, 40(6): 199-202.

[24] 尹坤, 尹红风, 杨燕, 等. 基于SimRank的百度百科词条语义相似度计算[J]. 山东大学学报(工学版), 2014, 44(3): 29-35.

[25] 原吕泽芮, 顾洁, 金之俭. 基于云-边-端协同的电力物联网用户侧数据应用框架[J]. 电力建设, 2020, 41(7): 1-8.

[26] Lou W J, Kwon Y. H-SPREAD: A hybrid multipath scheme for secure and reliable data collection in wireless sensor networks[J]. IEEE Transactions on Vehicular Technology, 2006, 55(4): 1320-1330.

[27] Robins A. Transfer in cognition[J]. Connection Science, 1996, 8(2): 185-204.

[28] 李天慈, 赖贞, 陈立群, 等. 2020 年中国智能物联网(AIoT)白皮书[J]. 互联网经济, 2020, (3): 90-97.

[29] Mohammadi M, Al-Fuqaha A, Sorour S, et al. Deep learning for IoT big data and streaming analytics: A survey[J]. IEEE Communications Surveys & Tutorials, 2018, 20(4): 2923-2960.

[30] Pei H Q, Chen S M, Lai Q, et al. Consensus tracking for heterogeneous interdependent group systems[J]. IEEE Transactions on Cybernetics, 2018, 50(4): 1752-1760.

[31] 高阳, 陈世福, 陆鑫. 强化学习研究综述[J]. 自动化学报, 2004, 30(1): 86-100.

[32] Hadsell R, Rao D, Rusu A A, et al. Embracing change: Continual learning in deep neural networks[J]. Trends in Cognitive Sciences, 2020, 24(12): 1028-1040.

[33] Aljundi R, Kelchtermans K, Tuytelaars T. Task-free continual learning[C]. The IEEE/CVF Conference on Computer Vision and Pattern Recognition, Long Beach, 2019: 11254-11263.

[34] Graves A, Bellemare M G, Menick J, et al. Automated curriculum learning for neural networks[C]. The 34th International Conference on Machine Learning, Sydney, 2017: 10-15.

[35] Parisi G I, Kemker R, Part J L, et al. Continual lifelong learning with neural networks: A review[J]. Neural Networks, 2019, 113: 54-71.

[36] 赵志宏, 高阳, 骆斌, 等. 多Agent系统中强化学习的研究现状和发展趋势[J]. 计算机科学, 2004, 31(3): 23-27.

[37] Hinton G E, Vinyals O, Dean J. Distilling the knowledge in a neural network[J]. ArXiv, 2015, 2(5): 28-31.

[38] Su J C, Maji S. Adapting models to signal degradation using distillation[C]. Proceedings of the British Machine Vision Conference, London, 2017: 1-14.

[39] 黄震华, 杨顺志, 林威, 等. 知识蒸馏研究综述[J]. 计算机学报, 2022, 45(3): 624-653.

[40] Li Z Z, Hoiem D. Learning without forgetting[J]. IEEE Transactions on Pattern Analysis and Machine Intelligence, 2017, 40(12): 2935-2947.

[41] 李肯立, 刘楚波. 边缘智能: 现状和展望[J]. 大数据, 2019, 5(3): 69-75.

[42] Zhou Z, Chen X, Li E, et al. Edge intelligence: Paving the last mile of artificial intelligence with edge computing[C]. Proceedings of the IEEE, 2019, 107(8): 1738-1762.

[43] Chen J S, Ran X K. Deep learning with edge computing: A review[J]. Proceedings of the IEEE, 2019, 107(8): 1655-1674.

[44] McMahan B, Ramage D. Federated learning: Collaborative machine learning without centralized training data[J]. Google Research Blog, 2017, 17(8): 355-359.

[45] 徐旭林. 社会群体行为建模及其动力学分析[D]. 天津: 南开大学, 2010.

[46] Surowiecki J. The wisdom of crowds[J]. American Journal of Physics, 2007, 75(2): 190-192.

[47] 王晓红, 于炜, 张立群. 中国创新设计发展报告(2017)[M]. 北京: 人民出版社, 2017.

[48] Deka B, Huang Z F, Franzen C, et al. Rico: A mobile app dataset for building data-driven design applications[C]. The 30th Annual ACM Symposium on User Interface Software and Technology, 2017: 845-854.

第6章 以知识创新为目的的群智创新设计

设计创新本质上是对设计知识的创新。设计领域广泛，包括但不限于平面设计、标志设计、室内设计和交互设计等。每个领域的设计师都拥有自己独特的设计资源和知识体系。要构建一个全面且多元的群智设计网络，关键在于实现不同设计领域知识图谱的融合，从而在大数据中挖掘出深层次的知识。

在群智设计网络中，通过整合设计资源和知识图谱，可以促进不同领域间知识的融合。这不仅有助于从大量数据中提炼出有价值的知识，还能为产品外形仿生设计等应用提供支持。例如，利用群智创新的知识融合技术，可以有效地整合来自不同设计师和用户的输入，建立起一个丰富的知识数据库，并在此基础上实现自动生成技术，即生成式设计。这使得设计师能够从日常的设计工作中解放出来，转而成为算法和规则的制定者。此外，群智设计网络中的设计方案评价、设计贡献评估和设计价值评估都可以通过量化的方式给出，确保评价的客观性和可信度。通过机器学习模型，可以学习设计师和用户对方案的评价信息，从而实现设计方案的量化评选。利用区块链技术的价值共识机制，可以对设计贡献进行量化评估。通过用户行为跟踪和分析技术，可以对设计价值进行量化评价。

群智设计网络的最终目标是促进设计创新。为此，构建一个内容丰富、使用便捷、易于协同的知识服务平台至关重要。与传统知识服务不同，基于群智协同的知识服务平台可以实现战略与组织协同、学科与资源协同、机制与技术协同，并具备完备的信任机制、激励机制、协同机制和保障机制。例如，现有的知识积聚平台如抖音等，展示了基于群智协同的知识服务平台的潜力。此外，基于产品仿生设计知识模型的群智协同知识服务平台，为设计创新提供了一个有效的支持平台。

6.1 基于群智创新的知识融合

知识融合研究如何将多个来源的关于同一个实体或概念的描述信息融合起来。在群智创新设计领域，知识融合是一个广义的概念，包括设计资源的融合、设计知识图谱的融合以及大知识融合。设计资源包括创意、技术、文化和商业等设计素材，是知识创新、设计生成的重要原材料。在群智创新设计新时代，群智设计网络掌握的设计资源大规模增长，需要一种高效整合设计资源的新方法。第 2 章讨论了知识卷积的概念，将不同要素的创业设计资源通过知识卷积方法融入群智创新设计的应用领域，实现设计资源在时空响应下的叠加，进而产生新场景、新体验、新产品和新服务，最终实现不同设计资源在群智设计驱动下(的)产出设计方案。本节介绍强化学习技术在知识卷积中的应用，将强化学习的要素与知识卷积的要素一一对应起来，实现了设计资源的高效整合。在不同领域的设计师和用户参与到群智设计网络的过程中，不可避免的步骤是融合设计知识图谱；选取知识图谱融合中的信息抽取、知识融合和知识加工三个重要步骤，介绍利用深度学习技术解决实体识别(named entity recognition, NER)、实体消歧和知识推理等问题的方法；指出在群智创新设计时代，群智感知网络会产出海量的多源异构数据即大数据，这些数据需要被合理地存储和计算，还要被进一步地挖掘，通过大数据知识工程挖掘出大知识，最后将大知识融入现有的知识图谱中；介绍一个群智推理融合案例，将仿生学科知识推理后融合到群智创新知识图谱中。

6.1.1　群智创新设计资源的知识整合

设计行业的特点在于它能够与制造业、建筑业、环境业等多种行业相结合。因此，设计行业所涉及的人才资源、商业资源、技术资源等资源覆盖面广，知识领域也相当多样化。例如，建筑设计分为城市设计、建筑空间设计、土木工程设计等多个领域；形象设计涉及商标、广告、企业运营等多个领域；包装设计则在餐饮业、新农户、品牌建设等领域广泛存在。群体智慧强调所有个体拥有的智慧应当形成一个整体，群智创新设计中的设计资源亦是如此。强化学习是一种机器学习算法，它的一种变体——多智能体强化学习，其核心思想与群体智慧的思想相似，有助于高效整合设计资源。本节从强化学习与群体智能的关系入手，将强化学习与知识卷积模型相结合，介绍一种设计资源整合的方法。

1. 强化学习与群体智能的联系

强化学习由 Williams[1]于 1992 年提出。强化学习是一种与半监督机器学习类似的使用未标记的函数、通过激励-惩罚函数来修正自己的模型。因此，强化学习的结果并不像有监督机器学习那样存在明确的对与错，而是只会返回一个最终收益。与传统机器学习算法不同，强化学习侧重模型如何基于环境而变化以取得最大化的预期收益。强化学习与机器学习的关系如图 6.1 所示。

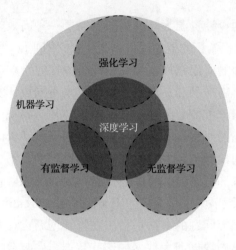

图 6.1　强化学习与机器学习的关系示意图

典型的强化学习系统包括四个要素，即策略（policy）、奖励（reward）、价值（value）和模型（又称环境（environment））。策略定义了智能体对给定状态所做出的行为；奖励定义了强化学习问题的目标；价值作为一种特殊的函数，是对策略长期收益的衡量；模型作为对外界环境的一个抽象，基于环境即可预测接下来的状态和对应的奖励。此外，有些强化学习模型还包括解释器（interpreter），根据智能体（agent）选择的动作提供对应的反馈以及状态（state）的改变。简而言之，强化学习问题就是描述和解决智能体在与环境的交互过程中通过学习策略以达成收益最大化或实现特定目标的问题。其中，反复实验和延迟奖励是强化学习最重要的两个特征。

在强化学习系统中加入多个智能体作为学习器，相比于对单个智能体进行训练，可以相对降低单个智能体的性能要求。落实在强化学习的具体实现中，多智能体强化学习中的单个智能体可以使用相对较小的模型和层数较少的神经网络。同时，如果多个智能体共用一个神经网络模型，那么智能体之间可以通过合理的机制共享参数，实现协同训练、并行搜索，将智能体学习获得的经验在整个群体之间共享，节约了群体的计算成本。这是一种群体智能的体现，群体智能系统中复杂的任务被拆解分发给多个参与在群智网络中的个体，从而降低了对个体的性能和功能要求。在 3.3.2 节基于 Vicsek 模型的机器人寻路问题中，通过将寻路任务分发给多个机器人，并对单个机器人制定简单的规则，多个机器人通过自组织机制组成群体，完成多个机器人寻路到指定终点的任务。从强化学习的角度来看，机器人之间以寻得到达终点的路径为目标，所需时间越少，价值越高，机器人群体中形成一个多智能体强化学习模型，个体之间可共享对寻路问题的学习经验。

此外，在大多数强化学习模型中，智能体可以观察和利用的信息是有限的。

一般来说，智能体会根据即时的奖励、最后一次状态转换以及固有的策略来决定下一步的动作。这与第 3 章介绍的群体智慧建模的局部性原则相契合。群智模型的决策过程是分布且并行的，意味着群体中的每个个体不可能掌握整个群体的所有信息，只能根据所观察到的局部信息和自身固有策略做出选择。

由此可见，强化学习尤其是多智能体强化学习与群体智慧有着紧密的联系，这意味着强化学习技术可用于解决群体智慧中出现的问题。

2. 强化学习用于知识卷积

应用数学领域中的卷积用以描述过去作用对当前的影响，是信号的时空效应的叠加。知识卷积意味着在整合不同领域的设计资源的基础上，先使用矩阵化的定义描述，进行维度转换以分类设计资源。然后，对设计资源矩阵进行卷积，实现设计资源时空响应下的资源整合与重塑。最终，以特征向量的形式进行资源价值赋能，产出群智创新设计方案。

人工智能在群智创新设计中的体现之一是强化学习技术与知识卷积方法的有机结合。宏观层面上，设计师可以借助计算机规划产品的设计生成过程，定量地整合创意、技术、商业、文化等设计资源；微观层面上，人工智能也为产品设计流程中的量化反馈、补充修改提供了思路。

整个强化学习过程发生在知识卷积的整合设计资源和输出设计方案两个步骤内。知识卷积中设计资源整合、设计方案迭代的过程可抽象为强化学习的策略要素。基于部分已训练的机器学习模型，设计方案在此类模型上的打分可抽象为强化学习的奖励要素，以作为短期修正模型的参考。基于设计方案产出的最终产品所能得到的社会评价或社会价值是长期收益的衡量，可抽象为强化学习的价值因素。经典美学理论为设计方案的合理性和美观性客观评价提供依据，可抽象为强化学习的环境或模型因素。

在知识卷积中应用强化学习，能帮助设计资源通过强化学习技术去芜存菁，在多次迭代后得到具有较高设计价值的整合资源；基于整合后的资源进行资源价值赋能，再基于强化学习和深度学习用主客观结合的评价模型迭代设计方案，实现产品使用价值和社会价值的统一。强化学习要素与知识卷积要素的对应如表 6.1 所示。

表 6.1　强化学习要素与知识卷积要素对应表

序号	强化学习要素	知识卷积要素
1	策略	设计方案的迭代
2	奖励	设计方案的模型得分
3	价值	设计方案最终的社会评价
4	模型(环境)	设计方案基于美学评估理论的评分

6.1.2 群智创新设计知识图谱融合

知识图谱(knowledge graph)是一种结构化的语义知识库,由谷歌公司于2012年提出,最初的定义为"用于增强搜索引擎功能的辅助知识库"。目前,知识图谱被普遍认为是显示知识发展进程与结构关系的一系列图形,即用可视化技术表达知识资源,挖掘、分析、构建和展示知识之间的相互联系[2]。知识图谱中的实体使用三元组的形式来表示,如类似关系型数据库中的〈实体 1, 关系, 实体 2〉,类似键值对类型的〈概念, 属性, 属性值〉等。其中,属性和属性值可以用来刻画实体本身的特点,而关系用来表示实体之间的联系。知识图谱体系如图 6.2 所示。

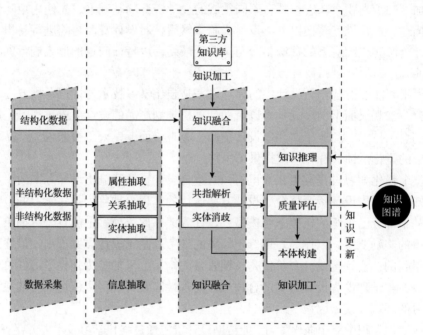

图 6.2　知识图谱体系

深度学习是机器学习的一个重要分支,它以神经网络为架构,对数据进行表征学习。在构建知识图谱的各个步骤中,深度学习被广泛应用于提高数据处理和知识提取的效率[3]。Nguyen 等[4]最早将反向传播算法应用于深度神经网络,以解决手写邮政编码识别问题。目前,已经有深度神经网络、卷积神经网络、深度置信神经网络和循环神经网络等深度学习框架,在计算机视觉、自然语言处理、生物音频识别等方面都取得了较好的结果。神经网络基本结构如图 6.3 所示。

知识图谱构建的过程中存在大量对语言和文本的操作,其中抽取、解析、消歧等操作要求从文本中提取信息或挖掘联系。然而,基于规律文本(如词典等)的传统提取技术的可移植性较差,领域专家手动标注的人工方法效率很低。由于

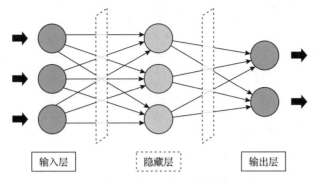

图 6.3　神经网络基本结构

深度学习算法在自然语言处理领域表现出色，现有的研究已经开始将深度学习与知识图谱构建相融合。本节就深度学习在信息抽取、知识融合和知识加工三个步骤中的应用展开介绍。

1. 信息抽取中的实体抽取

在信息抽取步骤中，实体抽取（又称命名实体识别）是最关键的一环，主要任务是从材料文本中提取特定的名称、术语等，如人名、地名。在知识图谱发展早期，这一过程的效率和准确性严重依赖材料文本的规律性和领域专家的判断能力，不能交由计算机自动化操作。随着数据形式的多元化和数据量的增长，研究者开始将人工神经网络应用于实体抽取。将深度学习技术应用于实体抽取的主要优势包括：①激励机制贯穿群智创新活动的全流程，包括广泛需求发现、用户需求确定、群智创新推理、群智方案决策、细化详述测试、归纳梳理传递、多元体验拓展和传播交互衍生；激励实体抽取中输入和输出为非线性映射，而深度学习的模型能够通过构造非线性激活函数来学习输入材料文本的复杂特征。②采用深度学习后机器可以自动从原始数据中学习和筛选有用的特征，还能挖掘出潜在的特征。③借助梯度下降的方法可以在端到端范式中训练深度神经网络的实体抽取模型，有助于设计更复杂的实体抽取系统[5]。

Shen 等[6]在研究深度学习应用与实体抽取问题时，针对训练所需标记数据量过大的问题，提出了将深度学习与主动学习相结合的方法，使训练所需的数据量大幅减少，又通过引入 CNN-CNN-LSTM 模型，回避了主动学习迭代层数过多导致时间成本高的缺点，在标准数据集上取得了极高的性能。CNN-CNN-LSTM 模型如图 6.4 所示。

Yao 等[7]为生物医学实体抽取问题设计了基于 DNN 的 Bio-NER 方法。该方法采用多层次设计，每一层都基于低一层生成的特征来抽象出新的特征，以此从生物医学文本文件中挖掘出潜在的特征信息，并在 GENIA 语料库中取得了良好的效果。

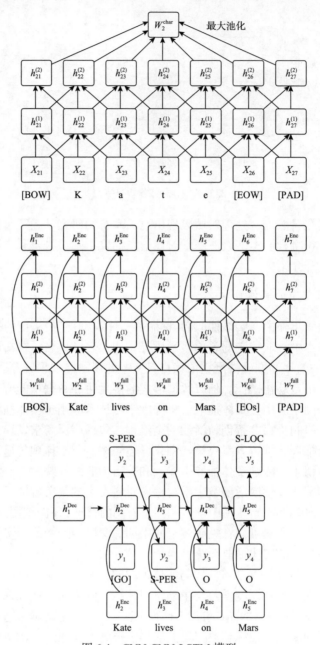

图 6.4　CNN-CNN-LSTM 模型

　　Kuru 等[8]为独立于语言的实体抽取问题设计了字符级标注器 CharNER，将材料文本中的句子视为字符序列并呈现，如图 6.5 所示。字符级与传统方法的区别是该模型以字符为最小输入单元，而传统方法以单词为最小输入单元，这使得该模型可以很方便地移植到不同语言的实体抽取问题上。

个性标签

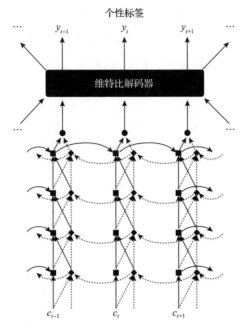

图 6.5　字符级标注器 CharNER

2. 知识融合中的实体消歧

在知识融合的过程中，不同图谱中的知识实体可能会产生歧义或冲突。例如，某数码产品类知识图谱 A 中有名为"苹果"的实体，其含义是制造计算机、手机等数码产品的苹果公司；某植物学类知识图谱 B 中也有名为"苹果"的实体，其含义是一种水果。图谱 A 和图谱 B 融合时，这两个名为"苹果"的实体就会因为歧义而产生冲突，如图 6.6 所示。除此以外，很多实体的表示方式有多样性，如"IBM""big blue""International Business Machines Corporation"三个名字均指向 IBM 公司。实体消歧在知识融合的过程中是至关重要的一步，因为这直接影响知识图谱构建的效率和知识图谱的可用性。

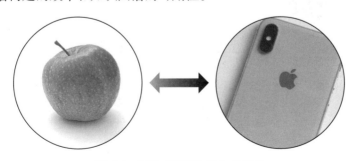

图 6.6　实体"苹果"产生的歧义

利用深度学习进行消歧，主要有深化特征选取和引入外部信息两种方法。深化特征选取的思想是通过寻找出不同实体之间更加突出的不同特征来进行消歧，如 He 等[9]借助深度神经网络方法，提出了一种基于文档和实体相似度的消歧模型；姜丽丽[10]提出了一种基于带权图结构的框架来实现人物实体的消歧工作，并使用实体标签对每个人物实体进行标注；Bagga 等[11]将不同文档间上下文的相似度作为特征实现实体消歧的目的；Bekkerman 等[12]结合社交网络的链接信息和聚类两种非监督的框架，对社交网络中的人物实体进行了消歧。

在引入外部信息解决消歧问题的研究方面，Neelakantan 等[13]将路径含义和递归神经网络相结合，提高了在大型知识库中推理精读及基于 Horn 子句链推理的实用性；刘知远等[14]提出了基于分段线性回归思想的 CTransR 模型，该模型在表示多样的复杂关系方面有较强的表达能力；Xiong 等[15]提出了 DeepPath 模型作为解决知识图谱推理问题的强化学习框架。

3. 知识加工中的知识推理

知识推理实质上是根据已有的知识推断未知知识的过程[16]。研究者可以利用知识图谱中已有的实体或者关系推断出未知的实体或关系。由于构成知识图谱的数据质量良莠不齐，某些知识的三元组可能缺失某些属性（如关系三元组的头实体或实体三元组的关系属性），这些缺陷需要通过知识推理来补全。知识推理分类如图 6.7 所示。

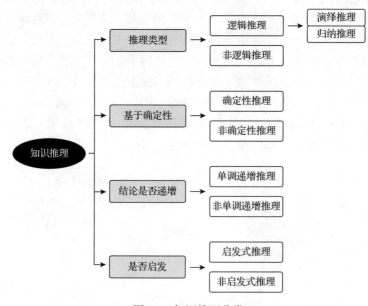

图 6.7　知识推理分类

6.1.3 大数据与大知识

互联网的发展使人可以感知到的数据和信息迅速增加，数据的收集、传输和分析水平也达到了一个新的高度，由此真正迎来了大数据时代。狭义的大数据是指能被计算机所保存的，数据规模的数量级达到了 PB（拍字节，约 1.1259×10^{15}B）、EB（艾字节，1EB=1024PB）或 ZB（泽字节，1ZB=1024EB）级别的信息，这些信息不仅包含可结构化存储的数据，更涵盖流式数据。广义的大数据不局限于计算机可直接存储的二进制数据，还包含来源多样的多源数据，如电缆传递的电信息、摄像头记录的光信息、温度传感器感知的温度信息等，以及结构丰富的异构信息，如报表等关系型信息、数字图像等多媒体信息、IoT 等物联网信息。此外，这些数据的感知、处理和计算技术也可以涵盖在大数据的范畴内。简而言之，广义的大数据就是指规模大、种类多的多源异构数据及其感知和分析技术。多源数据来源如图 6.8 所示。

图 6.8　多源数据来源

大知识以异构、自治的大数据为基础。大知识工程的重点在于挖掘包括数据流和特征流的多源海量数据，发现数据对象之间的复杂关联。通过大数据知识工程，以用户需求为导向，提供具有个性化和实时使用价值的知识服务[17]。

从本质上来看，获取和分析大数据的目的是最终为用户提供相关的服务、与群体密切相关的信息或有群体创新性的大知识。本节首先介绍一种工业界广泛应用的大数据技术——Hadoop 框架，然后通过一种大数据知识工程模型 BigKE 引入大知识的概念，并探讨大知识融合的现状与未来。

1. 工业界广泛应用的大数据——以 Hadoop 框架为例

Apache Hadoop 是一种遵循 Apache 2.0 许可协议开放源代码的数据密集型大数据分布式存储与处理框架。Hadoop 的核心分为存储模块与计算模块，前者由 HDFS（Hadoop 分布式文件系统）实现，后者由谷歌公司提出的 MapReduce 计算模型实现。HDFS 使数据可以以数据块的形式分布式地存储在 Hadoop 集群的节点内，并保证其效率和安全性；MapReduce 模型可以将计算任务分发至各个节点，使之能够并行地处理数据。这种方式有效地利用了局部性原理，与集中式超级计算机架构相比效率更高，成本更低[18]。HDFS 架构如图 6.9 所示。

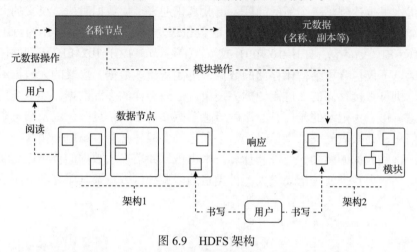

图 6.9　HDFS 架构

　　HDFS 主要由名称节点(namenode)和数据节点(datanode)两类节点构成，datanode 直接存储数据块，使数据块可以很容易地被移植和复制，实现高效的数据并行处理；namenode 相当于 datanode 的目录和管理系统，存储了 datanode 包含的数据块及 datanode 在系统中的物理位置信息，同时管理对 datanode 的读取、写入、创建、删除和复制操作。

　　MapReduce 模型是 Dean 等[19]在 2008 年提出的大数据计算模型，其核心步骤是 map(映射)和 reduce(规约)，其思想来源于 Lisp 等函数式编程语言和矢量编程语言。map 操作通过映射函数将复杂的计算任务分为若干简单的任务，使之能够分发给就近的多个计算节点并行地计算；reduce 操作将 map 阶段的结果进行汇总和统一，产生最终的结果。如图 6.10 所示，MapReduce 模型采用键值对〈Key, Value〉作为输入和输出的数据结构形式。一个完整的 MapReduce 程序在分布式系统运行时有三类实例进程，分别是负责整个程序过程调度及状态协调的 MRAppMaster 进程、负责 map 阶段整个数据处理流程的 MapTask 进程和负责 reduce

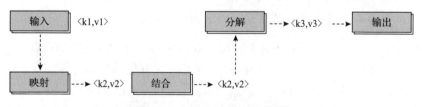

图 6.10　MapReduce 核心流程

阶段整个数据处理流程的 ReduceTask 进程。

Hadoop 因其并行性、容错性和高效性，可以配合云计算技术或高性能计算集群使用，已经在多个领域被广泛地使用，如 IBM 的医疗行业语义分析软件 Watson 以 Hadoop 集群为基础、eBay 采用 Hadoop 来管理其电商信息等。

2. 大数据知识工程模型——BigKE

BigKE 模型是 Wu 等[20]在 2015 年提出的一种大数据知识工程模型。该模型分为三个层次，即多源异构数据的碎片化知识建模、从局部知识到全局知识碎片化知识融合以及个性化知识导航。BigKE 模型结构如图 6.11 所示。

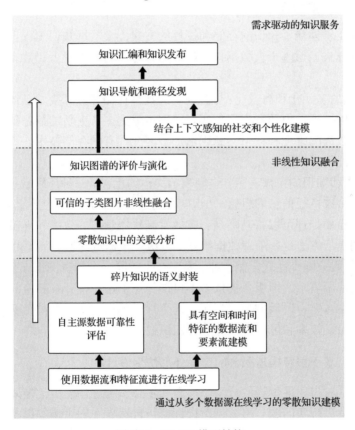

图 6.11 BigKE 模型结构

大数据知识工程首先需要关注的是数据的感知和存储，因此多源异构数据的碎片化知识建模要从数据流和特征流出发。数据流和特征流可分别通过 Hadoop 技术和数据的特征工程选取合适的模型来实现。碎片化知识融合将上一步得到的碎片化知识进行非线性融合，在数据呈现出多源异构的情况下，采用知识图谱来表示和融合碎片化知识，可以更有效、更简便地统一知识表现形式，同时知识图谱中点对点的路径也为个性化服务的实现提供了可能；个性化知识导航是大数据知识工程最终的目标，对于用户提出的个性化需求尤其是知识检索请求，BigKE模型可以直接在已融合好的知识图谱上做推断工作，在用户请求之前预测用户的未来行为。

为了优化人机交互体验，直观简便地向用户展现结果，可以开发相应的导航平台，用户在平台上可以享受到良好的使用体验，获取文本、图片、音视频、应用程序等多种形式的个性化信息。

3. 大知识融合的前景

大数据技术创新了知识的存储和挖掘的方式，大数据知识工程创新了知识的融合和服务方式，但基于大数据技术的大知识融合的未来发展仍然有相当多的困难和挑战。

(1) 数据的多元化和海量化：尽管现有的数据存储和计算技术已经考虑到了多源异构数据的处理，但随着虚拟现实、元宇宙等更多、更新的数字技术概念的产生和实现，数据的维度和数量会急剧增加，因此现有的存储技术、算力和基础设施也需要继续创新发展。

(2) 数据和知识的模糊表示：模糊表示又称约化，是一种压缩数据、简化知识但保留其大多数特征信息的思想。知识融合的过程中经常需要应用机器学习技术，而数据进行模糊处理可以将其降维，有效提高机器学习的效率和准确率。因此，知识的模糊表示方法也要随着数据维度的升级、数据量的增加而不断创新。

(3) 用户服务的个性化定制：对于系统产生的同一个知识图谱，不同的用户可能有不同的使用需求，但服务提供者不可能为每个用户都开发相应的服务平台。因此，知识在"融合"后如何根据用户的个性化需求再次"分离"交付给不同用户，同时又保证效率和可用性，也是大知识融合后续的研究方向之一。

6.1.4 案例：基于群智推理融合的产品外形仿生设计

仿生学是对自然界生物的行为、形态和生态系统进行模仿，并以此建立类似的人工系统解决现实问题。群智创新设计模仿自然界中的生物集群系统来创新设计方法和设计知识，因此也属于仿生设计的范畴。产品外形决定了消费者对产品的第一印象，因此是产品设计流程中十分关键的一环。仿生在外形设计中的运用尤为普遍，飞机机翼的发明源于对鸟类翅膀的模仿，雷达的设计源于对蝙蝠感知环境的模仿，有减阻效果的泳衣源于对鲨鱼皮肤的模仿。自然界中经过百万年进化和筛选的动植物形态能够适应多种多样的复杂生态环境，为产品的创新设计提供了丰富的灵感和知识。

生物学知识大多由经验丰富的生物学家掌握，这些知识并不能直接被设计行业所利用，设计师直接使用这些资源也很容易造成误解和误用。如果仿生学的研究能很快被容纳到群智创新设计网络中，成为可被感知、推理、优选的设计知识，进而融入群智创新设计知识图谱中，设计师就能够以更高效和更合理的方式将仿生学知识用于产品的创新设计。本节阐述仿生设计的推理和融合方法，介绍一种将生物特征提取、量化、推理和融合为设计成果的计算机方法。

产品外形的仿生设计通常包括仿生推理和仿生融合两个阶段[21]。其中，仿生推理是指设计师基于产品设计的功能需求、美观需求等多种需求，在生物学研究中寻找可借鉴的生物或生物群，将生物的形态特点与产品的特征对应起来。仿生融合是在仿生推理的基础上进行进一步的设计表达，提取生物的形态元素，绘制产品草图，最后对产品进行建模，如图 6.12 所示。

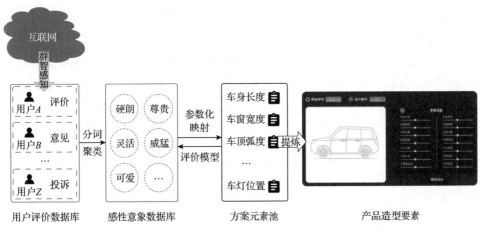

图 6.12　基于群智推理融合的仿生设计框架

1. 产品外形的仿生设计推理

由产品到生物的推理模式实验和生物到产品的推理模式实验可得，感性意象推理和形态推理是最常见的两种推理模式：在要求被试者通过产品推理生物时，感性意象相似是使用频率最高的推理思路；在要求被试者通过生物推理产品时，形态推理是使用频率最高的推理模式。生物的感性意象、特性、材质、栖息环境、文化意象，以及产品的感性意象、功能、材质、使用环境、文化意象，均可使用自然语言描述。而生物形态与产品形态可以通过图片较好地展现。例如，BERT 模型(bidirectional encoder representations from Transformer, 一个基于 Transformer 的深度双向语言表征模型)只用到 Transformer 的 encoder(编码)结构来学习语义关系，不需要完成具体的解码任务。基于深度语义学习的 BERT 预训练模型能够构建出生物与产品的设计符号学数据集，得到基于 BERT 模型的产品仿生语义推理方法。基于 BERT 模型的仿生语义推理框架如图 6.13 所示。

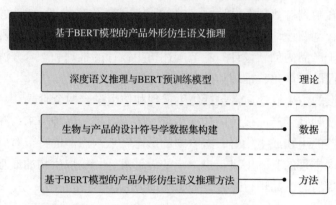

图 6.13　基于 BERT 模型的仿生语义推理框架

1)深度语义推理与 BERT 预训练模型

深度语义匹配使用深度学习算法，计算机自动从原始数据中抽取特征，省去人工成本，能较好地完成语义匹配任务。深度语义匹配模型可分为基于单语义文档表达的深度学习模型、基于多语义文档表达的深度学习模型和直接建模匹配模式的深度学习模型[22]。BERT-base 由 12 层深而窄的 Transformer encoder 层组成，BERT-large 则用到 24 层 Transformer encoder[23]。BERT 模型的训练包括预训练和微调两部分。预训练部分包含两个任务，即遮蔽语言模型和下一句预测任务，通过两个预训练任务在大量无监督语料上学习，使模型具有对自然语言文本泛化的理解能力。在特定的下游任务中，加入特定任务的训练集与测试集对模型进行训练，调整部分参数，完成对 BERT 模型的微调(fine tuning)，使之在特定任务中取得更精准的表现。

经过 BERT 模型中的 12 层 Transformer 层的运算，最终句子中的每个字输出相应的字特征向量。设一个句子中含有 n 个中文字，则该句子输出的字向量记为 f_1，$f_2, \cdots, f_n$。

通过计算输出的一个句子的字向量均值来计算该句子的句子特征向量，句子特征向量 f 的计算如下：

$$f = \frac{f_1 + f_2 + \cdots + f_n}{n} \tag{6.1}$$

采用余弦相似度计算两个句子间的相似度。令句子 1 的特征向量为 A，句子 2 的特征向量为 B，句子向量的维度和上述字向量的维度都是 m，其中 A_i、B_i 代表向量 A、B 的各分量，则两个句子间的余弦相似度计算如下：

$$similarity = \cos\theta = \frac{A \times B}{\|A\| \times \|B\|} = \frac{\sum_{i=1}^{m} A_i \times B_i}{\sqrt{\sum_{i=1}^{m} A_i^2} \times \sqrt{\sum_{i=1}^{m} B_i^2}} \qquad (6.2)$$

相似度的取值范围为[-1,1], 其中 -1 表示两个向量相反, 1 表示两个向量相同, 余弦相似度越大, 代表两个句子的语义相似度越高。

2)生物与产品的设计符号学数据集构建

构建生物和产品相对应的数据集首先需要对其设计符号学进行研究, 探究生物的设计特征和产品的设计特征之间的关联。设计符号学是研究设计语言的学科, 其需要让产品能说话, 通过其造型、材质、结构等设计语言传递功能与审美意图。周煜啸等[24]提出解构图标设计的语构、语用、语境、语意四个符号学维度, 形成基于用户体验的图表设计的一般过程, 并利用快速设计、符号学评价、知识库三个模块构造系统, 以辅助用户进行图标设计。《产品族设计 DNA》一书介绍了基于设计符号学的文物元素再造流程, 基于设计符号学的文物元素提取, 同样使用语构、语用、语境、语意四个维度对文物进行解读[25]。

在仿生设计推理中, 首先要分析生物的设计符号学构成, 主要包括以下四类:

(1)生物语构。生物语构包括生物的外形特征与材质特征, 外形特征为生物的形态与结构, 材质特征包括生物肌理、颜色与触感。

(2)生物语用。生物语用为生物的生活习性, 包括生物的空间行为、捕食行为、社会行为、繁殖方式、食物食性、种群行为等。

(3)生物语境。生物语境为生物的栖息环境。栖息环境可以是海洋、天空、沙漠、草原、山地、冰川等自然环境, 也可以是稻田、人工湖等由人类建造的栖息地。

(4)生物语意。生物语意为用户通过生物产生的意象联想, 包括显性语意与隐性语意。显性语意利用生物的外形特征和生活行为等外在特性来引起用户的意象感受; 隐性语意利用生物背后的社会关系、文化隐喻、与人类的联系等引起用户不同的联想。

与之相对应的产品的设计符号学构成主要包括以下四类:

(1)产品语构。产品语构包括造型特征与材质特征。造型特征包括造型与结构, 是实现产品功能与审美的重要语言; 材质特征包括肌理、颜色和触感。

(2)产品语用。产品语用传达产品的功能用途。产品通过其本身的造型与结构传递产品的功能语言, 使用户更好地理解如何使用该产品。

(3)产品语境。产品语境为产品的使用环境。产品的使用并非独立存在, 而是与使用者、使用场景和使用环境相配合, 因此设计时需要考虑产品的视觉风格、动态表现与使用环境的匹配。产品的使用环境包括自然环境、社会环境与场景环境。

（4）产品语意。产品语意为用户通过产品本身产生的意象联想，包括显性语意与隐性语意。显性语意根据产品的造型、材质、结构和颜色等本体特征对产品的功能、外观和交互方式进行表达；隐性语意从隐喻的角度反映产品背后所蕴含的意象，包括情感意象、审美意象和文化意象等。

生物与产品的设计符号学映射如图6.14所示。

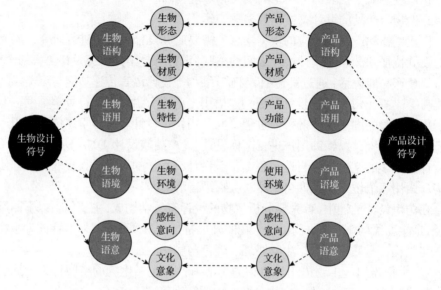

图6.14　生物与产品的设计符号学映射

设计师根据产品与生物的映射关系进行仿生产品设计符号学的描述设定，用户可以通过仿生产品传递的设计语言洞察产品与生物的设计符号学关联。两者之间的关系也可在生物和产品的设计符号数据集中直观地表现出来。部分生物设计符号学数据集、部分产品设计符号学数据集如表6.2、表6.3所示。

表6.2　部分生物设计符号学数据集

动物名称	语境（生物环境）	语用（生物特性）	语构（生物材质）	语意（感性、文化意象）
长颈鹿	草原、灌丛、林地	以脖子为武器打斗；站立睡眠	花斑网纹	温顺；优雅；美丽；友好
海豚	海洋	回声定位；善于跳跃和潜泳；游泳	光滑无毛	温顺；友好；可爱；灵活
斑马	草原、沙漠	叫声难听；奔跑的速度快而持久	条纹状	帅气；速度
猩猩	热带雨林、树上	手脚交替抓握树枝攀爬；发怒时很可怕	红色长毛	滑稽；丑陋；凶猛
猫头鹰	树上；岩石；天空	夜行；夜视强；头部灵活	柔软的羽毛	机警；滑稽；可爱

表 6.3　部分产品设计符号学数据集

产品 名称	语境 (使用环境)	语用 (产品功能)	语构 (产品材质)	语意 (感性、文化意象)
汽车	路	驾驶；前进；导航	坚固结实	速度；可爱；商务
泳镜	水中	防止眼睛进水	防水	运动；帅气
坦克	丛林、草原、沙漠	侦查；发射火炮；炮塔可转动；缓慢前进	坚固结实	大型；隐蔽
滑雪板	雪地；滑雪场	减小雪地上抓地区的压力	坚固；光滑	时尚；炫酷
热气球	空中	飞行；热空气产生浮力	耐火；密闭性好	热情；活泼

3) 基于 BERT 模型的产品外形仿生语义推理方法

通过产品推理与其设计符号学相映射的生物过程，首先输入产品的设计符号学描述语句，包括其语构、语用、语境、语意(后文简称"四语")信息；通过 BERT 计算各项输入中所有描述语句的句子向量；同时遍历生物设计符号学数据集中的生物，通过 BERT 计算其"四语"中所有描述语句的句子向量；再分别计算产品语构中每个句子向量与生物语构中每个句子向量的余弦相似度、产品语用中每个句子向量与生物语用中每个句子向量的余弦相似度、产品语境中每个句子向量与生物语境中每个句子向量的余弦相似度、产品语意中每个句子向量与生物语意中每个句子向量的余弦相似度；最终分别输出句子相似度排序结果与其相对应的生物，设计师可选择相应的生物进行设计，如图 6.15 所示。

通过生物推理产品时，推理流程相同。

2. 产品外形的仿生设计融合

仿生设计融合阶段是将生物特征转化为实际产品的阶段，从仿生设计推理获得的数据中提取出生物元素，加工应用到产品设计中。在仿生设计融合阶段，图像变形技术被引入到产品仿生设计的过程中，设计师对生物图片与产品图片进行特征点标注后，系统可通过图像变形技术快速生成不同程度的 2D 仿生融合设计方案，再由设计师选择相应的方案进行仿生形态参考，指导后续的产品设计草图表达与建模，提升产品外形仿生设计的效率。产品仿生设计融合框架如图 6.16 所示。

1) 图像变形技术

在计算机领域，根据特征表达方式不同，图像变形(image morphing)技术可以分为网格变形、域变形、点变形和复杂特征变形[26]。基于特征点的变形技术是一种以离散点为特征基元的图像变形技术，由 Ruprecht 等[27]首次提出，将两幅图像间的渐变用于人脸变形。点变形具有较强的渐变控制能力，可以实现非均匀渐变等特殊效果，变形效果较好。产品外形仿生融合可被视为由生物到产品

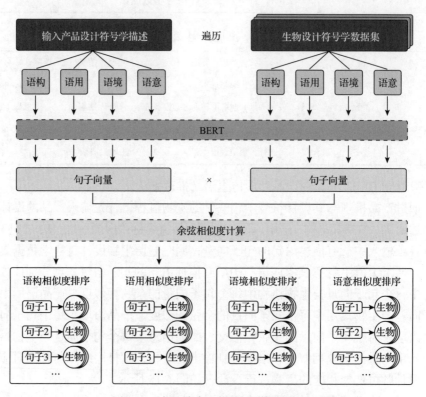

图 6.15 产品搜索生物的语义推理流程

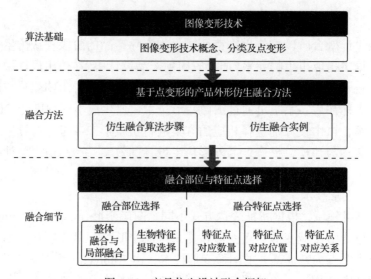

图 6.16 产品仿生设计融合框架

或由产品到生物的图像渐变过程，因此图像变形技术可以应用到仿生融合阶段。本节中选用的图像变形技术为点变形，通过建立源域生物图像与目标域产品图像的特征点对应关系进行图像渐变。在产品外形仿生中，仿生融合的结果作为产品仿生形态的设计参考，在点变形中只关注图像变形技术的形变部分而忽略其色彩的变化。

2) 基于点变形的产品外形仿生融合方法

基于点变形进行外形仿生融合的算法主要有四个步骤：特征点选择、三角剖分、点位置求取及仿射变换。经过以上步骤可以实现从源域到目标域的平缓过渡，得到中间过程的融合图像。

首先在源域的生物和目标域的产品图片上进行特征点的标注，生物域中的特征点集 P 和产品域中的特征点集 Q 应当为一一对应的双射关系。标注两张图片的特征点后，以特征点和图片各边中心点以及图片角点进行德鲁伊三角剖分，这是对图片预处理的一个重要步骤，可以将平面对象分割为三角形，进而将高维几何对象细分为单纯形。随后使用单线性插值计算求取三角形网格中新的点位置，采用求仿射变换的方法求得新的三角形位置。最后计算仿生融合图片中每个点的像素值。对源域图片和目标域图片中每个三角形分别根据仿射变换进行双插值计算得到的新图片即为仿生融合后的图片。图 6.17 是以鲨鱼为源域生物，以电动车特斯拉 X 为目标域产品进行产品仿生融合的实例。

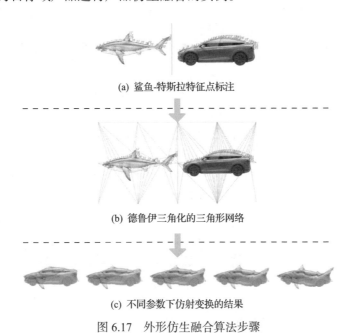

(a) 鲨鱼-特斯拉特征点标注

(b) 德鲁伊三角化的三角形网络

(c) 不同参数下仿射变换的结果

图 6.17　外形仿生融合算法步骤

3) 融合部位与特征点选择

仿生融合中对生物图像和产品图像融合部位的选择，是设计表达过程特征提取选择的重要内容，它涉及不同的设计思路和设计方法。上传的生物图片可以是整体图片，也可以是局部图片。上传的产品图片的造型要求尽量简约，方便进行形变，产品进行形变的部位应尽量与选择的生物仿生部位的位置大小一致，保证较好的仿生融合效果。

特征点的选择也尤为重要。设计师需要手动标注特征点对，特征点对的数量、选取的位置及源域与目标域特征点的对应关系都将影响融合的效果。特征点的数量越多，对生物和产品形态的细节表现越细致，可以实现产品和生物形态的平滑融合，因此在仿生融合时应尽量选取较多的特征点对。在特征点位置的选择上，应尽量选取能表现生物或产品形态的重要节点，如转折点等。在对鲨鱼-特斯拉进行仿生融合时，鲨鱼的嘴部、背鳍和尾鳍最能体现鲨鱼的形态特征，因此在选择点时要包括这些位置的特征点。

产品外形的仿生设计推理和融合方法搭建起了生物学和设计学之间的桥梁。一方面，这项技术将生物学家群体加入到群智创新设计网络中，仿生学知识经过计算机的自动化推理后融入群智创新设计知识图谱中，最终可以形成设计成果，降低了生物学和设计学结合的难度；另一方面，设计师借助该推理融合系统可以方便地获取仿生学知识以启发灵感，也可以自动生成一些简单的设计方案，有助于提高效率。该方法还可以扩展到材料、机械等其他学科，与产品功能、产品用户界面等其他设计领域结合，进一步拓宽群智创新设计知识的覆盖领域。

6.2　群智创新设计的自动生成与量化评价

多媒体技术的发展和信息时代的到来给设计行业带来了新的挑战。从需求侧来看，产品设计、服务设计和个性化定制需求的爆发式增长对设计产业的产出效率提出了更高的要求，传统设计工作中由设计师完成全部设计工作已经不能满足如此旺盛的需求，设计行业迫切需要一种能大幅提高生产力的新技术。从供给侧来看，在信息化时代，设计行业自身也需要加快数字化步伐，快速适应以数字原生为主题的经济体系，实现设计领域新的突破。

生成式设计是应对上述挑战的一种方法。在生成式设计中，设计师的角色发生了变化，将枯燥繁复的制图、调色等工作交由算法自动生成，设计师只需要调整算法的规则和参数，选取合适的生成模型，就可以得到计算机自动产生的大量备选设计方案。最后设计师从这些设计方案中选取符合实际需求的样品，稍加润色修改就可以完成设计工作，大幅减少了工作量。生成式设计所使用的技术属于人工智能范畴，目前兴起的生成式对抗网络属于该领域中的生成式 AI。生成式对抗网络由深度学习技术和强化学习技术结合而成,是人工智能 2.0 时代的研究热点,代表了人工智能从分析走向创造的转变。

群智创新设计中的量化评价工作也相当重要。设计方案需要清晰明确的量化分数才能被人工智能算法快速筛选,而人工评选的速度远小于算法执行的速度,因此需要借助计算机通过学习人工评选的结果建立自动评选模型。群智创新设计成果的归属以及参与者的贡献评估催生了设计贡献的量化评估问题,基于区块链技术建立群智设计领域的共识机制,可以有效解决该问题。设计的最终成果是产品或服务,而这些产品或服务的用户体验决定了设计的价值。基于用户画像概念的用户标签机制可以帮助设计师量化评价产品的价值,并根据用户的反馈和使用习惯进一步优化产品体验,提升产品价值。

6.2.1 人工智能 2.0:设计生成

1. 从分析型 AI 到生成式 AI

近年来,人工智能技术逐渐成为热点,"AI+X"成为各行业数字化、信息化转型的有力抓手。其原因在于:随着摩尔定律的持续生效,计算机算力已经发展到了可以处理超大规模数据分离和智能计算的地步。但人工智能、机器学习、深度学习等名词常常被混淆,成为泛人工智能技术的代称,实际上这些名词属于不同领域、不同覆盖面的技术,应当被严格区分。人工智能技术概念辨析如图 6.18 所示。

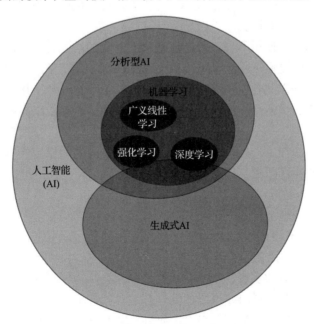

图 6.18　人工智能技术概念辨析

机器学习只是实现分析型 AI 的一种方式，并不能将其与人工智能等同起来；深度学习是机器学习众多模型中利用人工神经网络进行学习的一种模型，也不能与机器学习等同；除深度学习以外，机器学习还包括广义线性模型、决策树、朴素贝叶斯、强化学习等模型。这些技术都属于分析型 AI 技术。

在过去的人工智能发展过程中，研究人员通常只关注分析型 AI 技术及其相关的应用。有监督学习通过给机器足够多可学习的样本使其具有预测或回归的功能，无监督学习通过数学的方法分析数据集，对样本做分类的工作。小到普通智能手机用户每日都用到的人脸识别解锁，大到能够击败人类围棋冠军的 AlphaGo，无疑都是分析型 AI 的成功应用。

人类与机器不同，不仅会学习和分析事物并做出简单的判断，还擅长创造和想象。人类在音乐创作、诗歌谱写、电影策划等方面能力较强，而人工智能在创造性方面的能力表现不佳。因为分析型 AI 的普遍应用，人工智能经常被认为只能承担分析、归类、机械性预测等创造性不强的工作。但随着算力和算法的不断发展，生成式 AI 技术进入了人们的视线。生成式 AI 将侧重于创作而非识别或分类，其应用能够协助人类完成更有意义且更有创新性的工作。尤其是在设计领域，如果能够通过生成式 AI 预创作一些设计方案，设计师再通过群智协同对方案进行优选和调整，就能极大加快设计的效率和提高设计的质量。

生成式 AI 目前在文本、视频、图像、代码、演讲等各个领域都有应用。在文本领域的应用，Copy AI 是一家人工智能文案服务提供商，根据用户选择的模板和产品描述智能生成营销文案；Compose AI 是一款人工智能自动写作辅助工具，它通过了解写作者的使用习惯，并结合文本上下文的语境，为写作者提供整体内容的写作建议。在视频领域的应用，Rephrase AI 基于深度学习技术来创建真实人类的数字化身，并以此合成视频内容，客户、员工等在与数字化身交流时只需输入文本即可；Hour One 是一家专注 AI 虚拟人技术的企业，以高度可扩展且经济高效的方式生成基于视频的虚拟角色，实现人的数字孪生。在图像领域的应用，Stability AI 团队推出的 Stable Diffusion 是一款开源的图像生成模型，能够生成 512×512 像素的逼真图像，还支持图像到图像的风格转化及质量提升；Lexica 是一款生成式 AI 作品搜索引擎，可以将 Stable Diffusion 的图像和可用于生成它们的相关单词串联起来。在代码自动生成领域，GitHub Copilot 是一款代码自动生成插件，支持 Python、Java、Golang 等多种编程语言，可以根据程序员编辑的上下文自动编写代码，包括文档字符串、注释、函数签名等，只要用户给出一定提示，就可以自动补全函数的实现；TabNine 也是一款类似的代码自动生成插件，它需要大量的代码作为学习材料才可以达到较好的代码补全效果，在开发多模块程序时需要编写大量模块化的重复代码。在演讲领域的应用，Podcast AI 是一个完全由人工智能生成的播客，曾经因"采访"已故的苹果公司创始人乔布斯而受到关注，Podcast AI 通过乔布斯的传记和网络上搜集到的乔布斯的讲话录音，并借助 Play.ht 的语言模型大量训练，生成了一段乔布斯接受采访的博客内容。生成式 AI 的多领域应用如图 6.19 所示。

图 6.19　生成式 AI 的多领域应用

2. 生成式对抗网络

生成式 AI 并不是与分析型 AI 完全割裂开来的。例如，GAN 通过一个生成器和一个鉴别器实现模型的学习和内容的生成，生成器和鉴别器本身都属于深度学习模型中的神经网络，如图 6.20 所示。生成器不断学习生成更逼真的信息，鉴别器通过将产物与原本的真实信息对比来区分真假信息，两者又构成强化学习模型中的奖惩关系，两个神经网络交替地进行训练，从而使最终产物趋于真实。但是，GAN 与其他基于优化的生成式建模方法不同，它在训练的过程中吸收了局部纳什均衡等博弈论原理，形成了一种新的生成式建模算法设计思路。

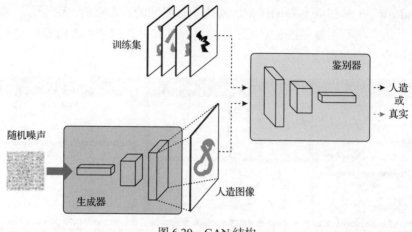

图 6.20　GAN 结构

GAN 中采用的最小最大损失函数的表达式为

$$\min_{G} \max_{D} f(D,G) = E_x[\lg D(x)] + E_z[\lg(1 - D(G(z)))] \tag{6.3}$$

式中，E_x 为所有实际数据样本的期望值；$D(x)$ 为鉴别器估计 x 为真的概率；$G(z)$ 为给定随机噪声矢量 z 作为输入的生成器输出；$D(G(z))$ 为鉴别器估计生成的假样本为真的概率；E_z 为生成器对所有随机输入的期望值。

在训练过程中，生成器和鉴别器的参数都使用反向传播进行更新，生成器试图最小化损失函数以生成更逼真的图像，鉴别器试图最大化损失函数以更好地检测出虚假的图像，生成器和鉴别器模型通过这样的相互竞争来打败对方，这就是生成式对抗网络中"对抗"的含义。

GAN 中随机噪声的加入是为了使生成器每次都产生不同的产物；训练集中的信息均应该是真实的信息；鉴别器的任务是比较真实信息和产物的相似度，将结果反馈给生成器，生成器从中得到学习，从而产生更加真实的产物。可以将生成器比作"小偷"，那么比较器就是"警察"，而"逃跑"和"抓捕"的技术在相互追赶之间都得到了提升。图 6.21 呈现了一些基于 GAN 生成的相片[28]。

图 6.21　基于 GAN 生成的相片

GAN 的适用场景并不局限于合成相片方面。在多数机器学习场景中会出现训练数据集缺失或不充分的情况，GAN 可以根据已有的数据集合成并补全数据集；GAN 可以与自然语言处理技术相结合，支持用文本描述生成图像，方便了用户的个性化定制需求；GAN 可以通过学习视频内容来提高视频的分辨率，以捕捉更精细的细节，这在传统的多媒体处理技术中是不可能实现的；在音频领域，GAN 也可以用于合成高保真音频、音频智能降噪和语言识别翻译。

GAN 在训练过程中可能会遇到模式崩溃问题，这是指生成器虽然能够产生高质量的样本，但这些样本往往种类单一，缺乏多样性，导致生成的图像出现大量重复或相似的情况。例如，如果用多种猫的图像训练 GAN，最终 GAN 可以产出逼真的猫图像，但种类均是某单一种类的猫，无法产生其他品种，这就意味着出现了模式崩溃。关于模式崩溃发生的原因，相关研究仍然在进行中，目前暂无完美的解释。GAN 是基于深度学习的，因此神经网络中常见的梯度衰减问题也在 GAN 中时常出现，这会导致训练速度降低。GAN 模型对超参数的选择非常敏感，生成器和鉴别器不平衡会产生过拟合等一系列问题。

在设计领域，基于 GAN 可以生成一些"以假乱真"的高分辨率图像，其生成的人与动植物并不是真实存在的，却能混淆大多数人脸识别系统，肉眼也很难辨别。这些图像的生成需要大量的真实人脸照片作为学习材料，学习的结果并非对照片的分类或照片与标签的简单匹配，而是完全崭新的图像，恰好符合了本节开头所述"创作"的需求。

3. 水母智能——AI 设计生成平台

当前，中小微企业的规模不断扩大，大众审美逐渐升级，人们对设计的需求正日益增长，大量新消费品牌、农副产品、特色品牌正在蓬勃生长，大量传统品牌需要进行数字化转型。在产业互联网时代，如果将数字化转型比作一个链条，设计和供应链就是上面的齿轮，供应链的变革要基于前一个齿轮即设计环节的变革，抛开设计数字化只去做供应链和生产的数字化是不符合客观发展规律的。

水母智能成立于 2020 年，是目前业内较成熟的基于生成式 AI 的智能设计平台，其基于群体智能的思想促进设计生产力的提升，为用户提供包括 Logo 设计、包装设计、商品设计、数字头像设计的全流程设计服务及柔性供应链解决方案。水母智能响应蓬勃发展的设计需求，致力于为中小微商家提供美、对、快、省的智能设计服务，通过技术力量降低设计门槛，减少设计成本，实现设计的数字化，从而促进各个产业的数字化转型。

水母智能设计基于生成式 AI 技术，将智能设计的受众从设计师扩展到庞大的用户群体，用户从被动的产品接受者变为产品设计者，进一步转变为群智创新设计网络的一部分。此外，水母智能通过调研收集了多学科、多领域知识，形成创意知识图谱和设计知识图谱，将多个学科的知识变为群智创新设计知识图谱的一部分。

为实现大量的智能设计需求，水母智能自研了达芬奇 AI 设计引擎。该引擎可以对用户需求进行理解分析，从需求、图谱、策略，到创意、执行、交付的各个环节服务用户，实现设计图像的高效生成并反馈作品美学质量评价。水母智能基于达芬奇 AI 设计引擎构建了整套设计服务流程，如图 6.22 所示。在水母智能的小程序里，用户只需简单输入或选择需求，系统就能在短时间内交付大量设计方案供用户挑选。用户购买设计方案后拥有其版权，它被存证在蚂蚁链上，用户可一键取证维权。数字化的包装和商品设计还能将生产数据前置，直接链接工厂柔性供应链，支持小批量的打样和生产。

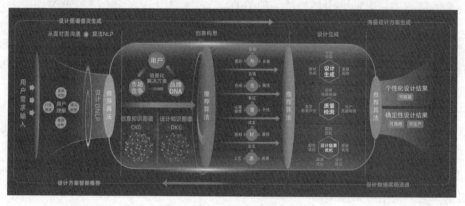

图 6.22　水母智能设计平台

水母智能的设计产出具有三大核心价值：可商用、可生产和可被爱。可商用，即设计成果具有直接的商业可用性，属于原创作品且具有区块链版权存证，作品出售后即下架，可确保唯一性。可生产，即设计效果图与生产图的数字化无缝对接，将供应链数据前置到设计过程中，进一步方便工厂的生产制造。小微企业的设计需求可能不仅仅是一张设计图，更可能是一整套生产流程，水母智能设计平台可为其提供设计图、产品打样图和小批量生产，直接匹配工厂的柔性供应链。可被爱，即可被消费者喜爱，设计产品最终面向的是消费者，消费者的喜爱是最重要的，因此设计是需求驱动而非供给驱动。

6.2.2　群智设计的量化评价

设计行业属于服务性行业，其价值在于创新思维和设计成果，实际产生的价值并不一定是直接表现出来的，需要一个恰当的评价方法。在应用群智优化算法进行设计方案优选的过程中，最重要的一步就是规定预设的评价函数，能够对已有的设计方案进行评价并得到一个量化的分数值，否则群智优化就无从谈起。在设计方案面向用户推广的过程中，还需要与其他的设计方案就某一标准进行比较,提高公众对设计工作的接纳程度。另外,在群智创新设计范式下,众多的设计者都会参与其中,比较不同设计者对最终设计方案的贡献大小,并按贡献量设计公正的报酬分配,建立合理的激励机制和可回溯机制,也需要量化评估的技术。群智创新设计的成果是最终交付给用户的产品,产品对用户的使用价值、用户对产品的接受程度决定了群智创新设计的价值。本节将从机器学习在设计方案量化评选中的应用、区块链技术在设计贡献度量化评估中的应用和用户画像在设计价值量化评价中的应用三方面来介绍群智创新设计的量化评价技术。

1. 设计方案量化评选技术

设计方案的量化评选可以通过人工完成,让参评人对设计方案或设计作品进行盲评,打出一个分数。设计方案及其成果最终是面向用户的,是一个具体的人而非机器,因此人的审美因素必须要考虑进来。

然而,这种方法的效率较低。相比之下,计算机在运行群智优化算法时,能够在 1s 内评估数千万种不同参数配置下的设计方案得分。另外,人工打分具有主观性,哪怕是经过美学训练并具有设计基础的专业设计师,在评选设计方案时也会带有个人的主观因素,如果将这样得出的分数值应用于优化过程,将违背算法的确定性(参数不变,算法执行多次,应当得出相同的结果),因此设计师在产品的美学评价方面仍然缺乏集成和量化的方法[29]。

机器学习算法是人工智能技术的一种。机器学习算法可以通过学习一定量的样本,根据不同的样本类型拟合不同的评价模型,当有新的设计方案时,算法可以根据已有模型对新的方案进行打分。因此,首先设计师可以采用众包的方法,将已有的一些确定的设计方案进行多维度的评价,以获得数据集;然后利用机器学习算法建立主观评价模型,这样就融合了人类审美的主观性和机器评价的客观性,建立一种集成量化的主客观融合评价模型,如图 6.23 所示。

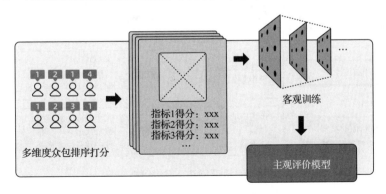

图 6.23 主客观融合评价模型

除此以外，传统的美学评价理论也可以作为客观的评价方法引入设计方案评分方式中，与上述主客观融合评价模型可以互为补充。

2. 设计贡献度量化评估技术

设计师群体通常会在不同时间、不同地点提交自己的设计方案，且在群智创新设计过程中并没有一个名义上的总负责人，这要求对设计师工作和贡献量的考核采用一种公正的、分布式的决策方式，该考核方式应该是全程透明、安全性强、不易被修改的，能够有效保护知识产权，所有参与者的创意贡献度、工作量、信誉值都应该被记录下来。这一方面正是区块链技术的应用场景。

区块链技术是借由密码学与共识机制等技术创建与存储庞大交易资料的点对点网络系统[30]，其概念最早由 Nakamoto[31]于 2008 年提出，并于 2009 年创建了比特币网络。区块链技术目前最大的应用是虚拟货币，但区块链技术内在的共享价值体系、工作量证明算法等，可以应用在设计贡献度的评价问题中。

回馈项目（backfeed project）[32]是一种区块链的分布式自治系统，也是一种共识主动性创建和分配价值的社会网络。该项目提出了一种新的价值系统，包括价值的生产（production of value）、价值的记录（record of value）、价值的实现（actualisation of value）三个层次，如图 6.24 所示。在价值的生产层次，贡献者不需要有任何的角色和任务，并且无须经过第三方许可，就可以分享他们的创造力或其他资源；在价值的记录层次，采用区块链的分布式价值记录，并采用 PoV（proof of verification，验证证明）协议的去中心化共识机制，以确定每位贡献者的价值；在价值的实现层次，设想了一种基于代币的新型经济模式，让人们根据协作过程中提供的价值量比例获得收益，从而达到激励创作者的目的。

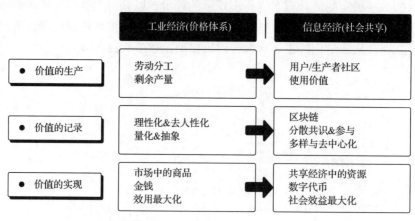

图 6.24　Backfeed 三层价值结构图

群智创新设计贡献度的量化评估技术可以从回馈项目中得到启发。创新设计本身就是一种设计价值的创造活动，而贡献的量化评估与回馈项目的价值记录层次本质上是相同的。借助区块链技术，设计合理的价值共识机制，可以公平、安全地评估设计师为群智创新设计项目做出的贡献。

3. 设计价值量化评价技术

设计的最终产物不是抽象的或不能实际应用的概念，而是对用户有使用价值的产品。以往的产品评价工作一般基于主动、自愿的原则，卖家采用问卷调查、电话随访、买家网评等方式开展。这些评价方式最终得到的结果中会存在很大一部分的低质量、无意义评价（如某平台的默认好评等），而有意义的反馈只占总评价数量的很小一部分，如图 6.25 呈现的某个软件在卸载后弹出的对话框，事实上，很少有用户会认真填写这个对话框中的内容。设计者很难从中获取到有效的产品反馈意见，产品的消费者、生产者和设计者之间产生脱节，从而影响产品设计的体验优化和快速迭代。

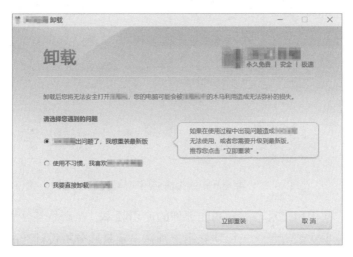

图 6.25　某软件卸载反馈示意图

针对上述问题，可以通过内置传感器或数据埋点的方式，被动地收集用户使用习惯。消费者在使用软件的过程中被动地参与到群智创新设计的使用反馈过程中，而无须自己主动填写任何问卷。实物产品可通过物体内置的传感器等元件收集用户的使用信息，并将这些信息简单处理后发送至群智设计网络，最终反馈给设计者，以形成有效的反馈意见。虚拟产品（如网页、软件等）可通过软件内置的用户信息跟踪进程分析用户的使用习惯，通过互联网发送给软件开发者，此类行为涉及用户的隐私权，因此在出售产品前或产品初始化前应当明确地标注，由用户决定是否记录这些信息。某 App 初始化前的用户体验改进计划如图 6.26 所示。

图 6.26　某 App 初始化前的用户体验改进计划

　　设计者应基于用户对产品各功能部件的使用频率、在产品各界面的停留时间和对产品的分享次数等量化指标建立用户画像，定量地分析设计产品对用户的实际价值。用户画像又称为用户角色，是一种在市场营销、广告等领域广泛应用的工具，能够帮助卖家、设计者、广告方有效地刻画目标用户、获取用户诉求，进而帮助设计师和生产厂商优化产品的使用体验、改善产品功能。用户画像常被称为personal，其中每个字母代指用户画像中的一项要素：p 代表基本性（primary），指该用户角色来自对真实用户性格的摹写；e 代表同理性（empathy），指用户角色中用户的个人信息及相片等相关信息，该用户角色能否引起同理心；r 代表真实性（realistic），指该用户角色是否能被销售等有大量客户接触经验的人认为是真实角色；s 代表独特性（singular），不同的用户角色是否是彼此不同的，而非千篇一律的；o 代表目标性（objective），该用户角色是否与产品设计的目标相契合，是否能提炼出关键词描述该目标；n 代表数量性（number），用户角色的数量是否精简，产品的设计团队能否记住用户的多数主要角色；a 代表应用性（applicable），用户画像给出的角色能否对设计团队的决策有帮助；l 代表长久性（long），指用户标签的持久性和稳定性，一经确定，除非市场发生剧变或相关技术进步，否则用户标签不会发生变化。常见的用户画像如图 6.27 所示。

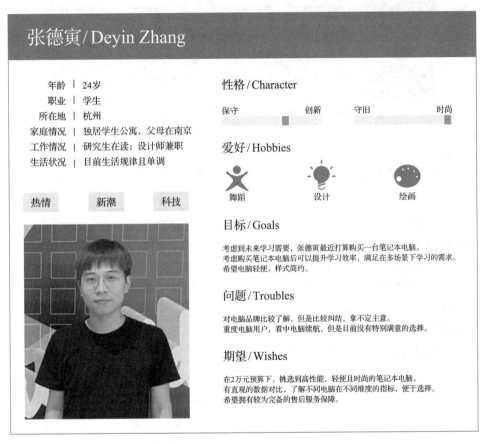

图 6.27　常见的用户画像

基于用户画像的产品价值量化主要通过用户标签来实现。通过上面提到的产品内置传感器或监测进程，获取到用户使用产品的原始数据，经过计算机的简单处理后形成事实标签，事实标签就是将用户的使用情况量化为各类指标的结果。事实标签可发送至群智设计网络进一步分析形成模型标签，模型标签基于已知的事实对用户的兴趣、行为、爱好等做预测，同时模型中用户对产品的购买倾向分数、流失倾向分数等也直观反映了设计的价值。设计师和厂商可根据用户的新需求和使用体验对产品进行设计和生产上的优化。用户标签示意图如图 6.28 所示。

图 6.28 用户标签示意图

6.2.3 案例：基于群智设计量化评价的新能源汽车评价模型

群智创新设计模型中，评价技术是紧随生成技术之后更关键的一环。因为在群体创新的大背景下，生成的设计方案种类繁多，品质良莠不齐，绝大多数并不能直接用于最终的产品设计和生产。如果要对这些方案进行进一步的推理和优化，最终形成设计成果，优秀的量化评价技术是必不可少的。

产品的评价过程也应当体现出群体的力量。设计方案的优劣不能只被某个设计师或某个设计师群体所定义，广大的个人用户群体、企业消费者群体通过各种渠道发表的对产品的意见和评价更应该被感知和整合，形成评价设计方案的金标准。新能源汽车的量化评价系统如图 6.29 所示。

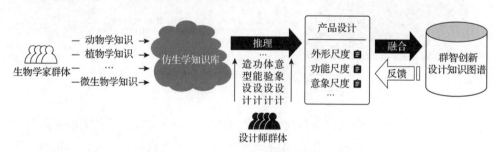

图 6.29 新能源汽车的量化评价系统

消费者发表的评价往往带有一定的感情倾向，隐含了对产品进一步改进的期望和建议。对这些评价信息进行采集、分词、聚类分析，构建感性意象语料库，可以作为评价的有效依据，为设计提供参考。

设计模型量化评价需要参数化的建模技术和设计工具配合，以实现生成、评价、推理、优化全链路的量化评价。基于参数化模型开发的参数化造型设计工具进一步地降低了普通用户参与造型设计的门槛，设计从只依赖设计师的个体智慧扩展为涵盖多个角色群体的群体智慧。产品的每一种造型要素都作为设计模型中的一种参数，与感性意象映射起来，形成评价模型。用户群体对产品的使用体验经过层层处理和分析最终反馈到产品的设计流程中。

下面介绍一种针对新能源汽车的造型量化评价模型[33]的设计思路。

1. 感性意象词汇语料库的构建

基于群智感知技术，设计师可采集到用户群体在网络上对新能源汽车发表的评价，构建新能源汽车的感性意象词汇语料库，其分析过程如图 6.30 所示。首先，使用 Python 工具从某汽车论坛中抓取 7012 条用户对新能源汽车的评价数据，对其进行预处理后，抽取一部分进行人工标注，作为构成训练的初始样本库。在训练模块中，训练样本库集合首先被向量化，形成特征的全集，然后使用特征抽取算法从中抽取出部分具有代表性的特征形成表示文本的特征集合，在此基础上应用机器学习技术得到训练模型。在测试模块中，作者利用训练模型对未标注的语料进行情感倾向分析，剔除了消极评价，得到原始的感性意象词汇语料库。

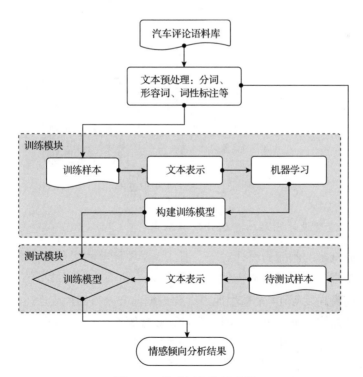

图 6.30　情感倾向分析过程

其次，利用机器学习技术提取代表性的感性意象词汇，提取过程如图 6.31 所示。先利用分词工具对语料进行分词和词性标注，提取其中为形容词词性的词汇，构建词表，并运用 FastText 方法进行词向量训练，再将"外观"设置为中心词汇，使用 word2vec 作为模型进行训练。筛选并剔除低频词汇后，就得到了与外观最为相关的形容词及其词向量。最后，通过 K-means 聚类算法获得代表性的感性意象词汇，分别为硬朗、尊贵、威猛、灵活和独特。

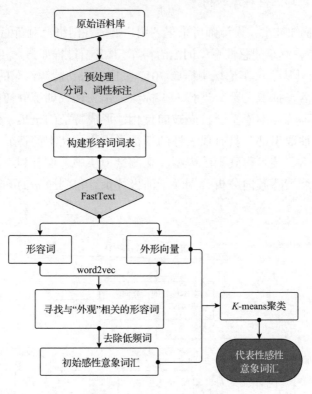

图 6.31 意象词汇提取过程

2. 参数化造型设计辅助工具的开发和应用

以新能源汽车的侧面为设计对象，浙江大学罗仕鉴团队开发了参数化的计算机辅助设计工具[34]，其具体界面如图 6.32 所示。汽车侧面可被拆解成车身长度、车身高度、前窗高度等 14 个造型元素，并根据前文获得的代表性感性意象词汇，在专业设计师的协助下，设置硬朗、尊贵、威猛等 5 个预设样式。在此基础上，未受过专业设计教育的用户也可以通过选择预设样式和调节造型元素的参数，产出多种设计方案。用户在调整完参数并上传方案后，后台会自动保存汽车外形图片和造型要素的参数数据，有利于后续对设计方案的量化分析。

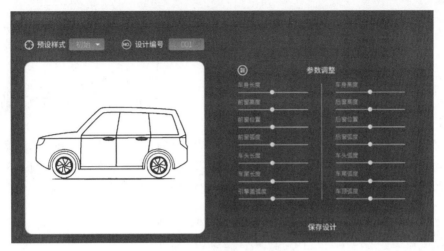

图 6.32 外观设计工具界面

该外观设计工具基于 Unity 引擎开发，在专业设计师的协助下，概括了新能源汽车的侧面轮廓，并提取了影响车辆轮廓的控制点，通过在程序中改变它们的相对位置并重新绘制曲线即可改变整体造型。完成设计工具的制作后，将该设计工具上传网络，收集并筛选出了 47 份由大众自发设计的方案。

3. 造型要素与感性意象映射模型的构建

将筛选出的设计方案和代表性的感性意象词汇相结合，制成了量表形式的评价问卷，以在线形式发放，收集大众对各方案的接受和喜爱程度。从收集到的问卷中筛选出 63 份有效问卷，将其整理后得出了各方案的评价数据。

结合各方案的造型要素数据和评价数据，运用线性回归方程构建了造型要素到感性意象的映射关系。首先，将设计方案的造型要素数据和评价数据都进行 Z-score 标准化处理，即把原始数据按照一定比例进行转换，使其落入一个特定区间，以便不同单位或数量级的项目数据之间能够进行综合分析和比较。之后，对标准化后的数据进行计算，通过最小二乘法求出其方程。将感性意象词汇定义为因变量 y，汽车造型要素定义为自变量 x，并假设影响因变量 y 的因素有 k 个，由此得出表达式：

$$y = \beta_0 + \beta_1 x_1 + \beta_2 x_2 + \cdots + \beta_k x_k \tag{6.4}$$

将各感性意象和各造型要素定义为具体的变量后，将标准化后的数据导入 SPSS 软件中进行线性回归分析，即可得到 $\beta_0 \sim \beta_k$ 的值，从而得出汽车各造型要素与代表性感性意象的变化关系表达式。其中，代表性感性意象"硬朗"的具体表达式如下：

$$y_1 = -6.383 \times 10^{-11} + 0.34x_1 + 0.14x_2 - 0.37x_3 - 0.3x_4 + 0.32x_5 + 0.48x_6 - 0.44x_7$$
$$+ 0.03x_8 - 0.35x_9 - 0.43x_{10} + 0.54x_{11} - 0.15x_{12} + 0.04x_{13} - 0.38x_{14}$$

$$(6.5)$$

式中，y_1 为硬朗的函数；$x_1 \sim x_{14}$ 分别代表前文提到的车身长度、车身高度、前窗高度等 14 种造型要素。

由此，将汽车设计方案的造型要素量化并转化后代入表达式，即可得出机器对该方案五种维度的感性意象评价。进一步地，运用线性方程组解得感性意象到造型要素的映射关系。通常情况下，线性方程组的形式结构为

$$\begin{cases} a_{11}x_1 + a_{12}x_2 + \cdots + a_{1n}x_n = b_1 \\ a_{21}x_1 + a_{22}x_2 + \cdots + a_{2n}x_n = b_2 \\ \vdots \\ a_{m1}x_1 + a_{m2}x_2 + \cdots + a_{mn}x_n = b_m \end{cases} \quad (6.6)$$

将五个感性意象词的得分依次赋值，可以构建出具体的线性方程组。例如，"硬朗=2 分"时，可以构建方程：

$$0.34x_1 + 0.14x_2 - 0.37x_3 - 0.3x_4 + 0.32x_5$$
$$+ 0.48x_6 - 0.44x_7 + 0.03x_8 - 0.35x_9 - 0.43x_{10} \quad (6.7)$$
$$+ 0.54x_{11} - 0.15x_{12} + 0.04x_{13} - 0.38x_{14} = 2$$

由于未知数的个数大于方程的个数，最后得出的设计方案不唯一。利用 Python NumPy 包中的函数，通过高斯消元法对方程组进行求解。利用高斯消元法，方程中某些未知数的解可以表示为其他未知数的线性组合，即形成通解。通过此方法，可以减少方程组中自由变量的数量，从而得出方程组的唯一解。将求得的解转化为汽车造型要素的参数后，即可得到相应的设计方案。

最后，基于数学方法构建感性意象和造型要素之间的双射模型。该模型为感性意象与具体的设计方案搭建了桥梁，进而实现了群智设计方案的量化评价。

6.3　基于群智协同的知识服务平台

群智创新是在互联网平台中，借助大数据、区块链、人工智能技术，跨越学科屏障，聚集大众智慧，完成复杂任务的创新过程。它以较低的成本获取来自全球的创新资源、知识资源和技术资源，是未来智能化时代创新的发展方向[35]。群智创新整合得到的新知识、新资源要为大众所用，就要构建开放的知识服务平台。

同时，知识服务平台应当融合群智协同技术，便于管理、共享和协作。目前，构建基于群智协同的知识服务平台面临着以下挑战。

(1) 构建完整的群智创新的方法与理论体系。群智创新作为互联网和人工智能2.0 背景下新出现的创新范式，其方法和理论是人们认识及利用群智创新的基础，需要被进一步探索研究，包括创新的管理机制、组织架构、网络平台架构、知识获取与生成、协同与共享、评估与演化、产权共享与激励机制等。

(2) 建立不同的群智创新的机构和组织。在不同的群智创新网络场景下，针对不同群智任务的目标和性质，平台需要建立不同的管理、组织和响应机制。在群智空间中形成可度量、可持续、安全可信的群体智能，建立群智空间与外部环境之间的互动机制，激励机制和涌现机理成为一项重要挑战。因此，平台需要为研究人员提供可演化的协同资源，促进群智设计生态系统的发展。

(3) 大力发展群智创新的核心技术。支撑群智协同创新平台的核心技术与多个相关领域交叉关联，尚未发展成为稳定的研究生态。作为新兴领域，平台大多数架构的具体形式仍处于探索阶段，缺乏具体明晰的定义。

目前关于群智创新设计服务平台的研究较少，近年来互联网企业和研究机构提出的智慧城市平台、群智感知计算平台等身处不同领域，面临不同挑战，战略与组织、学科与资源、机制与技术等平台能力的提升是群智创新设计服务平台未来发展的方向，为群智创新设计服务平台的进一步探索和构建提供了思路。本节从战略与组织协同、学科与资源协同、机制与技术协同三个方面介绍群智协同的知识服务平台的现状；从群智知识服务平台的信任、激励、协同和保障四大机制阐述群智知识服务平台的宏观布局；选取上述知识服务平台的典型案例，从多主体协同创新、平台激励与维护和价值生态三个侧面介绍抖音建立和维护群智知识服务平台的方法。

6.3.1　群智协同的知识服务平台的现状

1. 战略与组织协同

平台战略使平台提供者、用户、产品三者之间呈现直接交互并进行价值创造和传递的关系。平台提供者和用户之间以数据信息为反馈交流基础。群智平台战略的研究主要分为三个主题：网络效应及其影响、平台生态系统以及平台治理和生态系统协调。群智平台战略定位是链接两个及两个以上特定群体，为这些群体提供互动机制，满足所有群体的需求，并从中获利。

开源汽车公司网站 Local Motors 被全球逾万名汽车设计爱好者关注，其网站上发布的每款产品设计都遵循数字创意共享许可协议，用户在网站上提出自己的个性化需求后，社区会予以积极的响应并参与到产品设计和零部件生产中。这些产品设计能相互交易，以满足市场中不同的设计需求。网站对每笔订单都单独进行定制化设计，因此能完美契合各类用户的多样化需求。这种模式彻底抛弃了实体产品线下生产后才能进行在线上数字化的传统设计思路，设计成果首先要在线上推广成功，然后在线下工厂生产。这种可以精确地响应用户的个性化、多样化需求的组织和协作方式，是群智协作的一种典型实践。通过需求用户在网络社区的资源分享，在线上完成设计师招募、图纸设计、厂商招标和产品展示等全部生产流程，成功展示了群智创新设计社区的能力和发展潜力，也降低了传统产业链的定制复杂性，精准对应需求进行高效生产。

2. 学科与资源协同

任何机构都无法拥有创新所需的所有知识，而这些知识广泛地分布在人群中[36]。通过群智协同的知识服务平台，多学科资源间的联系更为紧密，使平台各组成个体间的互动在深度和广度上达到更高的水平。群智知识服务平台汇集各领域人士进行协同设计，是实现价值共创的基础。随着这一系列使能要素的出现，用户能更为主动地通过信息共享、自主参与、持续互动等手段参与到价值创造过程中。

戴尔(Dell)公司的 IdeaStorm 众包平台上聚集了全球软件设计爱好者，采取全程线上交互模式为其 IT 产品提供优秀的设计和创意方案。IdeaStorm 的特别之处在于，其创意产生、产品研发、产品制造、产品优化人员均来自网络社区，整个社区将在创新过程中共同挖掘产品价值。

3. 机制与技术协同

平台运行与管理机制协同，使设计活动在全流程过程中更加高效。平台机制围绕设计任务开展，在感知、接收到设计任务后，通过信息技术联结跨领域、跨地域的平台组成部分，实现平台资源管理与共享，保证平台数据的安全性和时效性。平台将设计任务分解并选择为子任务匹配合适的执行者，根据个体行为检测来实现任务调整，并通过建立群体行为模型对设计任务的群智适配进行动态调整，为设计活动多元化提供了便捷和更大的可能性，是实现价值共创的关键。

英特尔(Intel)公司通过全方位的技术赋能(物联网、云计算、大数据等新一代信息技术)和多方参与，搭建智慧社区创新平台。平台利用英特尔先进的全栈技术和巨大的生态推动力，以居民为主体，利用各利益相关方的力量吸引社会大众参与社会创新，为社区居民打造舒适便利、智慧安全的现代化生活环境，不断引入优质解决方案优化社区，将人们对美好生活的期待变为现实。

6.3.2　群智协同的知识服务平台的宏观布局

群智知识服务平台在面对不同的群智创新设计场景时，需定义不同设计任务的目标与性质，以此作为分类标准，建立相应的管理、组织和响应机制，在群智空间中形成可度量、可持续、安全可信的群体智能。群智空间与外部环境之间的互动机制以及激励机制和涌现机理，有效地促进了网络状的群智创新活动，产生新想法，构建新场景，诞生新物种。平台的运行和管理机制是影响群智涌现和平台价值创造的重要因素，且平台宏观布局包括平台管理能力的提升和平台体系的构建。

运行和管理机制是群智知识服务平台高效协同的基础，在群智创新的需求发布、资源组织、平台运行、进程管理及结果产出中起决定性作用。

在群智知识服务平台服务过程中，为实现群智创新活动的可持续发展，需要安全完善的运行机制作为支撑。本节在分析平台运行机制内涵的基础上，重点描述服务平台的四个运行机制，以期为群智知识服务平台的搭建及设计知识的管理提供理论参考。

1. 群智知识服务平台的信任机制

群智知识服务平台的信任机制是汇聚多用户、多学科资源参与群智涌现的推进器。其能提升创新活动参与个体贡献知识的意愿，对服务平台高效协同运行具有重要意义。

信任机制的形成是循序渐进的，需要在平台组成个体间建立相应的关联性。信任机制形成需经历三个阶段，包括初始信任阶段、信任发展阶段和信任维持阶段，如图 6.33 所示。

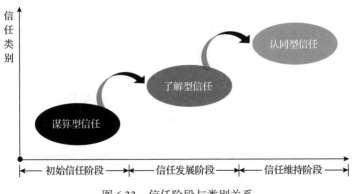

图 6.33　信任阶段与类别关系

首先是初始信任阶段。服务平台的新用户在自身驱动和平台需求的推动下贡献设计知识，是群智知识服务平台群智概念涌现的第一阶段。在此过程中，贡献型用户与需求发布者会权衡创新活动中可能带来的利弊。权衡结果会影响信任关系的发生，进一步影响平台群智知识涌现过程的可持续性。在平台初始的群智创新活动中，创新成果的产出往往需要投入较多的时间成本，在此期间，用户投入的信任资源尚未产生效益，导致信任关系较为脆弱。用户主观意愿发生改变或其中一方失信都会使信任关系直接破裂。因此，平台管理者需要给予新用户更多关注，为信任关系的发展打好基础，共同营造良好的群智创新活动氛围。

其次是信任发展阶段。用户在参与较长时间的平台活动后，对平台各方参与者产生一定认知，信任关系得到进一步提升，包括贡献知识态度、贡献知识质量等。此阶段的信任建立周期更长，但信任破裂的概率也更小。平台新用户及其他参与者在进行了一段时间的群智创新活动后，都会从中受益，信任关系相对稳定，形成了良性增长的群智知识网络体系，对提升平台群智创新协同效率产生积极的影响。

最后是信任维持阶段。此阶段的信任是平台发展和群智共创的隐形推动力。平台组成个体间的信息交互更加积极，形成了相对稳定的模式，通过高效协作来贡献具有创造性的问题解决方案，同时个体也实现了自身水平和创新能力的提升。

2. 群智知识服务平台的激励机制

在群智知识服务平台中，平台管理者通过制定公平合理的奖惩制度，激发平台群智创新活动中各方参与者的积极性与创造性来解决创新难题。平台管理者和需求发布者为激励主体，活动的其他参与者为激励客体，主客体相互作用形成一套合理的平台激励规则。群智知识服务平台的激励机制应包含以下部分：①激励机制有合理的奖励形式以及良好的群智创新氛围，以满足平台用户的各方面需求；②激励机制贯穿群智创新活动的全流程，包括广泛需求发现、用户需求确定、群智创新推理、群智方案决策、细化详述测试、归纳梳理传递、多元体验拓展和传播交互衍生；③激励机制的最终目的是实现价值共创，包括社会价值和个人价值的统一，即设计创造社会价值的同时，平台用户的个人价值也得以实现。

为成功实现群智知识服务平台的高效运行，管理者需要建立综合的群智知识服务平台的激励机制，如图 6.34 所示。在模型中，需求发布者根据自身目的，将需求发布至平台，经过平台上一系列的群智创新活动，最终将解决方案提交给发布者。在创新活动中，平台需要给予活动各方参与者内在激励和外在激励。

同时，创新过程中知识服务平台需要方案质量评价和知识优选算法来提高平台的可用性。

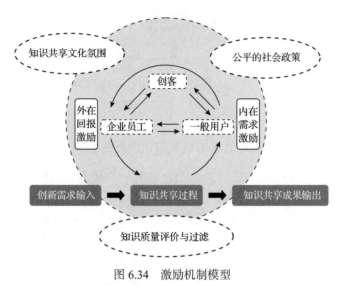

图 6.34　激励机制模型

3. 群智知识服务平台的协同机制

协同作用机制使平台由无序转为有序，在不受外在条件干预的情况下使平台各组成要素实现自组织。在群智知识服务平台中存在需求发布者、任务执行者、一般用户等多个组成部分，彼此间存在非线性的复杂关联性。知识服务平台通过这些关联性、组成部分间的信息交流，实现群体智慧的汇聚与优选，贡献创新设计方案。此外，平台还会受到政策法规、地域等外界环境的影响，它与环境动态地进行信息交互，实现平台内部的自组织、自适应、自优化。

4. 群智知识服务平台的保障机制

在群智知识服务平台中，管理者需要针对群智创新活动制定相应的保障制度，以保障群智创新活动的顺利进行、平台各方参与者的利益以及提升平台竞争力。

平台用户、群智知识、智能设备、空间环境等平台组成要素间相互作用、高效协作，是群智创新活动的核心部分。保障机制是保证创新活动顺利进行的重要组成部分，需要对群智创新活动中的核心部分制定相应的保障制度，如图 6.35 所示。对于平台用户，需要关注用户参与度，制定社区活跃度保障制度；对于群智知识，应加强群智知识的高效汇聚与优选、知识的适应与优化能力，建立知识质量保障机制；对于智能设备，需要制定信息技术的安全保障制度，维持创新活动安全运行；对于空间环境，需要将政策法规等具有奖惩性质的管理制度作为保障。

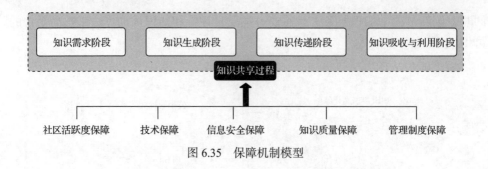

图 6.35　保障机制模型

6.3.3　案例：基于大数据推荐算法的群智知识创新生态

抖音是一款以短视频社交为主，结合电商、直播等功能的多领域综合网络社区。泛娱乐化、场景化、故事性强的短视频内容以及软件流畅的交互体验和极低的学习成本为抖音吸引了大批新用户，如今抖音已成为国内短视频行业的头部应用。

为了保持其发展活力并提高用户留存率，抖音必须为用户提供优质的内容。抖音以大数据推荐算法为核心，为群智知识创新生态建设提供了多层次、多领域的全民协同创新的基础，实现了知识的不断积累。抖音的群智知识创新生态构成可分为发挥群智的多主体协同创新、大数据推荐下的平台激励与维护、促成知识积聚的群智价值生态三个部分，如图 6.36 所示。

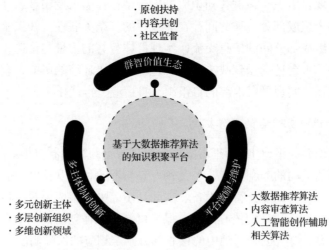

图 6.36　基于大数据推荐算法的群智知识创新生态

1. 发挥群智的多主体协同创新

在短视频产业创新生态系统中，创新主体是指具备一定的短视频创新思维和能力的群体[37]。抖音的群智知识创新生态具备多元创新主体、多层创新组织、多维创新领域的特点，通过多主体协同创新完成群智知识的聚集。

1）多元创新主体

多角色创新是指创新主体的职业、年龄、文化水平等因素的多元化。新时代下人们想要表达自我的欲望强烈，得益于短视频制作的低门槛和平台去中心化的算法机制，大量创作者涌入抖音，分享生活，展示才艺。创新主体的多元化有助于创新力量的汇聚，使原本离散、独立的创新主体形成彼此紧密联系的创新合作网络，推动平台创新资源的可持续发展。

2）多层创新组织

多组织创新是指创新主体为政务、高校、企业、品牌方等组织机构。截至2022 年末，全国已有超过 1000 所高校开通官方抖音号，超 16000 家政务机构入驻抖音，企业号总数超过 800 万，其中涌现了一大批生产优质短视频并引起人们广泛关注的账号，如浙江大学、共青团中央、中国科学院物理研究所等。高校通过抖音给予在校师生高质量的多元创新视频与直播内容，同时向社会开放和共享高校教育资源；政务部门通过抖音发布权威资讯，引导舆情正向传播，实现政民互动；品牌方通过抖音打造新的营销场景，实现价值转化。不同组织的入驻丰富了平台的内容，而组织间的合作也有利于拓宽创新领域，提高创新效率。

3）多维创新领域

多维创新领域是指创新范围广，且涉及不同领域。抖音刚上线时主打音乐类短视频，随着平台体量的增大，目前抖音的内容涵盖美食、时尚、财经、宠物、"三农"、艺术等多个领域，抖音官方给出的兴趣标签多达 19 个大类，131 个细分领域，如此多的细分领域有助于促进群智知识的垂直化传播。

2. 大数据推荐下的平台激励与维护

抖音的内容推荐机制、激励与维护机制是以算法为核心运行的，其主要算法包括大数据推荐算法、内容审查算法和人工智能创作辅助相关算法。大数据推荐算法为创作者提供流量激励，有利于平台与创作者建立信任，形成良性增长的群智知识网络体系；内容审查算法保证群智知识网络的可持续发展；人工智能创作辅助相关算法可以降低内容的创作门槛，鼓励更多用户为群智知识网络创作内容。

1）大数据推荐算法

推荐算法能够为用户生成量身定制的推荐，创作优质内容的创作者也会被给予相应的激励。在互联网发展早期，用户一般通过网站的分类目录和搜索引擎获取信息，而在信息过载的背景下，仅靠网站的内容分类以及信息检索技术难以满足用户的需求，推荐系统成为信息提取和过滤的重要工具[38]。目前，推荐系统在电商、音乐、视频等领域得到广泛运用，具有代表性的包括淘宝、Amazon、Spotify、抖音、YouTube 等。推荐算法有多种类型，包括协同过滤推荐算法、基于内容的推荐算法、混合推荐算法等。

协同过滤推荐算法是内容推荐平台目前使用较为普遍的推荐算法，其核心功能是通过学习和模仿特定的群体行为来得到某种相似性，进而通过这样的相似性为用户进行推荐[39]，其系统框架如图 6.37 所示。首先，系统收集并存储用户信息、产品信息、用户行为和用户对产品的评价等数据，再对收集到的数据进行过滤和集成，将显式和隐式评分数据转化为一个评分矩阵，最后根据已知数据预测评分矩阵中缺失的元素，并将预测后的产品评分排序，挑选出前 N 项序列，把用户最有可能感兴趣的产品推荐给用户。

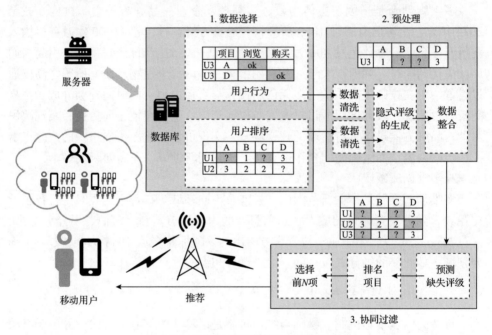

图 6.37　协同过滤推荐算法的系统框架

基于内容的推荐算法是最早被业界广泛应用的推荐算法[40]，其系统框架如图 6.38 所示。首先，系统识别产品的某些特征用于描述产品，然后通过用户在平台上的历史数据判断出用户可能感兴趣的产品的特征，即生成用户的偏好文档。系统比较用户的偏好文档和待推荐产品的关联度，挑选出关联度最大的一组产品作为推荐列表前 N 项并将其推荐给用户。

目前主流的推荐算法各有利弊，为扬长避短，在实际应用中常常采用混合推荐。混合推荐的目标是构建一种混合系统，既能结合不同算法和模型的优点，又能克服其中的缺陷。Burke[41]提出了七种不同的混合策略，从更综合的角度来看，这七种策略可以概括为三种基本设计思路：整体式、并行式和流水线式。

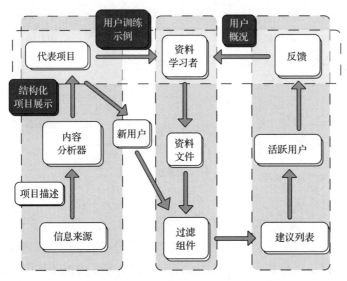

图 6.38　基于内容的推荐算法的系统框架

（1）整体式：将几种推荐策略整合成一个整体，仅通过一个算法实现推荐任务。它只包含一个推荐单元，通过预处理和组合多个知识源的方式，将多种推荐策略整合在一起，如图 6.39 所示。

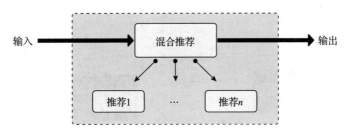

图 6.39　整体式设计

（2）并行式：使用不同的推荐策略分别进行推荐，再利用混合过滤机制将推荐结果整合到一起，如图 6.40 所示。

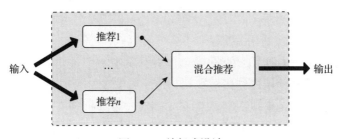

图 6.40　并行式设计

(3)流水线式：输入数据像流水线的产品一样通过多个推荐系统，前一个推荐系统的输出变成后一个推荐系统的输入，后面的推荐单元也可以选择使用部分原始输入数据，如图 6.41 所示。

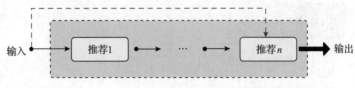

图 6.41 流水线式设计

2)内容审查算法

在以 UGC 为主的内容平台上用户每天会上传海量信息，为了保证平台公布的内容健康无害，大多平台会对用户上传的内容进行审核。内容审核系统采用了一个结合了人工智能审核和人工审核的多阶段流程，其系统框架如图 6.42 所示。用户上传的数据在发布前首先进行预审核，这个环节通常由系统自动执行，很少需要人工干涉，预审核后系统无法明确分类的内容会交由人工审核，人工审核对内容的判断可作为训练数据输入系统，以提高预审核能力。若内容公布后该内容被用户标记为有害，则也会交由人工审核。

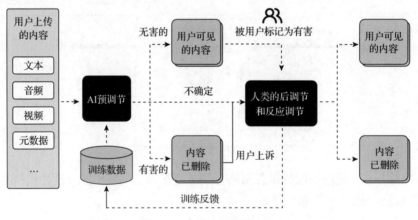

图 6.42 内容审核系统框架

3)人工智能创作辅助相关算法

抖音之所以能成功吸引如此多的创作者，其中一个重要原因是其多样化的视频制作技术。为了鼓励用户创作短视频，抖音基于增强现实(AR)技术开发了各种面部特效。增强现实是虚拟现实(VR)的一种变体，虚拟现实使用人工构建的实体代替现实，增强现实则能在现实上添加、强调和减弱实体。增强现实技术主要包括计算机视觉(CV)和计算机图形学(computer graphics, CG)。CV 代表系统对现实世界的理解，其作用是将渲染虚拟元素叠加到画面上，特效就是通过 CV 和 CG 技术的互动把现实和虚拟链接起来，最终为用户呈现出生动有趣的视觉效果。增强现实技术的基本框架如图 6.43 所示[42]。

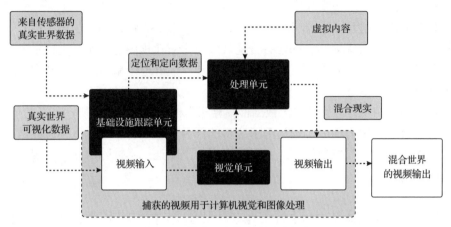

图 6.43　增强现实技术的基本框架

Byted Effect 是字节跳动 AI 实验室推出的 AR 特效开放平台，已经成功应用于字节跳动旗下的抖音、火山小视频等多款产品。除了"憨厚脸""甩狗头"等流行全网的贴纸特效，抖音曾在国际博物馆日基于业内领先的 SLAM(simultaneous localization and mapping，同步定位与地图构建)算法和 3D 渲染技术，创造出两款"奇妙博物馆"AR 贴纸，得到了用户的广泛好评。目前，该 AR 平台已经开放了人脸检测、美颜、滤镜三个模块，抖音社区的视频创作者可利用这些模块创作 AR 相关的创意视频，催生网红爆款。

3. 促成知识积聚的群智价值生态

1) 原创扶持

为让创作者能够更好地创收获益，抖音给予了相应的流量曝光和培训扶持，帮助创作者实现商业价值最大化。在 2021 年抖音第二届创作者大会上，抖音宣布将投入价值 100 亿的流量资源，同时支持成果在未来一年变现达到 800 亿，让创作者可以靠内容创作获取收益、创造价值。抖音也为扶持特定领域的内容推出了很多活动，如扶持青少年知识类创作者的"萌知计划"、扶持乡村创作者的"乡村守护人计划"、推广非遗文化的"看见手艺计划"等，在激发创作者积极性的同时，丰富了平台知识的广度。

2) 内容共创

抖音持续推动科普、文化、艺术等高价值内容的建设，让用户更好地通过平台学习知识，享受艺术生活。抖音注重泛知识类视频分区的建设，持续邀请并引入多位知名艺术家、科学家及行业知名学者入驻；积极与高校和科研院所合作，鼓励知识类直播；推出"DOU 知计划"，扶持知识类视频创作者，丰富平台文化知识内容。

3）社区监督

为保障内容健康，抖音有一套严格的绿色把控机制，利用机器+人工双重审核，过滤敏感有害内容。同时抖音还鼓励用户对违规内容和账号进行举报，建立"监督员"制度，并承诺及时、公正处理和反馈处理结果，与用户共同营造规范、健康的平台生态。

经过多年的发展，抖音以大数据推荐算法为根基，以多主体协同创新为核心，以平台监督和支持为辅助，构建起了完善的群智知识创新生态。该生态能鼓励多层次、多领域的全民协同创新，并保障内容的不断迭代、推陈出新，实现知识在平台的积聚。

6.4 基于产品仿生设计知识模型的群智协同知识服务平台

针对产品外形的仿生设计问题，罗仕鉴教授团队开展了仿生知识结构化分类研究，归纳总结了一种产品仿生设计的知识模型，并根据该模型开展基于生物知识、仿生产品知识和评价知识的研究，提出了产品外形仿生设计知识集成与管理方法[43]；基于产品外形仿生设计的知识集成与管理方法和理论研究，采用微服务模型开发了产品外形仿生设计知识服务平台，实现了对生物与仿生产品的有效管理和产品外形仿生设计知识的展示、浏览与检索。

产品外形仿生设计知识服务平台是一种典型的群智协同知识服务平台，为多领域、多学科、多角色群体提供了参与设计的机会。生物学家、计算机工程师、设计师都能借助该平台寻找设计灵感，形成初步设计成果，将产品外形仿生设计知识高效地集成和管理，以便融入群智创新设计知识图谱。

6.4.1 产品仿生设计知识模型

产品外形仿生设计包括形态仿生、功能仿生、结构仿生、肌理仿生、色彩仿生和意象仿生六类。形态仿生设计是指将生物的形态特征用于产品外形设计中，是最为常见的仿生形式。功能仿生设计的任务是研究物体和自然界物质的功能及其原理，进而改造或优化现有的人工系统。结构仿生设计是指人们研究生物体或生物群体的结构和组织形式，归纳整理其内在规律，将其应用到产品设计的过程中。肌理仿生设计是指从自然界中的生物或非生物着手寻找可借鉴的材料成分及其表面肌理特征，并用于产品设计中。色彩仿生设计是指在客观认知自然色彩的基础上,将自然界中丰富的色彩特征按照一定的艺术手法应用到产品外形创新设计的方法[44]。意象仿生设计将生物中蕴含的特征意象高度概括、提取出来，将其象征意义融入产品外形仿生设计中，通常能为产品赋予一定的文化艺术价值。

若要在群智创新设计中引入多种类型的仿生设计方法，就必须将这些方法的原理和知识迁移至产品设计领域。研究者基于产品外形仿生设计的过程及模型研究，提出了面向产品外形仿生设计的知识结构模型，如图 6.44 所示。该模型将自然界中的生物知识作为灵感来源，对仿生产品知识进行有效重用，结合消费者偏好的知识展开优化，获得解决具体问题的创新概念设计方案。设计师利用仿生设计知识，产生新的产品外形设计方案的过程可以表示为

$$S = \mathrm{DK}\{f_1(B); f_2(P); f_3(E);\} \tag{6.8}$$

式中，DK 表示产品外形仿生设计知识；B、P、E 分别表示生物知识、仿生产品知识和评价知识。

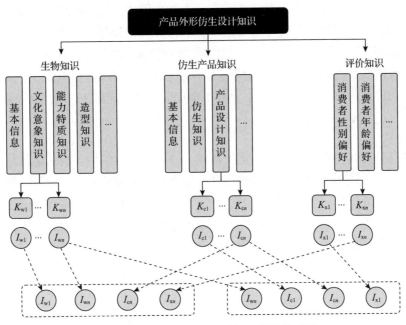

图 6.44 产品外形仿生设计知识结构模型图

6.4.2 产品外形仿生设计知识集成与管理方法

产品外形仿生设计知识内容丰富多元，由多种类型的知识构成。生物知识、仿生产品知识的数字资源和概念实例丰富，生物知识与产品知识之间的内部关系错综复杂，设计知识资源的表述相对自由，各具特色。因此，设计师若要集成仿生设计知识到群智创新设计知识图谱中，首先要解决生物知识和设计知识的获取

问题，其次要完成产品外形仿生设计知识的组织和表达，最后实现产品外形仿生设计知识的推理和检索。

1. 生物知识和设计知识的获取

生物知识的解读与概念获取主要有典型生物案例选取、生物知识解读和生物概念词汇获取三种方法。设计师可从各大生物网站或出版的生物图鉴书籍中选取生物案例，考虑其典型性，从中获取灵感启发；可以按照面向仿生设计的生物知识解读规范表，将生物和产品设计的文献资料中所提供的生物资源进行内容提炼和知识解读，并交由生物专家确认，补充生物知识库中的案例储备；可以根据仿生设计的需求提取生物知识中的概念词汇，形成生物领域概念表，用于后续的知识建模。

面向产品外形仿生设计的产品知识相对于生物知识较为简单，主要来自仿生设计师、产品创新设计师、计算机等领域专家。同样，仿生产品知识亦具有多样性、动态性、隐含性、启发性等特点[45]。通过知识工程师、仿生领域专家、设计领域专家的群智协同合作，对仿生产品知识的产品要素和技术要素进行多元整合。由仿生设计专家提供仿生相关的知识，由产品创新设计师提供设计知识，由计算机专家提供信息的数字化技术支持，最终形成面向产品外形仿生设计的产品知识。

2. 产品外形仿生设计知识的组织和表达

产品外形仿生设计知识存在更新换代，以及旧数据结构无法满足最新的知识管理规范、系统的问题，需要移植到其他地方进行数据分析、处理等操作。大量知识数据的导出/导入成为新系统更新效率提升所面临的一个重要问题。因此，知识服务平台需要构建关系模型，进而实现产品外形仿生设计知识的结构化存储。关系模型是目前数据库研究中应用最广泛的数据模型，其数学基础严格、数据独立性强、数据关系清楚明确。使用关系模型还可以更加方便快捷地将设计知识存储在如 MySQL、Oracle 等关系型数据库中，如图 6.45 所示。

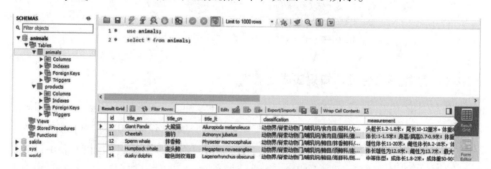

图 6.45　使用 MySQL 存储关系型数据

在使用关系模型存储产品外形仿生设计数据时，数据模型可基于关系模型定义为

$$D = (\text{ET, RT, Column, PK, FK})\qquad(6.9)$$

式中，ET 表示实体表的集合，包括生物实体和仿生产品实体；RT 表示关系表的集合，包括生物与仿生产品当中包含的关联关系，以及生物与仿生产品的关联关系；Column 表示一般列的集合，包括生物与仿生产品的属性；PK 表示主键列的集合，包括生物与仿生产品的标识；FK 表示外键列的集合。

3. 产品外形仿生设计知识的推理与检索

知识模型的构建，实现了产品外形仿生设计知识的组织与表达，利用数据的推理与检索技术可以挖掘出更多的隐性知识，丰富产品外形仿生设计知识。合理规则匹配算法，结合原有数据库等推理出新的知识，完善知识库，为产品创新提供支持。知识的检索为设计师在开展仿生设计过程中获取生物或仿生产品的知识信息提供了有效路径，通过严谨推理后的知识扩充知识库来搭建搜索引擎，通过语义检索方法来实现知识的搜索与呈现。图 6.46 呈现了产品外形仿生设计知识推理与检索模型。

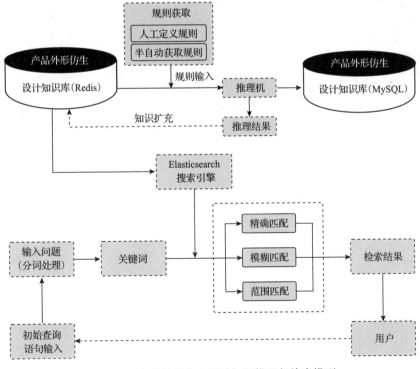

图 6.46　产品外形仿生设计知识推理与检索模型

6.4.3 群智协同的产品外形仿生设计知识服务平台

基于产品外形仿生设计知识集成与管理方法和理论研究，罗仕鉴教授团队采用微服务模型开发实现产品外形仿生设计知识服务平台。平台包括产品外形仿生设计知识管理平台和服务平台。前者实现了对生物和仿生产品的有效管理，后者为支持仿生设计师开展产品创意设计活动的过程提供了产品外形仿生设计知识的展示、浏览与检索服务。整个系统采用前后端分离的微服务架构，如图 6.47 所示。

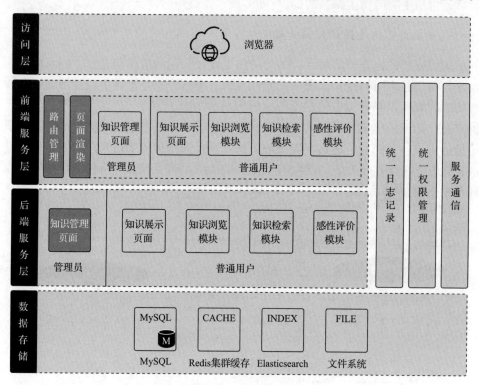

图 6.47 知识服务平台整体设计

知识服务平台的前后台均以模块化设计，可被普通用户和管理员直接访问，其界面如图 6.48 所示。平台的界面友好易用，降低了设计领域、计算机领域、生物领域等多学科研究人员使用门槛，普通用户可以参与知识的展示、浏览、检索和感性评价，管理员可以对知识进行维护和更新，是一种基于群智协同的仿生设计知识管理系统。

通过产品外形仿生设计知识的浏览，可按照筛选条件快速搜索出所需的生物案例。设计师可根据设计需求和灵感需要设定对应的筛选条件进行浏览，获取有启发价值的知识内容。

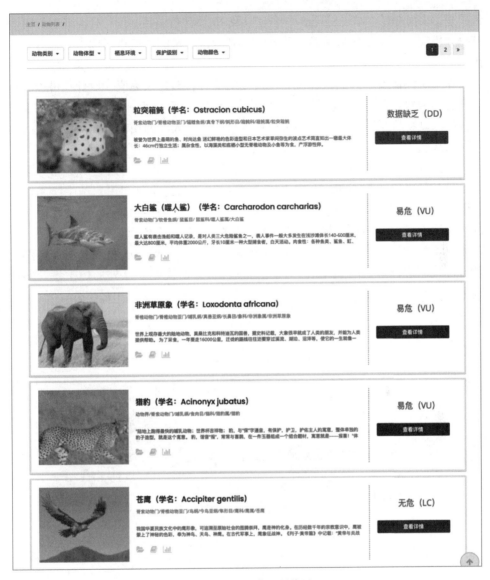

图 6.48 知识库模型浏览界面

仿生图谱模块浏览界面如图 6.49 所示。将生物与仿生产品以图谱的方式呈现，为设计师直观地展示出生物知识与仿生产品案例的关联知识，显示仿生设计的发展进程与结构关系，进一步为产品外形设计提供灵感与创意来源。

此外，该平台还支持产品外形仿生设计知识检索功能，用户可通过实例属性匹配、规则推理知识等方法对实例进行检索，每个生物或仿生设计产品实例都支持查看知识详情内容，如图 6.50 所示。在详情界面设置了感性评价模块，设计师可在此模块为每个生物进行感性评价打分，评价分为整体感觉、能力特质、颜色纹理、表面触感、结构特征 5 个维度以及 19 个评价条目。设计师完成感性评价打分并提交后，系统将评价数据传输至消费者偏好预测模型进行消费者偏好值的预测。

在案例详情展示界面，呈现了可视化的消费者偏好预测值，设计师可以了解该生物的消费者偏好信息，如图 6.51 所示。根据消费者偏好值，系统还支持消费者偏好的动物检索功能，设计师可以根据产品面向人群的用户特征对生物进行检索和筛选。

产品外形仿生设计知识服务平台实现了不同研究领域的人员对产品外形仿生设计知识的管理和补充。仿生设计师可以快速获得生物知识、仿生产品知识和消费者偏好知识，了解生物知识和仿生产品案例的详细信息。产品外形仿生设计知识库可以提高仿生设计知识的利用效率，为仿生创意设计领域提供服务，打通以生物知识、产品知识双重服务和应用为核心的创意产业链，促进自然元素与现代创意设计的有机结合，建立了一种群智协同的产品外形仿生设计知识服务平台。

仿生图谱
丰富的灵感来源

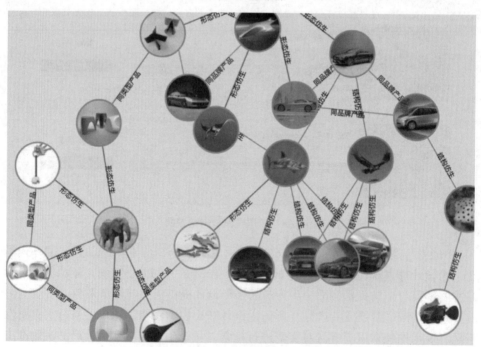

图 6.49　仿生图谱模块浏览界面

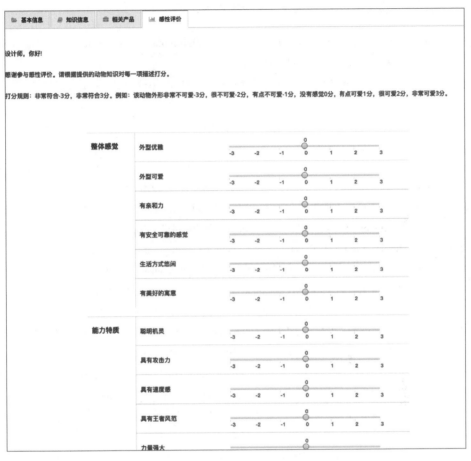

图 6.50 感性评价界面

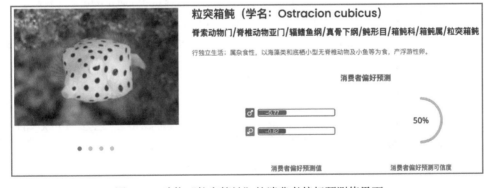

图 6.51 动物"粒突箱鲀"的消费者偏好预测值界面

参 考 文 献

[1] Williams R J. Simple statistical gradient-following algorithms for connectionist reinforcement learning[J]. Machine Learning, 1992, 8(3): 229-256.

[2] 秦长江, 侯汉清. 知识图谱——信息管理与知识管理的新领域[J]. 大学图书馆学报, 2009, 27(1): 9.

[3] Deng L, Yu D. Deep learning: Methods and applications[J]. Foundations and Trends in Signal Processing, 2014, 7(3-4): 197-387.

[4] Nguyen D, Widrow B. The truck backer-upper: An example of self-learning in neural networks[C]. Institute of Electrical and Electronics Engineers, Washington, 1990: 596-602.

[5] Li J, Sun A X, Han J L, et al. A survey on deep learning for named entity recognition[J]. IEEE Transactions on Knowledge and Data Engineering, 2020, 34(1): 50-70.

[6] Shen Y, Yun H, Lipton Z C, et al. Deep active learning for named entity recognition[C]. International Conference on Learning Representations, Scottsdale, 2017: 7-8.

[7] Yao L, Liu H, Liu Y, et al. Biomedical named entity recognition based on deep neutral network[J]. International Journal of Hybrid Information Technology, 2015, 8(8): 279-288.

[8] Kuru O, Can O A, Yuret D. CharNER: Character-level named entity recognition[C]. The 26th International Conference on Computational Linguistics, Osaka, 2016: 911-921.

[9] He Z Y, Liu S J, Li M, et al. Learning entity representation for entity disambiguation[C]. Proceedings of Association of Computational Language, Sofia, 2013: 30-34.

[10] 姜丽丽. 实体搜索与实体解析方法研究[D]. 兰州: 兰州大学, 2012.

[11] Bagga A, Baldwin B. Entity-based cross-document coreferencing using the vector space model[C]. The 36th Annual Meeting of the Association for Computational Linguistics and the 17th International Conference on Computational Linguistics, Montreal, 1998: 79-85.

[12] Bekkerman R, McCallum A. Disambiguating web appearances of people in a social network[C]. The 14th International World Wide Web Conference, Chiba, 2005: 463-470.

[13] Neelakantan A, Roth B, McCallum A. Compositional vector space models for knowledge base completion[J]. Computer Ence, 2015: 1-16.

[14] 刘知远, 韩旭, 孙茂松. 知识图谱与深度学习[M]. 北京: 清华大学出版社, 2020.

[15] Xiong W H, Hoang T, Wang W Y. DeepPath: A reinforcement learning method for knowledge graph reasoning[C]. The Conference on Empirical Methods in Natural Language Processing, Copenhagen, 2017: 564-573.

[16] 张宇, 郭文忠, 林森, 等. 深度学习与知识推理相结合的研究综述[J]. 计算机工程与应用, 2022, 58(1): 56-69.

[17] 吴信东. 从大数据到大知识: HACE+BigKE[J]. 计算机科学, 2016, 43(7): 3-6.

[18] Wang Y D, Goldstone R, Yu W K, et al. Characterization and optimization of memory-resident MapReduce on HPC systems[C]. IEEE 28th International Parallel and Distributed Processing Symposium, Phoenix, 2014: 799-808.

[19] Dean J, Ghemawat S. MapReduce: Simplified data processing on large clusters[J]. Communications of the ACM, 2008, 51(1): 107-113.

[20] Wu X D, Chen H H, Wu G Q, et al. Knowledge engineering with big data[J]. IEEE Intelligent Systems, 2015, 30(5): 46-55.

[21] 边泽. 基于推理融合的产品外形仿生设计方法及应用[D]. 杭州: 浙江大学, 2021.

[22] 庞亮, 兰艳艳, 徐君, 等. 深度文本匹配综述[J]. 计算机学报, 2017, 40(4): 985-1003.

[23] Devlin J, Chang M W, Lee K, et al. BERT: Pre-training of deep bidirectional transformers for language understanding[J]. Computation and Language, 2018, 2: 4179-4720.

[24] 周煜啸, 罗仕鉴, 陈根才. 基于设计符号学的图标设计[J]. 计算机辅助设计与图形学学报, 2012, 24(10): 1319-1328.

[25] 罗仕鉴, 李文杰. 产品族设计 DNA[M]. 北京: 中国建筑工业出版社, 2016.

[26] 逄岭. 图像变形技术研究与系统实现[D]. 大连: 大连理工大学, 2004.

[27] Ruprecht D, Müller H. Deformed cross-dissolves for image interpolation in scientific visualization[J]. The Journal of Visualization and Computer Animation, 1994, 5(3): 167-181.

[28] Goodfellow I, Pouget-Abadie J, Mirza M, et al. Generative adversarial networks[J]. Communications of the ACM, 2020, 63(11): 139-144.

[29] Park T, Liu M Y, Wang T C, et al. Semantic image synthesis with spatially-adaptive normalization[C]. Proceedings of the IEEE/CVF Conference on Computer Vision and Pattern Recognition, Long Beach, 2019: 2337-2346.

[30] Christidis K, Devetsikiotis M. Blockchains and smart contracts for the internet of things[J]. IEEE Access, 2016, 4: 2292-2303.

[31] Nakamoto S. Bitcoin: A peer-to-peer electronic cash system[J]. Decentralized Business Review, 2008, (1): 21260.

[32] Pazaitis A, de Filippi P, Kostakis V. Blockchain and value systems in the sharing economy: The illustrative case of backfeed[J]. Technological Forecasting and Social Change, 2017, 125: 105-115.

[33] 李文杰. 基于女性消费者偏好的 SUV 产品外形设计研究[D]. 杭州: 浙江大学, 2019.

[34] 罗仕鉴, 李文杰, 傅业焘. 消费者偏好驱动的 SUV 产品族侧面外形基因设计[J]. 机械工程学报, 2016, 52(2): 173-181.

[35] 罗仕鉴. 群智创新: 人工智能 2.0 时代的新兴创新范式[J]. 包装工程, 2020, 41(6): 50-56.

[36] Vrontis D, Thrassou A, Santoro G, et al. Ambidexterity, external knowledge and performance in knowledge intensive firms[J]. Journal of Technology Transfer, 2017, 42(2): 1-15.

[37] 储节旺, 吴若航. 我国短视频产业创新生态系统构成、功能及价值研究[J]. 知识管理论坛, 2022, 7(1): 61-71.

[38] 秦冲, 赵铁柱, 柳毅. 个性化推荐算法的研究及发展综述[J]. 东莞理工学院学报, 2021, 28(3): 51-60.

[39] Yang Z, Wu B, Zheng K, et al. A survey of collaborative filtering-based recommender systems for mobile internet applications[J]. IEEE Access, 2016, 4: 3273-3287.

[40] Mohamed M H, Khafagy M H, Ibrahim M H. Recommender systems challenges and solutions survey[C]. International Conference on Innovative Trends in Computer Engineering, Aswan, 2019: 149-155.

[41] Burke R. Hybrid recommender systems: Survey and experiments[J]. User Model User-Adapted Interaction, 2002, 12: 331-370.

[42] Kirner C, Cerqueira C, Kirner T. Using augmented reality artifacts in education and cognitive rehabilitation[J]. Computer Science Education, 2012, (1): 247-270.

[43] 张宇飞. 产品外形仿生设计知识管理与服务研究[D]. 杭州: 浙江大学, 2021.

[44] 姜娜, 杨君顺. 仿生在产品造型设计中的应用[J]. 包装工程, 2008, 29(1): 146-147, 153.

[45] 杨洁, 杨育, 赵川, 等. 产品创新设计中基于本体理论的客户知识集成技术研究[J]. 计算机集成制造系统, 2009, 15(12): 2303-2311.

第 7 章　未来研究与展望

未来已来！

当前，第三空间——信息空间逐渐成形、完善。信息从附着于人类社会的传递，转变为推动人类社会的发展。人类已经发射了人造卫星、载人飞船，已经安装了数以亿计的感知传感器、移动摄像头，这些智能设备所捕获到的信息作为大数据的子集，正源源不断地为人类创造着新知识。因此，大数据时代必将推动大知识时代[1]。

群智创新是伴随着人工智能 2.0 阶段出现的新兴创新范式，随着三元空间的深入发展，群智创新设计思维将被应用到更加宽广的领域，如工业设计、建筑设计、视觉设计、服装设计、家具设计、机械设计、服务设计等。

群智创新是在互联网平台中，运用区块链、云计算、人工智能、大数据、融合现实技术，跨越学科屏障，聚集大众智慧完成复杂任务的创新过程。它以较低的成本获取来自全球的创新资源、技术资源和知识资源，是未来智能化时代创新的发展方向，如图 7.1 所示。

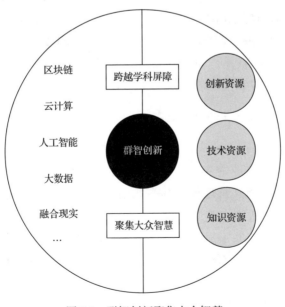

图 7.1　群智创新聚集大众智慧

7.1 持续演进的群智创新范式与理论体系

在快速变化的、不确定的、互联共通日益增强的当代世界里，持续而复杂的问题比比皆是。这些复杂的问题无法依赖单一学科提供的对策来解决，如产业扩张中的环境问题、城市扩张中的都市空间问题、乡村发展中的空心问题等。每一门学科在涉及学科边界时都难以脱离该学科的固定研究范式，这些问题甚至无法通过多学科、跨学科的方式解决。

解决这些问题的方式是从原有的设计师设计向蕴含群体智能的群智创新设计改变，运用大数据、区块链、人工智能技术，跨越学科屏障，聚集大众智慧，打破学科与非学科的界限，脱离固定的研究范式，以多渠道协同的方式考虑与问题相关的关键因素。群智创新设计能以较低的成本获取来自全球的创新资源、知识资源和技术资源，通过大数据链路开展立体的、网络状的和多源异构的协同价值共创，是数字经济时代的一种新的创新形式[2]。

目前，群智创新设计的研究和应用已经渗入到如城市交通管理、环境监测、建筑设计等方方面面[3]，改变着人们的生活。Goldman 等[4]将群智感知计算应用于骑车路线的选择，通过收集大量用户手机上的 GPS 等传感器记录的行驶路线生成了一个实时全面的路况分布图。用户可以通过查询相关网页上的交通情况对自己的行车路线进行修改调整和优化。浙江大学的研究人员也收集了城市出租车司机的夜晚行车路线，利用群智感知技术优化了夜间公交路线规划，以达到对公交车资源最合理的利用[5]。Ni 等[6]和 Padmanabhan 等[7]都采集了大量用户的定位和行走路径来实现室内定位和优化建筑物内部结构。

1. 加快构建群智设计生态系统之门

建立多角度、多层次的研究模型是未来群智创新设计的重要任务。群智设计不仅能推动创新设计的理论、方法与技术创新，还能为整个信息社会和新经济的技术创新、应用创新、管理创新和商业创新等提供核心驱动力，最终构建互联网环境下新的设计链和供应链，建立群智设计新范式和设计生态系统。

群智创新设计范式的未来研究需要整合并详细剖析全球群智创新的相关政策法规、规划报告等，研究图书、国内外期刊及学位论文等方面的文献资料；同时结合新经济产业的创新模式，整理、总结和归纳研究成果与经典案例，运用定性和定量的研究方法剖析并找出内在的异同点，总结具有规律性、共同特点的模式，如图 7.2 所示。

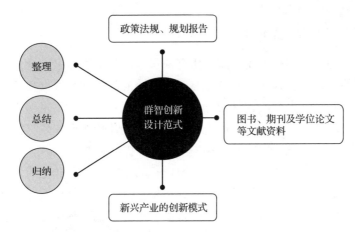

图 7.2 群智创新设计范式研究

群智创新设计的方法和理论体系将成为业界和学术界研究的热点，包括网络平台架构、设计工具与集成、知识获取与生成、协同与共享、评估与演化、服务体系结构、人机融合与增强、自我维护与交互安全、产权保护与激励机制、多移动协同控制等。如前所述，群智创新设计最值得关注的点有两个：一是群智创新知识的感知与融合，二是群智创新价值的评价与优化。

2. 深入探索群智知识关联感知与融合之法

实现围绕知识生成目标的有效数据获取，对于模糊设计语义的分析、理解、表达与转化，以及创意方案的修改、补充、完善及迭代方面有着重要作用。

发展群智知识生成机器学习模型和数据挖掘算法，可以完善群体智慧方案的智能生成方法流，提升群智大数据知识发现的深度、广度和质量。群智感知数据来自不同用户和设备，具有多模态、多关联等特征，这些海量的信息需要进行智能的分析和挖掘才能有效地发挥价值，形成从数据到信息再到知识的飞跃，实现多源异构跨媒体大数据的设计知识挖掘和价值最大化，解决融合想法流、数据流与知识流的设计模型求解问题。

群智创新设计的研究者与设计师仍需探索开发群智设计数据融合方法，构建群智设计知识点的匹配和关联方法；需要构建群智设计知识网络与知识图谱，研究群智设计中不同领域的知识建模、知识融合与知识推理，充分利用数据的关联与交叉，综合研究各领域的多学科设计知识，结合设计语义学，构建设计知识图谱。具体表现为研究群智设计知识的冲突消解方法，融合产生群智个体知识对应的数据，消除数据中存在的矛盾、歧义和冗余，统一同类知识内涵，从而建立群智数据语义的一致性。

3. 广泛研究群智创新价值评价与优化之道

任何机构都无法拥有创新所需的所有知识，因为这些知识广泛分布在不同的学科和不同的人群中，且在不断进化。对于不同的问题和领域，其解决方案是不同的，群智创新设计方案的评价指标和体系也是有差异的，要想解决一个复杂的问题，需建立多学科、多角色人群的设计方案综合评价指标体系与推理机制，并与设计知识融合，为设计方案的进化方向和路径提供指导。

面向群智创新参与者，可以采用群智任务的层次化、多样化的量化评价模型和度量指标，对群智创新行为过程及行为结果进行量化评价和效能评估，为群智创新系统运行演化提供支持。具体可表现为采用群智创新参与者多样化的评价机制，如信誉系统、虚拟积分、荣誉激励等，抑制和避免群体内部的冲突对抗，满足参与者的个性化、动态化需求，建立群体行为分析模型。除此之外，还可以采用区块链技术，动态协同地对群智协同创新方案进行产权保护、共享与激励。

针对群智创新中设计价值的评价与优化，当前的做法是招募大量参与者，通过信息产品系统埋点等方式进行用户体验定量分析，通过机器学习等方式进行全方位用户数据记录、整理、分析与归纳，洞察方案优缺点，提取用户操作共性可优化点，并回传至推理决策阶段对最小可行性产品进行测试反馈优化与迭代[8]。

未来需要融入多学科、多角色人群知识，结合多种方法和技术，如感性工学中因子分析、多元回归分析、眼动试验等线性方法，结合模糊逻辑、神经网络、遗传算法、群体智能算法等非线性方法，建立群智设计方案的约束性评价指标与体系，开展多层次迭代优化评价。例如，"知了云"用户体验平台可通过大数据获取用户行为触点，对客户体验流程进行分析，通过洞察大量用户数据背后的设计思考，产生客观实时可视化设计评价，从而形成客观去中心化的评价和优化机制。

7.2　持续融合的群智创新组织与管理

群智创新设计是在新经济环境下聚集多学科资源，开展协同创新设计的一种活动。群智创新设计不仅关注设计专家团队，还通过互联网组织结构和大数据驱动的人工智能系统吸引、汇聚和管理大规模参与者，以竞争和合作等自主协同的方式共同应对挑战性任务。因此，在不同的群智创新场景下，根据不同群智任务的目标和性质，建立不同的管理、组织和响应机制，在群智空间中形成可度量、可持续、安全可信的群体智能非常重要。

在群智创新空间，创新想法的生成是一个网络状、交互迭代的过程。对于群智创新过程中产生的创新想法，需要建立创新迸发、激励、评估、反馈与任务需求之间的融合模型，研究如何聚集参与者并产生新的知识，强调群智空间与外部环境之间的互动机制以及激励机制和涌现机理，更有效地促进网络状的群智创新活动。

除此之外，还需要建立具有创造性、智能化和进化机制的群智创新环境，对群智创新结果进行有效的存储、计算、传递、评价、优化、转化、迭代和保护，达到降低创新成本、提高创新效率的效果。

1. 创建群智创新设计的新组织形态

随着设计数据的不断增长和学习算法的不断优化，群智系统将逐渐进入用户调研、需求确定、方案迭代等设计流程，并作为设计团队的一员。系统将基于大数据资源为设计团队提供全方位的决策辅助，有序整理团队设计资源，协调感性设计与理性逻辑，保证设计工作高效快速进行。

在想法发现阶段，用户主要通过群体智慧涌现的方式在创新设计思考、激发和设计实践交互的过程中发现产品设计需求，识别创意灵感，其过程强调产品设计需求、场景或灵感发掘的前瞻性、有效性和多样性。继而，针对群体智慧或大数据统计中涌现出来的新思想、新场景、新需求、新创意在群智创新系统中进行标注分类和存储，对比系统中已有知识体系进行头脑风暴，形成单一领域的知识网络与图谱，并进一步明确定义与归纳设计需求。

确定设计需求后，充分发挥机器学习方案生产的多样性，调动多行业、多视角、多途径群体智慧参与群智共创，运用大数据辅助用户体验、区块链追溯、机器综合推理、用户画像、用户访谈等定性和定量方法实现多源异构的群智知识融合推理，并逐渐建立多种差异化方案模型。生成的群智方案决策主要通过群智计算或者专家打分的方式来进行，通过大量数据和群智人工智能算法辅助方案评价，双方动态协同地判断方案优劣、潜在价值与需求符合度，决定方案是否进入推理阶段继续深化或重新进行头脑风暴推理。经过反复推理决策后，决策通过的方案需交由专业设计师进行最终方案选择、细化、打样与落地，并进行最小可行性产品测试。

产品经过进一步优化衍生后，充分利用群体智慧的共享创意池和群智创新系统知识网络发掘相关创意方案，进行与已采取方案相关的场景、技术、用户、服务等方向的产品族衍生，辅助企业或设计团队充分挖掘已研发产品的价值形成网状动态衍生的产品族体系。在以用户为中心设计的基础上注重群智创新生态构建及其社会效益，尤其是商业创新、模式创新和社会创新等。群智创新设计的新组织形态如图 7.3 所示。

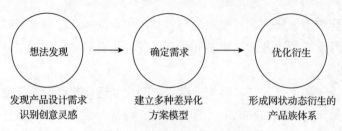

图 7.3　群智创新设计的新组织形态

　　群智设计通过网络和新技术的高度融合，计算和分析用户的真实数据，洞察用户在某一场景服务系统中的心理和行为变化及需求，创造新的服务场景，弥补各类人群的数字鸿沟，建立了设计同理心模式。准确获取与表达协同接触点，引导或满足用户的需求；提升转化效率，延展覆盖范围，加快资源流通，以提升场景服务质量和用户体验，建立设计价值评判体系和用户体验标准，从而实现价值共创。

　　2. 创建群智创新设计的新管理机制

　　管理组织是一个组织整体群智创新的结构，决定了群智创新的发起、组织、运行、过程管控及结果的产出。组织架构的设计与构成会受到内外部环境、发展战略、生命周期、新技术特征、组织规模、人员素质等因素的影响，并且在不同的网络技术和社会环境、不同的时期、不同的使命下有不同的组织架构模式。

　　在群智创新发展的不同阶段，随着组织规模的扩大和能力的改变，组织架构也要相应变革来适应群智组织的发展，包括开源社区组织架构和基于市场机制的群智组织架构。当群智成员数量够大时，帕累托定律(Pareto rule)的二八原则会更加明显。一方面，群体成员贡献质量的价值会随着时间的推移而改变，也会在交互修改、完善和迭代中被优化；另一方面，开拓性的贡献者对平台表现出高度的投入，并随着时间的推移变得更有经验，这些参与者可以创造一系列高价值的贡献。对于不同的问题和领域，其创新解决方案是不尽相同的，评价指标和体系也是有差异的。

　　群智创新依赖成员间的有效合作，要求群体成员为了共同的创新目标相互支持合作奋斗，建立在沟通、理解和信任的基础上。知识构成越多样化，激荡的想法流视角越多，对特定刺激所产生的新颖想法也就越多，群智创新架构要能保证群智创新过程的顺利开展。

　　在群智设计环境下，通过大数据和人工智能算法，利用与用户需求匹配度来判断群智过程是否终止，并且确定参与人员的贡献量，制定激励分配，动态协同地对群智创新方案进行激励、取舍、保护、共享和继承，如图 7.4 所示。

（1）通过交易语法来保证所有参与人员和节点都遵循相应的交易规则,利用数字水印的方法对创意和设计方案数据进行处理,并进行设计知识产权确权、交易、共享、假冒检测及侵权鉴定,推进专利审查周期的压缩和纠纷快速处理,提高设计知识产权保护效率,共享利用,降低设计成本和风险,协同维护数字设计内容产业规范化运营,优化创新机制。

（2）采取区块链技术,利用分布式节点共识算法来验证、存储、更新数据的去中心化计算范式,利用去中心化、匿名化、难以篡改等特性,动态协同地对群智协同创新方案进行产权保护,推进新品牌的建立、共享和推广,计算贡献量与报酬分配,建立合理的激励机制与可回溯机制。

（3）开发融合大数据的群智创新设计知识服务平台、技术与工具集、设计知识库,通过智能化技术和设计知识服务的深度集成与有机融合,为群智设计活动提供平台支持。

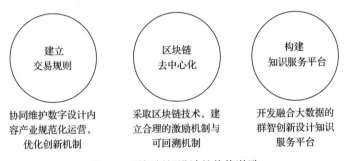

建立 交易规则	区块链 去中心化	构建 知识服务平台
协同维护数字设计内容产业规范化运营,优化创新机制	采取区块链技术,建立合理的激励机制与可回溯机制	开发融合大数据的群智创新设计知识服务平台

图 7.4 群智创新设计的价值激励

7.3 持续创新的群智生态系统

为了创造新的想象空间、新的场景体验和新的科技美学,需要自然科学、社会科学、设计科学与艺术学等多方融合,建立新的创新生态系统,进而实现人文、环境、产业的共创可持续发展。

群智创新设计是互联网科技创新设计生态的智力内核,辐射了包括从市场、运营、技术研发、设计、制造、物流到销售整个创新过程的相关组织及组织间的关系网络。以 Amazon AI 平台、腾讯 AI 开放平台为代表的群智设计平台,利用群智数字技术扩展了设计产业的服务生态,用数字化的手段打通了复杂的设计流程与产业链路[9]。

在未来,群智创新设计知识生态将按照群智数据与知识的内在关联机理,结合基于群智数据的知识生成方法,研究群智设计知识的迭代演化和进化方法,不断提升产业价值并优化群体生态,构建良好的群智创新生态系统,驱动整个信息社会各个方面的创新，特别是应用创新、体制创新、管理创新以及商业创新。

7.3.1 产业价值协同共享

下一轮数字经济与社会发展的内在动力将主要来自技术、设计与商业的深度融合，为个人、产业和社会创造价值。群智创新设计将推动实现与管理、科技、设计、文化、商业等方面的融合，从单线条、多线条的创新模式向网络状的群智协同整合创新模式转型，拓展数字消费模式和消费空间，推动产业群智创新数字化升级，提升消费者信息技能，优化数字消费制度环境等，加快构建群智创新领先生态系统。

群智共享创新可以有效地整合设计产业资源，协同设计产业网中的设计者、设计机构、设计企业、各级政府、科研院所等多层组织，多维地汇聚各方创意资源及知识，为设计产业开发革新式创意平台及设计赋能工具，以促进"设计-产品-产业"的价值转化，通过数字化技术促进设计产业网形成产业价值裂变，推动产业价值的共享与升维[10]。

融合"产业任务+产业资源+产业反馈"，开展群智协同共享创新。产业具体的设计任务能够有效调动产业网各参与主体的创新积极性并挖掘创新知识与创新潜能，最大化地提升共创价值；产业资源能够打通设计产业网同产业上下游的联系，赋能设计产业网内外联动，促使产业整体价值增值；产业反馈是根据产业组织的流动数据，利用数字化反馈分析技术构建产业网协同正负反馈机制，达到提高群智协同共享创新效率、优化群智协同共享创新品质的目的。

7.3.2 群智生态共生共赢

群智创新的参与主体呈现二"多"的特点。一是多角色，包括企业管理者、设计人员、客户、社会民众、销售人员等，既包含利益相关者，又包含价值观趋同的参与者；二是多组织，包含政府、产业、院校、科研机构、用户、媒体、金融等组织。各方主体以问题为核心，以自治方式聚合在一起，在不断梳理协同中的知识产权所有形式、知识产品利益分配的基础上，通过激活各方的知识贡献活力，建立主体之间彼此认可的协商机制、定期对话机制和共治机制，使设计结果最大化地满足各利益相关者的普遍需要和特殊期望。

在多主体结构中，企业管理者、政府、金融的作用在于优化知识生产的管理流程与服务体系，提供科学全面的激励政策；客户、销售人员、媒体及社会民众的作用在于为设计决策提供目的性、经验性和务实性的建议；大学、公共科研机构、学术社团、设计人员的作用在于研究问题、解决问题。

随着人类社会进入到智能化阶段，群体智能也会对设计特别是需要多角色、多任务并行的服务设计产生深远的影响。与群体智慧不同，群体智能发挥作用的群智创新时代，技术特别是人工智能技术将参与到设计决策以及具体的设计活动之中，承担很大一部分本来由设计师承担的工作，并对整个服务设计生态产生深刻的变革。群智创新设计范式通过网络和新技术的高度融合手段，连接大量用户群体并计算和分析用户提供的多源数据；洞察用户在某一场景服务系统中的心理和行为变化及需求，以创造新的服务场景，弥补各类人群的数字鸿沟，建立设计同理心模式；准确获取与表达协同接触点，引导或满足用户的需求；提升转化效率，延展覆盖范围，加快资源流通，以提升场景服务质量和用户体验，建立设计价值评判体系和用户体验标准，实现价值共创。

通过互联网平台，借助人工智能方法、技术与工具，群智设计整合多学科跨领域资源，挖掘全民创新设计想法流，从单线条和多线条的创新设计模式向网络状的协同整合创新设计模式转型，构建新的设计生态系统，包括设计链和产业链等，具有实现全面创新的广阔前景。图 7.5 呈现了网络状群智协同创新模式。

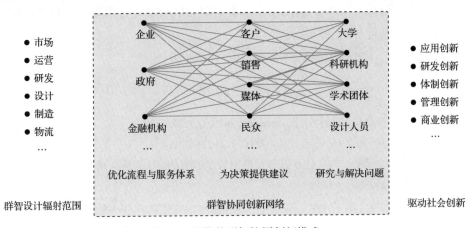

图 7.5　网络状群智协同创新模式

7.4　永续创新

群智创新设计是在新经济环境下，聚集多学科资源，开展协同创新设计的一种活动。群智创新设计不仅关注设计专家团队，还通过互联网组织结构和大数据驱动的人工智能系统，吸引、汇聚和管理大规模参与者，以竞争和合作等自主协同方式共同应对挑战性任务。群智创新设计利用网络平台和人工智能技术的优势，发挥群体智慧的力量，聚集更多更好的想法流，开启群智创新模式，共同为个人、产业和社会创造价值[11]。以发展的眼光审视群智创新设计思维与实践，可能会得出这样的结论：无论多么先进的群智创新相关理论、技术和模型方法都存在基于时代发展的必然局限，都只能作为社会发展浪潮中的一种设计行为的依据或参考。

特别是面对当前社会技术不断变革、社会意识不断演化、社会新兴要素不断涌现的现状，人们很难直接表达其事实所需，甚至都不知道他们实际需要的是什么。对新生的群智创新设计而言，亟须构建一套新的群智创新设计理论方法体系以凝聚智慧，形成可以流传借鉴的学理，并维持自身的流动性，以主动吸收因社会发展、技术革新、需求进化而收获的新知识、新手段、新模式。保持永续创新（sustainable innovation），即集成知识，整合创新，跨界探索新的技术、新的形态、新的服务、新的系统等，引导用户去拥抱极致化的体验。

群智创新设计是一种积聚群体智慧的创新设计范式。群智是手段，是因；创新是目的，是果；设计是因果之间最高效的连接方式。无论是之前的包装设计、工艺美术设计，以及近年来火热的交互设计、用户体验设计、服务设计，还是本书中阐述的群智创新设计，抑或是伴随时代的发展而产生的其他新的设计种类，其最终的应用场景都依托于产品、系统、服务及体验，而系统、服务及体验无法以空中楼阁的形式存在[12]。从此角度来看，群智创新设计必然也是一种特定场景下的解决问题和决策的独特复杂形式。

世界上唯一不变的，就是永远在变化！

参 考 文 献

[1] 潘云鹤. AI 的多重知识表达[J]. Engineering, 2020, 6(3): 29-32.

[2] 罗仕鉴. 罗仕鉴: 超学科, 超设计[J]. 设计, 2021, 34(20): 4-5.

[3] 何欣, 宋亚林, 安健, 等. 移动感知物联网技术研究[J]. 计算机应用研究, 2011, 28(7): 2407-2410, 2417.

[4] Goldman J, Shilton K, Burke J A, et al. Participatory sensing: A citizen-powered approach to illuminating the patterns that shape our world[J]. Foresight and Governance Project White Paper, 2009, 362: 1-15.

[5] Zhang D Q, Li N, Zhou Z H, et al. iBAT: Detecting anomalous taxi trajectories from GPS traces[C]. The 13th International Conference on Ubiquitous Computing, Beijing, 2011: 99-108.

[6] Ni L M, Liu Y H, Lau Y C, et al. LANDMARC: Indoor location sensing using active RFID[C]. The First IEEE International Conference on Pervasive Computing and Communications, Fort Worth, 2003: 407-415.

[7] Padmanabhan V N, Bahl V. RADAR: An in-building RF-based user location and tracking system[C]. Nineteenth Annual Joint Conference of the IEEE Computer and Communications Societies, Tel Aviv, 2000, 2: 775-784.

[8] 梁存收, 罗仕鉴, 房聪. 群智创新驱动的信息产品设计8D模型研究[J]. 艺术设计研究, 2021, 98(6): 24-27.

[9] 罗仕鉴, 张德寅. 设计产业数字化创新模式研究[J]. 装饰, 2022, 345(1): 17-21.

[10] 罗仕鉴, 田馨, 梁存收, 等. 设计产业网构成与创新模式[J]. 装饰, 2021, 338(6): 64-68.

[11] 罗仕鉴. 群智设计新思维[J]. 机械设计, 2020, 37(3): 121-127.

[12] Cross N. Designerly ways of knowing[J]. Design Studies, 1982, 3(4): 221-227.

后　记

设计，一般是由专业的设计师来完成的，缺乏用户和其他人员的广泛和深度参与。从内心而言，总觉得设计要发挥大家的集体创意智慧，才能真正实现大规模 C2D2M（consumer to designer to manufacturer，消费者到设计师再到制造商）的双向融合。但是，一直缺乏足够的理论和相关条件来实现这一设计思想。

在三元世界的智能化时代，社会的群体性已经在云端以群智方式呈现。我们团队愈发觉得，在数智时代，现有的创新设计理论与方法需要紧跟时代步伐为设计研究和设计实践提供新的指导，亟须构建一套新的创新设计理论与方法体系。

设计的下一站在哪里？

2013 年，中国工程院设立了"创新设计发展战略研究"重大咨询项目，聚焦创新设计制造，为经济社会发展提供政策与决策支持，推动产、学、研、用、媒、金协同，提升创新设计能力；2015 年，中国工程院设立了"中国人工智能 2.0 发展战略研究"重大咨询研究项目，提出了新一代人工智能的"大数据智能""跨媒体智能""群体智能""人机混合增强智能""自主无人系统"五大发展方向；2017 年，国务院颁发了《新一代人工智能发展规划》。我有幸参与了上述 2 个项目的研究，在群体智能的基础上，将人工智能与创新设计结合起来，斗胆尝试地提出了"群智创新设计"概念，并于 2020 年 3 月在《机械设计》杂志上发表了《群智设计新思维》，在《包装工程》杂志上发表了《群智创新：人工智能 2.0 时代的新兴创新范式》2 篇学术论文，并将"群智创新设计"理念融入若干个国家项目的申请与研究之中，发表了一系列相关学术论文。其中，由《机械设计》杂志推荐的《群智设计新思维》获得了 2022 年机械工程领域 100 篇优秀论文。由此，更加激励我和团队在这一领域的继续深入探索。

的确，群智创新设计可以有效地整合设计产业资源，协同设计产业网中的设计者、设计机构、设计企业、各级政府、科研院所等多层组织，多维地汇聚各方创意资源及知识为设计产业开发革新式创意平台及设计赋能工具，促进"设计-产品-产业"的价值转化，通过数字化技术促进设计产业网形成产业价值裂变，推动产业价值的共享与升维。

下一轮数字经济与高质量发展的内在动力将主要来自技术、设计与商业的深度融合。群智创新设计的任务是利用网络平台和人工智能等信息技术优势，发挥群体智慧的力量，聚集更多更好的想法流，开启群智创新新模式，为个人、产业和社会创造共赢价值。

　　继本人提出"感性意象"和"产品族设计 DNA"学术体系之后，借此"群智创新设计"学术思想与理念，希望能够形成新的学术理论与方法体系，催生出新的学科发展方向，"讲好中国故事，宣扬中国设计"。

　　感谢恩师潘云鹤院士对"群智创新设计"理念的赞赏！感谢已毕业和正在求是园中艰辛耕耘的爱徒们，以及科学出版社编辑朱英彪先生对本著作的出版所付出的辛勤劳动。

　　智能时代的知识更新迭代速度极快，书中所提出的想法和论述难免有不足之处，热忱欢迎专家、学者提出宝贵意见和建议，共同推动这一领域的发展。

　　是为后记，念之于心，自勉！

2023 年 11 月于求是园